高等学校信息技术 | 工业和信息化普通高等教育 | 省 级 一 流 本 科 课 程
人才能力培养系列教材 | "十三五"规划教材立项项目 | "单片机原理与应用"配套教材

慕课版

单片机原理与应用设计

C51 编程 + Proteus 仿真

MCU Principle and Application Design
C51 Programming+Proteus Simulation

王海荣 程思宁 ◉ 主编

柴源 何振中 李笑平 ◉ 副主编

人民邮电出版社

北 京

图书在版编目（ＣＩＰ）数据

单片机原理与应用设计：C51编程+Proteus仿真：慕课版 / 王海荣，程思宁主编. -- 北京：人民邮电出版社，2021.8
高等学校信息技术人才能力培养系列教材
ISBN 978-7-115-56214-2

Ⅰ. ①单… Ⅱ. ①王… ②程… Ⅲ. ①单片微型计算机－高等学校－教材 Ⅳ. ①TP368.1

中国版本图书馆CIP数据核字(2021)第054111号

内 容 提 要

　　本书以 80C51 单片机为对象，采用模块化的讲解方式，由浅入深地介绍了单片机的原理与应用设计。全书除绪论外共 5 个模块：模块 1 为单片机基础设计，包括数制与编码基础、80C51 单片机结构与原理；模块 2 为单片机开发软件，包括 Proteus 仿真软件和 C51 程序设计；模块 3 为单片机人机交互，包括数字信号的 I/O 接口与 80C51 单片机人机接口；模块 4 为单片机外部扩展 I/O 接口，包括 80C51 单片机的中断系统及定时器/计数器、串行通信、并行扩展与串行扩展以及 D/A、A/D 转换接口；模块 5 为单片机应用系统设计，包括单片机应用系统设计方法与实例。本书能够很好地满足应用型人才培养的要求，全书采用 C51 编程与 Proteus 仿真，将理论教学与项目教学融为一体，通俗易懂，便于教学。

　　本书可作为电子信息工程、电气工程、自动化、通信工程、机电一体化技术、测控技术与仪器仪表等专业的教材，也可供其他理工科专业的学生学习使用，还可作为单片机初学者的自学参考书。

◆ 主　　编　王海荣　程思宁
　　副主编　柴　源　何振中　李笑平
　　责任编辑　王　宣
　　责任印制　王　郁　马振武
◆ 人民邮电出版社出版发行　　北京市丰台区成寿寺路 11 号
　　邮编　100164　　电子邮件　315@ptpress.com.cn
　　网址　https://www.ptpress.com.cn
　　固安县铭成印刷有限公司印刷
◆ 开本：787×1092　1/16
　　印张：18.25　　　　　　　　2021 年 8 月第 1 版
　　字数：454 千字　　　　　　 2024 年 12 月河北第 6 次印刷

定价：59.80 元

读者服务热线：(010)81055256　印装质量热线：(010)81055316
反盗版热线：(010)81055315
广告经营许可证：京东市监广登字 20170147 号

前 言　FOREWORD

随着智能产品的广泛化，电子产品的开发与设计逐步成为电子类专业学生学习的核心内容。单片机自 20 世纪 70 年代问世以来，因具有实时控制能力强、成本低、体积小等特点，很快便成为开发电子产品的首选。同时，以单片机为核心而开设的多门课程也已成为高等院校电子类专业的重要课程，高等教育领域的专家学者更是对这些课程进行着不断的改革与完善，例如在理论课程的基础上增加拓展类、实践类课程，以此来培养学生的整体思维能力、团结协作能力以及产品开发能力。基于上述内容，编者在编写本书的过程中也进行了相应的调整与创新。

本书特点介绍如下。

（1）以 80C51 单片机为对象，采用模块化讲解方式介绍单片机原理与应用设计。

本书以单片机应用系统的开发为目的，依次从单片机基础设计模块、单片机开发软件模块、单片机人机交互模块、单片机外部扩展 I/O 接口模块以及单片机应用系统设计模块入手，系统介绍单片机原理与应用设计的相关知识，使本书对应课程实现与其前后课程的有机衔接。

（2）以解决工程实际问题为目标统筹全书。

编者在明确本科工程教育人才培养要求、聚焦学生解决复杂工程问题能力的基础上，完成相关理论知识与实际案例的整理工作并编成本书。因此本书既能体现前沿知识与技术，又能贴近工程实际。同时，读者在学习本书各模块知识的过程中，还可以逐步强化自身的产品开发能力。

（3）以 C51 编程和 Proteus 仿真为核心，系统性介绍单片机开发的流行技术。

本书所有实例均采用 C 语言进行编程，且接口部分的硬件电路均采用 Proteus 进行仿真设计，实现了将 C51 编程技术（基于 Keil μVision4 软件）与 Proteus 仿真技术综合应用于单片机的开发过程，将理论教学与项目教学融为一体，使读者在应用上述两个软件的过程中能够逐步提升自身的单片机编程能力。

（4）以易教、易学为原则，注重实际编程与应用开发能力的培养。

本书各章均配有相关的练习与思考题，可以帮助读者综合应用所学知识，提高单片机理论应用与设计（编程开发）能力。本书模块 5 综合应用前面 4 个模块所讲知识，详细分析一个实际项目的开发全过程，可以帮助读者将全书所学知识点"有机"地串联起来，实现硬件设计与软件设计之间的灵活转变。此外，本书还对初学者容易混淆的内容进行重点提示与讲解。全书配套有慕课视频以及丰富的多维度教学资源，支持高校教师开展线上线下混合式教学。选用本书的教师可通过人邮教育社区（www.ryjiaoyu.com）下载本书配套的教学资源。

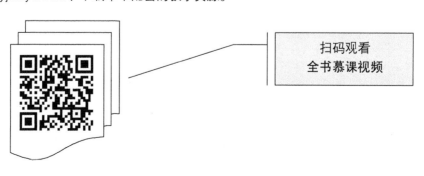

扫码观看
全书慕课视频

　　本书由编者结合高等院校相关专业转型建设的实战经验，采用模块化的编写思路编写而成；同时，本书结合行业、企业岗位技能需求，以培养学生能力为目的，实现从理论知识、实验操作、产品开发教学向专业综合技能培养转变，力求达到提升学生的专业素质与综合能力的效果。

　　此外，瞄准内容全面、案例实用的目标，编者团队将多年的课堂教学和实践经验的总结与思考融入本书，使本书不仅满足"海南省高校应用型试点转型专业建设"的具体要求，还成为了海南省一流本科课程"单片机原理与应用"的课程建设成果之一。

　　本书由王海荣、程思宁担任主编，柴源、何振中、李笑平担任副主编，参与编写的还有李侠、刘元琳、童伟、王玲玲、宋春凤、陈凌君、张守兴等；全书由王海荣负责统稿。

　　由于编者水平所限，书中疏漏之处在所难免，衷心希望广大读者与同行能够提出宝贵的修改意见与建议。编者电子邮箱：51159565@qq.com。

编　者

2021 年春于海口

目　录

CONTENTS

模块 1　单片机基础设计

模块 2　单片机开发软件

模块 3　单片机人机交互

模块4 单片机外部扩展I/O接口

模块 5 单片机应用系统设计

0 Chapter

第0章
绪论

计算机的发展经历了电子计算机、晶体管计算机、集成电路计算机、大规模和超大规模集成电路计算机 4 个阶段，但其组成仍然没有脱离冯·诺依曼结构。在研制世界上第一台电子数字计算机（Electronic Numerical Integrator and Calculator，ENIAC）的过程中，冯·诺依曼在方案的设计上做出了重要贡献，并提出了"程序存储"和"二进制运算"的思想，构建了由运算器、控制器、存储器、输入设备和输出设备组成的计算机经典结构。将运算器和控制器集成在一个集成电路芯片上，即可得到微处理器，又称为中央处理器（Central Processing Unit，CPU）；而微机是以微处理器为基础，配以内存储器及输入/输出（Input/Output，I/O）接口电路和相应的辅助电路而构成的裸机。

学习目标	（1）理解微机系统的 3 种主要的应用形态； （2）熟悉主流单片机的种类及型号； （3）熟悉单片机应用开发的模块划分情况。
重点内容	（1）单片机的产品近况； （2）单片机的特点及应用领域； （3）单片机应用系统的开发工具和开发流程。
目标技能	（1）单片机应用系统开发工具的认识； （2）单片机应用系统开发流程的熟悉。
模块应用	单片机应用开发的常识性问题。

0.1 微机的组成及微机系统的应用形态

0.1.1 微机的组成

微机由 CPU、存储器及 I/O 接口电路这 3 部分组成，各部分通过地址总线（Address Bus，AB）、数据总线（Data Bus，DB）和控制总线（Control Bus，CB）相连，如图 0-1 所示。

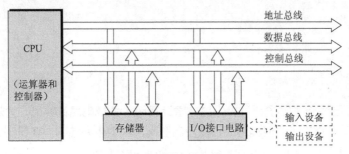

图0-1 微机的组成

在微机的基础上再配以 I/O 设备和软件系统，便构成了完整的微机系统。

0.1.2 微机系统的应用形态

微机系统有 3 种主要的应用形态：多板机（系统机）、单板机、单片机，如图 0-2 所示。

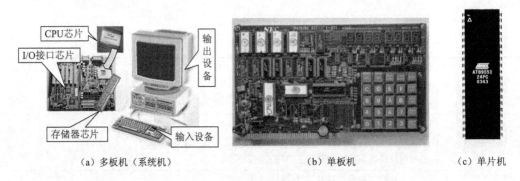

（a）多板机（系统机）　　　　　（b）单板机　　　　　（c）单片机

图0-2 微机系统的3种主要应用形态

1. 多板机（系统机）

将 CPU 芯片、存储器芯片、I/O 接口芯片和总线接口等组装在一块主机板（微机主板）上，各种适配卡插在主机板的扩展槽上，并与电源、软/硬盘驱动器等装在同一机箱内，再配上系统软件，就构成了一个完整的微机系统，简称多板机或系统机。个人计算机（Personal Computer，PC）属于多板机，即桌面应用系统机，主要应用于数据处理、办公自动化和辅助设计等场景，具有极好的人机界面和丰富的软件资源。

2. 单板机

将 CPU 芯片、存储器芯片、I/O 接口芯片和简单的 I/O 设备（如小键盘、发光二极管显示器等）等装配在一块印制电路板（Printed-Circuit Board，PCB）上，再配上监控程序（固化在只读存储器中），就构成了一台单板微机，简称单板机。单板机的 I/O 设备简单，软件资源少，使用不方便。早期主要用于微机原理的教学及简单的测控系统，现在已很少使用。

3. 单片机

在一块集成电路芯片上集成 CPU、存储器、I/O 接口电路，就构成了单芯片微机，即单片机。单片机（嵌入式应用）属于专用计算机，主要应用于智能仪表、智能传感器、智能家电、智能办公设备、汽车及军事电子设备等应用系统。单片机体积小、价格低、可靠性高，其非凡的嵌入式应用形态对于满足嵌入式应用需求具有独特的优势。

单片机技术已经成为电子应用系统设计十分常用的手段，学习和掌握单片机应用技术具有非常重要的现实意义。

0.2　单片机的发展过程和产品近况

0.2.1　单片机的发展过程

单片机技术发展迅速，产品种类繁多，通常很难对其进行统一的产品种类划分和发展年代划分。但是从单片机技术的发展过程来看，典型的单片机发展可以分为 4 个阶段。下面简述这 4 个阶段的特点及所对应的典型产品。

1. 第一阶段（1976—1978 年）：单片机的探索阶段

1976 年，英特尔（Intel）公司推出了 MCS-48 系列单片机，其是本阶段极具代表性的单片机。MCS-48 的推出目的是在工业自动化控制（简称工控）领域进行探索，参与该探索的公司还有摩托罗拉（Motorola）、Zilog 等。这个阶段也是单片机的诞生阶段，"单片机"一词即在这个阶段出现。这个阶段的单片机的主要特点是，在单个芯片内部完成了 CPU、存储器、I/O 接口等部件的集成，但存储器容量较小，寻址范围小（不大于 4KB），无串行口，指令系统功能不强。

2. 第二阶段（1978—1982 年）：单片机的完善阶段

英特尔公司在 MCS-48 的基础上推出了完善的、典型的单片机系列，即 MCS-51。它在以下几个方面完善了典型的通用总线型单片机体系结构。

（1）完善的外部总线。MCS-51 设置了经典的 8 位单片机的总线结构，包括 8 位数据总线、16 位地址总线、控制总线及具有通信功能的串行口。

（2）CPU 外围功能单元的集中管理模式。

（3）增加了体现工控特性的位地址空间及位操作方式。

（4）指令系统趋于丰富和完善，并且增加了许多可以突出控制功能的指令。

这个阶段的单片机特点是存储容量增加，寻址范围扩大（64KB），指令系统功能强大。MCS-51 系列单片机成为单片机的经典产品。

3. 第三阶段（1982—1990 年）：单片机向微控制器发展的阶段

这个阶段既是 8 位单片机地位的巩固与 16 位单片机的推出阶段，又是单片机向微控制器发展的阶段。英特尔公司推出的 MCS-96 系列单片机，将一些用于测控系统的模数转换器（Analog-to-Digital Converter，ADC）、程序运行监视器、脉宽调制器等纳入片中，体现了单片机的微控制器特征。随着 MCS-51 系列的广泛应用，许多电气厂商竞相使用 80C51 为内核，将许多测控系统中使用的电路技术、接口技术、多通道转换部件、可靠性技术等应用到单片机中，增强了外围电路功能，强化了智能控制的特征。

4. 第四阶段（1990 年至今）：微控制器的全面发展阶段

随着单片机在各个领域的全面发展和深入应用，各生产厂家陆续推出了高速、大寻址范围、强运算能力的 8 位/16 位/32 位通用型单片机，以及小型、廉价的专用型单片机。

0.2.2 单片机的产品近况

随着微电子技术和计算机技术的不断发展，单片机产品和技术也日新月异，单片机正朝着高性能和多品种的方向发展。

1. 单片机性能逐渐优化

（1）互补金属氧化物半导体（Complementary Metal Oxide Semiconductor，CMOS）化。CMOS 技术的进步大大促进了单片机 CMOS 化。CMOS 芯片除了具有低功耗特性外，还具有功耗的可控性，这使单片机可以工作在功耗精细管理状态，这也是 80C51 取代 8051 而成为标准单片机芯片的原因。目前生产的 CMOS 电路已达到低功耗肖特基（Low-power Schottky Transistor- to-Transistor Logic，LSTTL）的速度，传输时延小于 2ns，它的综合优势已高于晶体管晶体管逻辑（Transistor-Transistor Logic，TTL）电路。因此，在单片机领域，CMOS 电路正在逐渐取代 TTL 电路。

（2）低功耗化。一般单片机工作在一定的电压下，电流的大小就反映了功耗的大小。目前单片机的电流已在 mA 级甚至 1μA 以下，使用电压为 3 ~ 6V，完全可以采用电池供电。低功耗化的效应不仅是功耗低，而且带来了产品的高可靠性、高抗干扰能力以及便携化。

（3）大容量化。以往单片机的只读存储器（Read-Only Memory，ROM）为 1KB ~ 4KB，随机存储器（Random Access Memory，RAM）为 64B ~ 128B，但在需要进行复杂控制的场合，这种存储器容量的配置是完全不够的，必须进行外部存储器扩展。为适应复杂工控领域的需求，需要采用新的工艺，使芯片内部存储器大容量化。

（4）低噪声与高可靠性。为提高单片机的抗电磁干扰能力，使产品能适应恶劣的工作环境，满足电磁兼容性方面更高标准的要求，各单片机生产厂商在单片机内部电路中都采用了新的技术措施。

（5）高性能化。高性能化主要是指进一步改进 CPU 的性能，包括加快指令运算的速度和提高系统控制的可靠性。如采用精简指令集结构和流水线技术，可以大幅度提高运行速度；加强位处理功能、中断和定时控制功能，使单片机的运算速度比标准的单片机高出 10 倍以上。由于高性能单片机有极高的指令速度，可以用软件模拟其 I/O 功能，因此引入了虚拟外围设备的概念。

（6）小容量、低价格化。以 4 位机、8 位机为中心，小容量、低价格化也是发展动向之一。这类单片机的用途是把以往用数字逻辑集成电路组成的控制电路单片化，可广泛用于家电产品。

随着集成工艺的不断发展，单片机一方面向集成度更高、体积更小、功能更强、功耗更低的方向发展，另一方面向 32 位以上及双 CPU 的方向发展。

2. 单片机品种日渐繁多

（1）80C51 单片机产品种类繁多，已占据主流地位。

目前虽有许多 32 位单片机产品，但应用广泛的仍以 8 位机为主。实践证明，80C51 单片机应用系统结构合理、技术成熟可靠。因此，许多单片机芯片生产厂商倾力于提高 80C51 单片机产品的综合功能，目前市场上与 80C51 单片机产品兼容的典型产品有以下几种。

- 爱特梅尔（Atmel）公司的 AT89S5x 系列单片机（支持在系统编程）。
- 宏晶公司的 STC89C5x 系列单片机（支持 RS-232 串行口编程，方便实用）。
- Silicon Labs 公司的 C8051F 系列单片机，支持单片系统（System on Chip，SoC），芯片内部功能模块丰富。
- 飞利浦（Philps）公司的 8XC552 系列单片机内含可擦可编程只读存储器（Erasable Programmable Read-Only Memory，EPROM）。
- LG 公司的 GMS90/97 系列单片机（低压供电、高速）。
- 亚德诺半导体技术（ADI）公司的 ADμC8xx 系列单片机（高精度、集成 ADC）。
- 华邦公司的 W78C51、W77C51 系列单片机（高速、低价位）。

（2）非 80C51 结构的单片机不断推出，给用户提供广泛的选择空间。

在 80C51 单片机及其兼容产品流行的同时，一些厂商也推出了一些非 80C51 结构的单片机产品，比较有影响力的有如下几种。

- Microchip 公司推出的 PIC 系列单片机（品种多，便于选型，常用于汽车附属产品中）。
- 德州仪器（TI）公司推出的 MSP430F 系列单片机（16 位，功耗低，常用于电池供电产品中）。
- 爱特梅尔公司推出 AVR 和 ATmega 系列单片机（保密性好，常用于军工产品的制造）。
- 英特尔公司的 MCS-96 系列单片机，高速、高效，含脉冲宽度调制（Pulse Width Modulation，PWM），常用于测试系统、智能仪器和自动控制系统等领域。

由于 80C51 单片机兼容的产品较多，选型也方便，其技术的应用也较为流行，且具有丰富成熟的软硬件资源，因此本书以 80C51 为对象来讲述单片机的应用设计。

0.3 单片机的特点及应用领域

0.3.1 单片机的特点

单片机的内部结构形式及其所采取的半导体工艺，使其具有很多显著的特点，因而在各个领域都得到了迅猛的发展。其主要特点如下。

（1）单片机体积小、重量轻、价格低、耗电少、电源单一。

（2）抗干扰能力强，可靠性高。

由于单片机芯片本身是按工业测控环境要求设计的，其抗工业噪声干扰优于一般的通用 CPU；单片机的程序指令及常数、表格固化在 ROM 中，不易被破坏；许多信号通道均在一个芯片内部，因此其可靠性高。

（3）面向控制，控制功能强，运行速度高。

单片机的结构组成与指令系统都着重满足工控要求，指令系统中具有极其丰富的转移指令、I/O 接口的逻辑操作指令及位处理功能。一般来说，单片机的逻辑控制功能及运行速度均高于同一档次的微处理器，可以很方便地实现分布式多机系统。

（4）受集成度限制，芯片内部存储器容量较小。

一般单片机的 ROM 少于 8KB，RAM 少于 256B，但可在外部扩展，通常 ROM、RAM 可分别扩展至 64KB。

（5）开发应用方便，研制周期短。

单片机芯片内部具有计算机正常运行所必需的部件，芯片外部有许多供扩展时使用的三总线及并行、串行 I/O 引脚，很容易构成各种规模的计算机应用系统。

0.3.2 单片机的应用领域

由于单片机具有显著的优点，它已成为科技领域的有力工具、人类生活的得力助手。它的应用遍及各个领域，主要表现在以下几个方面。

1. 单片机在智能仪表中的应用

单片机广泛地用于各种仪器仪表，使仪器仪表智能化，并可以提高测量的自动化程度和精度。机电一体化是机械工业发展的方向，机电一体化产品是指集机械技术、微电子技术、计算机技术于一体，具有智能化特征的机电产品，如车床、钻床等。单片机作为产品中的控制器，能充分发挥它体积小、可靠性高、功能强等优点，可大大提高机器的自动化、智能化程度。

2. 单片机在实时控制系统中的应用

单片机广泛地用于各种实时控制系统。例如，在工业测控、航空航天、尖端武器、机器人等各种实时控制系统中，都可以用单片机作为控制器。单片机的实时数据处理能力和控制功能，可使系统保持在最佳工作状态，提高系统的工作效率和产品质量。

3. 单片机在分布式多机系统中的应用

在比较复杂的系统中，常采用分布式多机系统。分布式多机系统一般由若干台功能各异的单片机组成，各自完成特定的任务，它们通过串行通信相互联系、协调工作。单片机在这种系统中往往作为终端机，安装在系统的某些节点上，对现场信息进行实时的测量和控制。单片机的高可靠性和强抗干扰能力，使它可以工作于恶劣环境中。

4. 单片机在人类生活中的应用

自从单片机诞生以后，它就融入了人类生活，如洗衣机、冰箱、录音机等家用电器配上单片机后，增加了功能，提高了智能化程度，深受人们喜爱。单片机使人类生活更加方便、舒适、丰富多彩。

综上所述，单片机已成为微处理器发展和应用的一个重要方面。另外，单片机应用的重要意义还在于，它从根本上改变了传统的控制系统设计思想和设计方法。从前必须由模拟电路或数字电路来实现的大部分功能，现在已能用单片机通过软件方法来实现。这种软件代替硬件的控制技术也称为微控制技术，是传统控制技术的一次革命。

0.4 单片机应用系统的开发流程和开发工具

0.4.1 单片机应用系统的开发流程

目前，单片机应用系统都使用比较简捷的开发流程，如图 0-3 所示。

（1）首先利用 Proteus 软件绘制系统仿真原理图，暂不制作 PCB。

（2）利用 Keil μVision 开发平台编写程序，并通过编译生成可执行的目标程序。

（3）将目标程序写入仿真原理图的单片机属性配置中，执行 Proteus 软件仿真功能，观察执行效果。

（4）根据执行效果修改系统仿真电路设计方案，执行 Proteus 软件仿真功能，反复观察并修改设计方案，直到系统的执行效果与设计要求一致。

（5）再利用 PCB 制版软件进行原理图的绘制和 PCB 的制作。

（6）在制作完的 PCB 上装配、焊接相关的元器件，并进行硬件调试。

（7）采用应用程序下载工具将可执行目标程序文件写入单片机，并进行联机调试。

单片机应用系统的开发方法充分利用了 Proteus 软件的仿真功能，减少了反复制作硬件电路的时间和麻烦，极大地提高了开发系统的效率，降低了开发成本。

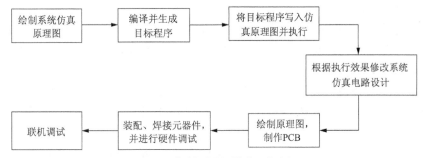

图0-3　单片机应用系统的开发流程

0.4.2　单片机应用系统的开发工具

设计单片机应用系统时，在完成硬件系统设计后，必须配备相应的应用软件。正确的硬件设计和良好的软件功能设计是单片机应用系统的设计目标。单片机作为集成了微处理器基本部件的集成电路芯片，与通用微机相比，单片机自身没有开发能力，必须借助开发工具来完成以下任务：

● 系统的调试（排除软件错误和硬件故障）；

● 程序的固化（把编好的程序写入单片机芯片内部或芯片外部的 ROM）。

1. 系统调试工具

（1）系统软件开发平台。

单片机应用系统开发语言有汇编语言和 C 语言。

用汇编语言编写的汇编代码必须转换成单片机能识别的目标程序，才可由单片机执行，这种转换称为汇编。汇编工作由集成开发平台（如 Keil μVision4，如图 0-4 所示）的汇编器（A51.exe）来完成。

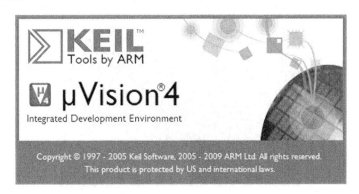

图0-4　Keil μVision4开发平台

单片机的 C 语言程序一般是用 Keil μVision 软件编写的 C51 语言源程序，需要将其编译转换成目标程序，才可由单片机执行。这一编译工作一般由 Keil μVision 平台的编译器（C51.exe）来完成。

调试无误的目标程序经 Keil μVision 集成开发平台转换成扩展名为.hex 的目标代码文件，再由编程器写入单片机的芯片内部程序存储器或芯片外部程序存储器。在 Keil μVision 集成开发平台中，汇编（或编译）、连接和.hex 文件的转换可以由该集成软件的"Rebuild all Target files🖼"选项"一键"完成。

（2）系统硬件仿真工具。

单片机应用系统开发时常用的工具是硬件仿真器，如图 0-5 所示。硬件仿真的目的是利用仿真器的资源（CPU、存储器和 I/O 设备等）来模拟单片机应用系统（目标系统）的 CPU 或存储器，跟踪和观察应用系统的运行状态。应用系统硬件开发要完成如下任务：首先按照应用系统设计的需求构建硬件电路，然后利用 PCB 设计软件（如 Protel 99SE 或 Protel DXP）设计原理图和 PCB，接下来制作 PCB、安装和焊接电子元器件，最终完成单片机应用系统的设计，如图 0-6 所示。

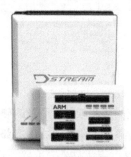

图0-5　硬件仿真器

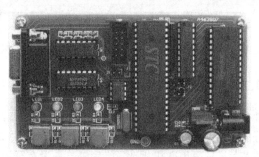

图0-6　单片机应用系统

（3）系统软件仿真工具。

单片机应用系统硬件电路的设计和制作需要成熟的经验和技巧，并需要反复进行实验和调试。对初学者来说，这是一件困难的事情。为了便于这一设计和制作过程的实施，Labcenter 公司推出了 Proteus 电路分析与仿真软件。Proteus 软件支持主流单片机应用系统（如 8051 系列、AVR 系列、PIC 系列、HC11 系列等）的仿真以及多种外围芯片的仿真。Proteus 软件主要由仿真电路设计软件 Proteus ISIS 和 PCB 设计软件 Proteus ARES 构成。而单片机应用系统的仿真验证主要采用 Proteus ISIS，如图 0-7 所示。尽管软件仿真具有无须搭建硬件电路就可以对程序进行验证的优点，但无法完全反映真实硬件的运行状况，因此还是要通过硬件仿真来完成最终的设计。

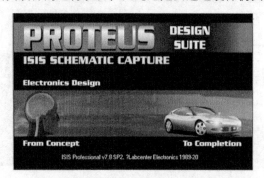

图0-7　单片机仿真电路设计软件——Proteus ISIS

2. 程序固化工具

（1）单片机编程器。

单片机编程器是用来将程序代码写入存储器芯片或者单片机内部 ROM 的工具。编程器主要用于修改 ROM 中的程序。编程器通常与计算机连接，再配合编程软件使用。图 0-8 所示为一个典型的编程器，图中黑色的是集成电路插座，通过拨动手柄可以将置于其中的集成电路芯片锁紧或松开。编程时锁紧以保证接触良好，编程完毕后松开，可以更换下一个芯片。

手柄

图0-8　单片机编程器

（2）下载器。

下载器（下载线）是将编译好的二进制码写入单片机的工具。程序经过编译生成目标程序，然后通过下载软件和下载器下载到单片机的 ROM 或者闪存（Flash Memory）中。常见的下载型编程器有在系统编程器、在电路编程器、在应用编程器等。

在系统编程（In System Programing，ISP）：单片机通电加上石英晶体振荡器（简称晶振），在 Bootloader 引导的情况下，即可写入应用程序；ISP 一般通过单片机专用的串行编程接口对单片机内部的闪存进行编程。

在电路编程（In Circuit Programing，ICP）：单片机通电即可写入程序，包括 Bootloader；ICP 允许使用商业编程器来实现编程和擦除功能，而无须将微控制器从系统中移出，可完全由微控制器硬件完成，不需要外部引导器。

在应用编程（In Application Programing，IAP）：在单片机正常运行的程序中，内部程序对单片机局部重写数据；IAP 则从结构上将闪存映射为两个存储体，在运行一个存储体上的程序时，可对另一个存储体重新编程，之后再将控制转向另一个存储体。

0.5 单片机应用系统开发模块划分

要完成单片机应用系统的开发，需要从以下几个模块进行具体的开发设计。

1. 单片机基础设计

要进行单片机的开发，首先要熟悉单片机的工作原理和内部结构，这将在第 1 章 "数制与编码基础" 和第 2 章 "80C51 单片机结构与原理" 中进行详细描述。

2. 单片机开发软件

要进行单片机软硬件的开发，需要进行电路的设计和应用程序的编写，并通过软硬件开发平台和仿真平台来完成，这将在第 3 章"Proteus 仿真软件"和第 4 章"C51 程序设计"中进行详细描述。

3. 单片机人机交互

单片机应用系统的开发少不了人机交互界面的设计，这将在第 5 章"数字信号的 I/O 接口"和第 6 章"80C51 单片机人机接口"中进行详细描述。

4. 单片机外部扩展 I/O 接口

单片机应用系统开发需要对外围信号进行采集和对外围设备进行控制，这将在第 7 章"80C51 单片机的中断系统及定时器/计数器"、第 8 章"80C51 单片机的串行通信"、第 9 章"80C51 单片机的并行扩展与串行扩展"和第 10 章"80C51 单片机的 D/A、A/D 转换接口"中进行详细介绍。

5. 单片机应用系统设计

单片机应用系统开发能力，须通过结合具体的设计方法与实际案例进行提高，这将在第 11 章"单片机应用系统设计方法与实例"中进行详细介绍。

本章小结

冯·诺依曼提出了"程序存储"和"二进制运算"的思想，构建了由运算器、控制器、存储器、输入设备和输出设备组成的计算机经典结构。

微机由 CPU、存储器及 I/O 接口电路 3 部分构成，各部分通过地址总线、数据总线和控制总线相连；微机系统有 3 种主要的应用形态：多板机（系统机）、单板机、单片机。

单片机的发展可以分为 4 个阶段：单片机的探索阶段、单片机的完善阶段、单片机向微控制器发展的阶段、微控制器的全面发展阶段。随着微电子技术和计算机技术的不断发展，单片机性能逐渐优化、品种日渐繁多。

单片机具有很多显著的特点：体积小、重量轻、价格低、功耗低、电源单一；抗干扰能力强，可靠性高；面向控制，控制功能强，运行速度快；受集成度限制，芯片内部存储容量较小；开发应用方便，研制周期短。它的应用遍及各个领域，如智能仪表、实时控制、分布式多机系统等。

单片机应用系统的开发流程：利用 Proteus 软件绘制系统仿真原理图，利用 Keil μVision 集成开发平台编写程序，通过编译生成可执行的目标程序；将目标程序写入仿真原理图的单片机属性配置中；执行 Proteus 软件仿真功能，观察执行效果；根据执行效果修改系统仿真电路设计方案，执行 Proteus 软件仿真功能，反复观察并修改设计方案，直到系统执行的效果与设计要求一致。

单片机应用系统的开发工具：系统软件开发平台（Keil μVision 开发平台）、系统硬件仿真工具、系统软件仿真工具、单片机编程器及下载器。

单片机应用系统开发分为以下几个模块：单片机基础设计、单片机开发软件、单片机人机交互、单片机外部扩展 I/O 接口、单片机应用系统设计。

练习与思考题 0

1. 冯·诺依曼构建的计算机经典结构是什么？
2. 微机由哪几部分构成？

3. 微机系统有哪几种主要的应用形态?

4. 简述单片机有哪些特点。

5. 简述单片机应用系统的开发流程。

6. 简述单片机的应用领域。

7. 硬件仿真与软件仿真有什么区别?

8. 列举目前市场上与 80C51 单片机产品兼容的典型产品。

9. 简述单片机的发展趋势。

10. 单片机应用系统主要可以分为哪几个模块?

模块 1
单片机基础设计

1 Chapter

第 1 章
数制与编码基础

本章详细介绍各种数制和编码的概念，以及常见的二进制码、十进制（Binary-Coded Decimal，BCD）码、可靠性编码和美国信息交换标准代码（American Standard Code for Information Interchange，ASCII）等相关内容，并以二进制为重点，讨论各种进制数相互转换的方法以及二进制数的运算方法。

学习目标	（1）掌握不同数制之间的转换方法； （2）掌握十进制数编码、8421BCD 码等几种常用的编码规则； （3）通过 ASCII 表了解如何在单片机内通过二进制数表示字符。
重点内容	（1）数制转换； （2）二进制数的运算。
目标技能	（1）数的认识和转换能力； （2）各种数的编码能力。
模块应用	单片机应用设计中数的应用基础。

1.1　数制

数制是进位计数制——多位数码中每一位的构成方法以及低位到高位的进位规则，亦称为进制。在数值计算中，一般采用的是进位计数，每一种数制的进位都遵循一个规则，即 N 进制逢 N 进一，如二进制逢二进一、八进制逢八进一、十进制逢十进一等。

为了区别不同的进制数，通常在不同的进制数后面加一个字母，例如，二进制 B（Binary）、八进制 O（Octal）、十进制 D（Decimal）、十六进制 H（Hex）；因为十进制为常用的进制，所以数值后面可不加字母。

1.1.1　数制的表示

数制的表示由基本代码符号与基数来表示，基本代码符号又被称为数码，指某种数制所使用的全部符号的集合。

1. 数码

所谓数码是用来表示进位计数制中的数字，N 进制的数码为 $0 \sim N-1$。例如，二进制数码为 0 和 1，八进制数码为 $0 \sim 7$，十进制数码为 $0 \sim 9$，十六进制数码为 $0 \sim 9$、A、B、C、D、E、F。

2. 基数

基数是数制中全部数码的总数。二进制中共有 0 和 1 两个不同的字符，因此其基数为 2；同理，八进制的基数为 8，十进制的基数为 10，十六进制的基数为 16。

3. 权值法

不同数制的数值可通过权值法来表示。

位是指对数字中各个数位进行编号，以小数点为基准向左从 0 开始编号，即从个位起往左依次编号为 0，1，2，…；对称地，从小数点后往右的数位分别是 -1，-2，-3，…。位通常用 n 来表示。位权值指的是以基数为底，数码所在位置的序号（位）为指数的整数幂的常数。按此思路，二进制整数的位权值从低到高依次为 2^0，2^1，2^2，…；八进制整数的位权值从低到高依次为 8^0，8^1，8^2，…。

4. 数值

数值是每一位数码与该位的位权值乘积的总和。以十进制数 217 为例，其中 2 的位权值为 10^2，即百；1 的位权值为 10^1，即十；7 的位权值为 10^0，即个。

因此，$217 = 2 \times 10^2 + 1 \times 10^1 + 7 \times 10^0$，这叫作按权相加法。

5. 常用数制的表示方法

常用数制的表示方法如表 1-1 所示。其书写方法有以下两种。

表 1-1　常用数制的表示方法

数制	进位	数码	基数	权	写法	读法
二进制 B	逢二进一	0、1	2	2^n	110B 或 $(110)_2$	110 读一一零
八进制 O	逢八进一	$0 \sim 7$	8	8^n	110O 或 $(110)_8$	110 读一百一十
十进制 D	逢十进一	$0 \sim 9$	10	10^n	110D 或 $(110)_{10}$	110 读一百一十
十六进制 H	逢十六进一	$0 \sim 9$、$A \sim F$	16	16^n	110H 或 $(110)_{16}$	110 读一百一十

（1）把数用小括号标注，在小括号右下角标明该进制的基数。如十进制数 245 的表示方法为$(245)_{10}$。

（2）在数后面加上相应的大写字母来表示相应的进制。如十进制数 245 可表示为 245D。

1.1.2 数制的转换

常用的数制有二进制、八进制、十进制、十六进制，其中单片机能够直接识别的是二进制，因为二进制只有"1"和"0"两个数。采用二进制表示具有运算简单、易于物理实现、通用性强、所占的空间和消耗的能量较小、机器可靠性高等优点。

不同的进制各具特点，如十进制符合人们的使用习惯，十六进制便于识别书写。在开发程序、读机器码和数据时，人机操作界面通常使用十进制或十六进制对数值进行 I/O 操作，而单片机 CPU 在运算时是以二进制数的格式进行的，于是有一个不同进制之间相互转换的过程，从而满足数制转换的需要。数制转换是学习单片机及相关知识必须掌握的重要内容。

1. 非十进制数转换为十进制数

非十进制数转换为十进制数用按位权相加法，将非十进制数按位权（加权系数）展开后求和。N 进制数转换为十进制数的按权展开式如式（1-1）所示。

$$\sum_{-m}^{n-1} K_i \times N^i = K_{n-1} \times N^{n-1} + K_{n-2} \times N^{n-2} + \cdots + K_{-m} \times N^{-m} \qquad （1-1）$$

（1）二进制整数转换为十进制数。

从右到左用二进制的每个数去乘 2 的相应次方。

例 1-1：将二进制数 111010B 转换为十进制数。

解：$111010B = (1 \times 2^5 + 1 \times 2^4 + 1 \times 2^3 + 0 \times 2^2 + 1 \times 2^1 + 0 \times 2^0)D$
$= (32+16+8+0+2+0)D$
$= 58D$

（2）二进制小数转换为十进制数。

整数部分从右到左用二进制的每个数乘 2 的相应次方，小数部分则是从左往右。

例 1-2：将二进制数 1101.101B 转换为十进制数。

解：$1101.101B = (1 \times 2^3 + 1 \times 2^2 + 0 \times 2^1 + 1 \times 2^0 + 1 \times 2^{-1} + 0 \times 2^{-2} + 1 \times 2^{-3})D$
$= (8+4+0+1+0.5+0+0.125)D$
$= 13.625D$

（3）八（十六）进制数转换为十进制数。

采用按位权相加法，将该进制数按位权值展开后求和。

例 1-3：将八进制数 153O 转换为十进制数。

解：$153O = (1 \times 8^2 + 5 \times 8^1 + 3 \times 8^0)D$
$= (64+40+3)D$
$= 107D$

例 1-4：将十六进制数 6BH 转换为十进制数。

解：$6BH = (6 \times 16^1 + 11 \times 16^0)D$
$= (96+11)D$
$= 107D$

2. 十进制数转换为非十进制数

十进制数转换为非十（N）进制数的法则是整数部分采用"除 N 取余，逆序排列"法，小数部分采用"乘 N 取整，顺序排列"法。

（1）十进制整数转换为二进制整数。

采用"除 2 取余，逆序排列"法。具体方法是：用 2 整除十进制整数，可以得到一个商和余数；再用 2 去除商，又会得到一个商和余数，如此进行，直到商小于 1 时为止，然后把先得到的余数作为二进制数的低位有效位，后得到的余数作为二进制数的高位有效位，依次排列起来。

例 1-5：将十进制整数 55D 转换为二进制整数。

解：55÷2=27 余 1　　　余数为 1，先取得的余数作为低位

　　27÷2=13 余 1　　　余数为 1

　　13÷2=6 余 1　　　余数为 1

　　6÷2=3 余 0　　　余数为 0

　　3÷2=1 余 1　　　余数为 1

　　1÷2=0 余 1　　　余数为 1，作为最高位（商小于 1 时停止）

因此，55D=110111B。

（2）十进制小数转换为二进制小数。

十进制小数部分采用"乘 2 取整，顺序排列"法。具体方法是：用 2 乘十进制小数，可以得到积，将积的整数部分取出，再用 2 乘余下的小数部分，又得到一个积，再将积的整数部分取出，如此进行，直到积中的小数部分为零，此时所得的 0 或 1 为二进制的最后一位，或者达到所要求的精度为止。然后把取出的整数部分按顺序排列起来，先取的整数作为二进制小数的高位有效位，后取的整数作为低位有效位。

例 1-6：将十进制小数 0.625D 转换为二进制小数。

解：0.625×2=1.25　　取出整数部分 1，作为高位

　　0.25×2=0.5　　取出整数部分 0

　　0.5×2=1　　取出整数部分 1

因此，0.625D=0.101B。

例 1-7：将十进制小数 159.48D 转换为二进制小数。

解：整数部分，采用除 2 取余法；小数部分，采用乘 2 取整法。此处要求精度为小数点后 8 位，若相乘 8 位之后积中的小数部分仍不为零，则只须达到所要求的精度即可停止。

整数部分			小数部分		
	取余数	低位		取整数	高位
2 ⌋ 159					
2 ⌋ 79	1		0.48×2=0.96	0	
2 ⌋ 39	1		0.96×2=1.92	1	
2 ⌋ 19	1		0.92×2=1.84	1	
2 ⌋ 9	1		0.84×2=1.68	1	
2 ⌋ 4	0		0.68×2=1.36	1	
2 ⌋ 2	0		0.36×2=0.72	0	
2 ⌋ 1	0		0.72×2=1.44	1	
1	1	高位	0.44×2=0.88	0	低位

因此，159.48D=10001111.01111010B。

（3）十进制小数转换为八进制（十六进制）小数。

同十进制小数转换为二进制小数类似，十进制小数转换为 N 进制小数，整数部分采用"除 N 取余，逆序排列"法；小数部分采用"乘 N 取整，顺序排列"法。

例 1-8：将十进制小数 1218.8984375D 转换为八进制小数。

解：整数部分采用"除 8 取余，逆序排列"法；小数部分采用"乘 8 取整，顺序排列"法。

经计算，得 1218.8984375D=2302.714O。

例 1-9：将十进制小数 1218.8984375D 转换为十六进制小数。

解：整数部分采用"除 16 取余，逆序排列"法；小数部分采用"乘 16 取整，顺序排列"法。

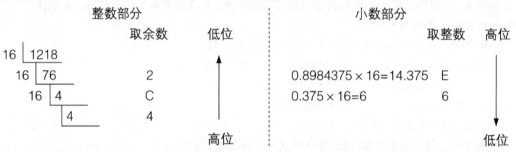

经计算，得 1218.8984375D=4C2.E6H。

3. 二进制数转换为八进制（十六进制）数

8 和 16 都是 2 的整数次幂，即 8=2³，16=2⁴，因此 3 位二进制数（000~111）相当于 1 位八进制数（0~7），4 位二进制数(0000~1111)相当于 1 位十六进制数（0~9、A、B、C、D、E、F）。

二进制数向八进制（十六进制）数的转换，以二进制数的小数点为中心，向左右两侧将每 3 位（4 位）二进制数转换为 1 位八进制（十六进制）数。其中不足 3 位（4 位）应补 0，整数部分位向左补 0，小数部分位向右补 0，原则是不够位数时所补的 0 必须不影响数值本身的大小。

例 1-10：将二进制数 11001.01B 转换为八进制数。

解：11001.01B=011 001.010B=31.2O（整数最左侧补 1 个 0，小数最右侧补 1 个 0）

例 1-11：将二进制数 10101001.01B 转换为十六进制数。

解：10101001.01B=1010 1001.0100B=A9.4H（小数最右侧补两个 0）

4．八进制（十六进制）数转换为二进制数

将每位八进制（或十六进制）数展开为 3（或 4）位二进制数。

例 1-12：将八进制数 71.2O 转换为二进制数。

解：71.2O=111001.010B（其中 7 对应 111，1 对应 001，2 对应 010）

例 1-13：将十六进制数 4C2.E6H 转换为二进制数。

解：4C2.E6H=0100 1100 0010.1110 0110B=10011000010.1110011B

注：整数最左侧的 0 及小数最右侧的 0 可舍去。

5．八进制数与十六进制数之间的转换

八进制数与十六进制数之间的转换可借助二进制或十进制（作为桥梁）进行。

例 1-14：借助二进制完成 4C2.E6H 到八进制数的转换。

解：4C2.E6H=0100 1100 0010.1110 0110B=10011000010.1110011B

=010 011 000 010.111 001 100B

=2302.714O

例 1-15：借助二进制完成 71.2O 到十六进制数的转换。

解：71.2O=111 001.010B=0011 1001.0100B

=39.4H

同理，可借助十进制完成八进制数和十六进制数的转换，即先将八进制数转换为十进制数，再由十进制数转换为十六进制数。

1.2 编码

信息的编码是用进制数表示文字、符号等信息的过程。在计算机中常用的信息编码有两种：ASCII 和 BCD 码。

1.2.1 字符的编码（ASCII）

ASCII 是现今通用的单字节编码。

ASCII 使用指定的 7 位或 8 位二进制数来表示 128 或 256 种可能的字符。标准 ASCII 也被称为基础 ASCII，使用 7 位二进制数来表示数字（0 ~ 9）、英文大小写字母、标点符号及控制字符等。

其中，0 ~ 31 及 127（共 33 个）是控制字符或通信专用字符（无特定的图形显示，但会根据不同的程序，对文本的显示产生不同的影响），如控制符：LF（换行符）、CR（回车符）、FF（换页符）、DEL（删除符）、BS（退格符)、BEL（响铃符）等；通信专用字符：SOH（文头符）、EOT（文尾符）、ACK（确认符）等；ASCII 值为 8、9、10 和 13 时分别代表退格符、制表符、换行符和回车符。32 ~ 126（共 95 个）是字符（32 是空格），其中 48 ~ 57 为 0 ~ 9 的 10 个阿拉伯数字。65 ~ 90 为 26 个大写英文字母，97 ~ 122 为 26 个小写英文字母，其余的是一些标点符号、运算符号等。

在标准 ASCII 中，其最高位（从左至右第 7 位，即 b7）用作奇偶校验位。所谓奇偶校验，是指在代码传送过程中用来检验是否出现错误的一种方法，一般分奇校验和偶校验两种。奇校验规定：正确的代码一个字节中 1 的个数必须是奇数，若非奇数，则在最高位（b7）添 1；偶校验

规定：正确的代码一个字节中 1 的个数必须是偶数，若非偶数，则在最高位（b7）添 1。

后 128 个称为扩展 ASCII，即第 8 位不再被视为校验位而是编码位，将 ASCII 扩展至 256 个。许多基于 x86 的系统都支持使用扩展（或"高"）ASCII。扩展 ASCII 允许将每个字符的第 8 位用于确定附加的 128 个特殊符号字符、外来语字母和图形符号。

1.2.2　十进制数的编码（BCD 码）

BCD 码亦称为二进码十进数或二转十进制码，是一种二进制的数字编码形式。BCD 码形式利用了 4 个二进制数位元来表示 1 个十进制的数码，使二进制和十进制之间的转换更加便捷。这种编码经常用于单片机应用系统的设计，因为单片机经常需要对很长的数字串进行准确的计算。相对于一般的浮点式记数法，采用 BCD 码，既可保证数值的精确度，又可节省单片机进行浮点运算所耗费的时间。

1. BCD 码分类

BCD 码可分为两种：压缩型 BCD 码和非压缩型 BCD 码。

压缩型 BCD 码：是用 1 个字节（8 个 2 进制位）表示两位十进制数（每个十进制数用 4 个二进制数表示）。

非压缩型 BCD 码是用 1 个字节表示 1 位十进制数（1 位十进制数占用低 4 位二进制数，高 4 位二进制数均为 0）。例如，十进制数 87D，采用非压缩 8421BCD 码表示而得的二进制数是 0000 1000 0000 0111B。这种非压缩 BCD 码主要用于非数值计算的应用领域中。

此外，BCD 码可分为有权码和无权码两类：有权 BCD 码有 8421 码、2421 码、5421 码，其中 8421 码是常用的；无权 BCD 码有余 3 码、余 3 循环码等。

8421BCD 码是 BCD 码中常用的一种，它和 4 位自然二进制码相似，各位的权值（二进位的位取值）为 8、4、2、1，故称为有权 BCD 码。和 4 位自然二进制码不同的是，虽然 4 位二进制码共有 2^4=16 种码组，但它只选用了 4 位二进制码中的前 10 种码组，即用 0000～1001 分别代表它所对应的十进制数，余下的 6 种码组不用。

同一个 8 位二进制码表示的数，当认为它表示的是二进制数和认为它表示二进制码的十进制数时，数值是不相同的。例如 00011000，当把它视为二进制数时，其值为 24；但视为 2 位 BCD 码时，其值为 18。又例如 0001 1100，如将其视为二进制数，其值为 28；但其不能被当成 BCD 码，因为在 BCD 码中，它是个无效的编码。

5421BCD 码和 2421BCD 码均为有权 BCD 码，它们从高位到低位的权值分别为 5、4、2、1 和 2、4、2、1。在这两种有权 BCD 码中，有的十进制数码存在两种加权方法。例如，5421BCD 码中的数码 5，既可以用 1000 表示，也可以用 0101 表示；2421BCD 码中的数码 6，既可以用 1100 表示，也可以用 0110 表示。这说明 5421BCD 码和 2421BCD 码的编码方案都不是唯一的。

在 2421BCD 码的 10 个数码中，0 和 9、1 和 8、2 和 7、3 和 6、4 和 5 的码对应位恰好一个是 0 时，另一个就是 1，称 0 和 9、1 和 8 互为反码。

余 3 码是 8421BCD 码的每个码组加 3（0011）形成的，常用于 BCD 码的运算电路中。

余 3 循环码是无权码，即每个编码中的 1 和 0 没有确切的权值，整个编码直接代表 1 个数值。余 3 循环码的主要优点是相邻编码只有 1 位变化，避免了过渡码产生的"噪声"。

2. 常用 BCD 码的对应关系

常用 BCD 码的对应关系如表 1-2 所示。

表 1-2　常用 BCD 码的对应关系

十进制数	8421BCD 码	5421BCD 码	2421BCD 码	余 3 码	余 3 循环码
0	0000	0000	0000	0011	0010
1	0001	0001	0001	0100	0110
2	0010	0010	0010	0101	0111
3	0011	0011	0011	0110	0101
4	0100	0100	0100	0111	0100
5	0101	1000	1011	1000	1100
6	0110	1001	1100	1001	1101
7	0111	1010	1101	1010	1111
8	1000	1011	1110	1011	1110
9	1001	1100	1111	1100	1010

3. BCD 码转换

十进制数转换为 8421BCD 码时，将每一位十进制数对应的 8421BCD 码写出即可。

例 1-16：将 75.4D 转换为 8421BCD 码。

解：75.4D=(0111 0110.0100)BCD

将 8421BCD 码转换为十进制数时，将每一个 8421BCD 码对应的十进制数写出即可。

例 1-17：将(10000101.0101)BCD 转换为十进制数。

解：(1000 0101.0101)BCD=(85.5)D

1.2.3　8421BCD 码的加、减运算

由于 8421BCD 码是将每个十进制数用一组 4 位二进制数来表示，而运算器对数据做加减运算时，都是按二进制运算规则进行处理的，所以结果可能会出错，其结果需要修正，这种修正称为 BCD 调整。当两个两位 BCD 码相加时，对二进制数加法运算结果采用修正规则进行修正，修正规则如下。

（1）如果两个 BCD 码相加的和等于或小于 1001B（十进制数 9），则不需要修正。

例 1-18：用 BCD 码求 21+35。

解：21+35=(0010 0001)BCD+(0011 0101)BCD=(0101 0110)BCD=56D

因为低位 0001+0101 和高位 0010+0011 都小于 1001B，所以结果不进行调整。

（2）如果两个 BCD 码相加之和的范围为 1010～1111（十进制数 10～15），则须加 6 进行修正；当调整后低位的值大于 15 时，向高位进位。

例 1-19：用 BCD 码求 26+38。

解：26+38=(0010 0110)BCD+(0011 1000)BCD=(0101 1110)BCD

其中，低位 1110 对应十进制数 14 大于 9，需要加 6 修正；低位加 6 后大于 15，向高位进位，因此有：

(0010 0110)BCD+(0011 1000)BCD=(0101 1110)BCD=(0110 0100)BCD=64D

（3）如果任何两个对应位 BCD 码相加的结果向高一位有进位时（结果大于或等于16），则该位进行加 6 修正；如果加 6 修正低位之后，向高位进位得到的高位值大于 9，则给高位加 6

调整。

例 1-20：用 BCD 码求 84+17。

解：84+17=(1000 0100)BCD+(0001 0111)BCD=(1001 1011)BCD

其中，低位为 1011，即 11 大于 9，因此需要加 6 修正，故有：

84+17=(1000 0100)BCD+(0001 0111)BCD=(1001 1011)BCD

      =(1010 0001)BCD

而此时高位进位后得 1010 大于 9，因此需要加 6 调整，故有：

84+17=(1000 0100)BCD+(0001 0111)BCD=(1001 1011)BCD

      =(1010 0001)BCD

      =(0001 0000 0001)BCD

      =101D

因为机器按二进制相加，所以 4 位二进制数相加时，是按"逢十六进一"的原则进行运算的，而实质上是两个十进制数相加，应该按"逢十进一"的原则，16 与 10 相差 6，所以当和超过 9 或有进位时，都要加 6 进行修正。

两个组合 BCD 码进行减法运算，当低位向高位有借位时，由于"借一作十六"与"借一作十"的差别，运算结果将比正确的结果多 6，所以有借位时，可采用"减 6 修正法"来修正。当两个 BCD 码进行加减时，先按二进制加减指令进行运算，再对结果用 BCD 调整指令进行调整，即可得到正确的十进制数运算结果。实际上，计算机中既有组合 BCD 码的调整指令，也有分离 BCD 码的调整指令。另外，BCD 码的加减运算，也可以在运算前由程序先变换成二进制数，然后由计算机对二进制数进行运算处理，运算以后再将二进制数结果由程序转换为 BCD 码。

1.3 二进制数的表示与运算

在单片机应用系统中，不是只有数据是以二进制形式表示的，字母、符号、图形、汉字以及指令等都是以二进制形式表示的。位（bit）是单片机存储数据的最小单位，1 位即 1 个二进制位。字节（Byte，B）是单片机中表示信息含义的最小单位，1B=8bit，即 1 字节等于 8 个二进制位，一个英文字母由 1 字节表示，汉字则需要 2 字节表示。

二进制数是用 0 和 1 两个数码来表示的数。它的基数为 2，进位规则是"逢二进一"，借位规则是"借一当二"。

本节介绍无符号和带符号二进制数的表示与运算规则。

1.3.1 无符号二进制数的表示

无符号二进制数的各位均表示数值的大小，最高位代表的是数字而非符号，相当于表示的全是正数，如二进制数 1101B 表示的是 13D。

一个 n 位的无符号二进制数 X，其表示范围为 $0 \leqslant X \leqslant 2^n-1$，所以 8 位无符号的二进制数从 D7 到 D0 都是数值位，其中 D7 表示最高位，D0 表示最低位，它们可表示十进制的 0～255 共 256 个数，最大是 255。

1.3.2　无符号二进制数的运算

在单片机应用系统中，无符号二进制数的运算一般分为算术运算和逻辑运算两种。算术运算包括二进制数的加、减、乘、除运算，逻辑运算包括逻辑"与""或""非"这 3 种基本逻辑运算及复合逻辑"异或""同或"运算。

1. 无符号二进制数的算术运算

（1）无符号二进制数的加法运算规则。

无符号二进制数的加法运算规则如下：0+0=0，0+1=1，1+1=10（向高位进一，逢二进一）。

例 1-21：计算二进制数 1010 和 0101 的和。

解：

$$
\begin{array}{r}
1010 \\
+\,0101 \\
\hline
1111
\end{array}
$$

经计算得，1010+0101=1111B。

若运算结果超出范围，则产生进位。

例 1-22：计算二进制数 11111111 和 00000001 的和。

解：

$$
\begin{array}{r}
11111111 \\
+\,00000001 \\
\hline
100000000
\end{array}
$$

此时，结果超出 8 位（最高位有进位），发生进位。结果为 256，超出 8 位二进制数所能表示的范围 0～255。

（2）无符号二进制数的减法运算规则。

无符号二进制数的减法运算规则如下：0−0=0，1−1=0，1−0=1，0−1=1（向高位借一，借一当二）。

例 1-23：计算二进制数 1010 和 0101 的差。

解：

$$
\begin{array}{r}
1010 \\
-\,0101 \\
\hline
0101
\end{array}
$$

经计算得，1010−0101=0101B。

（3）无符号二进制数的乘法运算规则。

无符号二进制数的乘法运算规则如下：向左移被乘数与加法运算构成，二进制数的乘法运算规则与十进制数的乘法运算规则类似。

例 1-24：计算二进制数 1010 和 0101 的积。

解：

$$
\begin{array}{r}
1010 \\
\times\,0101 \\
\hline
1010 \\
0000 \\
1010 \\
+\,0000 \\
\hline
110010
\end{array}
$$

经计算得，积为 110010B。

（4）无符号二进制数的除法运算规则。

无符号二进制数的除法运算规则如下：向右移被乘数与减法运算构成，二进制数的除法通过重复减法运算实现，即通过重复"从被除数的高位依次取出每一位，被取出的数据加上上次减法运算的结果，然后减去除数"这一运算过程，求出除法运算结果。

例 1-25：计算二进制数 1110101 和 1001 的商。

解：

$$
\begin{array}{r}
1101 \\
1001\overline{)1110101} \\
1001 \\
\hline
1011 \\
1001 \\
\hline
1001 \\
1001 \\
\hline
0
\end{array}
$$

经计算得，商为 1101B。

2. 无符号二进制数的逻辑运算

逻辑运算又称为布尔运算，是数字的逻辑推演法，包括联合、相交、相减。逻辑运算中有逻辑"与""或""非"这 3 种基本逻辑运算，以及复合逻辑"异或"和"同或"运算。逻辑运算与算术运算的主要区别是：逻辑运算是按位进行的，位与位之间不像加减运算那样有进位或借位的联系。

二进制数 1 和 0 在逻辑上可以代表"真"与"假"、"是"与"否"、"有"与"无"，这种具有逻辑属性的变量就称为逻辑变量。表示逻辑运算的方法有多种，如语句描述、逻辑代数式、真值表、卡诺图等。其中真值表是表征逻辑事件输入和输出之间全部可能状态的表格，通常以 1 表示真，0 表示假。

（1）逻辑"或"运算。

逻辑"或"又称为逻辑加，常用符号为"+"或"∨"。其运算规则为 $F=A+B$ 或 $F=A\vee B$，具体如表 1-3 所示。

表 1-3　逻辑"或"运算规则

A	B	F
0	0	0
0	1	1
1	0	1
1	1	1

　　两个相"或"的逻辑变量中，只要有一个为 1，"或"运算的结果就为 1。仅当两个变量都为 0 时，"或"运算的结果才为 0。计算时，要注意和算术运算的加法加以区别。

　　（2）逻辑"与"运算。

　　逻辑"与"又称为逻辑乘，常用符号为"×"或"∧"或"·"。其运算规则为 $F=A×B$、$F=A∧B$、$F=A·B$ 或 $F=AB$，具体如表 1-4 所示。

表 1-4　逻辑"与"运算规则

A	B	F
0	0	0
0	1	0
1	0	0
1	1	1

　　两个相"与"的逻辑变量中，只要有一个为 0，"与"运算的结果就为 0。仅当两个变量都为 1 时，"与"运算的结果才为 1。

　　（3）逻辑"非"运算。

　　逻辑"非"又称为逻辑否定，实际上就是将原逻辑变量的状态求反，常用符号为"‾"或"¬"，其运算规则为 $F = \overline{A}$、$F = \neg A$，具体如表 1-5 所示。

表 1-5　逻辑"非"运算规则

A	F
0	1
1	0

　　可见，在变量的上方加一横线表示"非"。逻辑变量为 0 时，"非"运算的结果为 1；逻辑变量为 1 时，"非"运算的结果为 0。

　　（4）逻辑"异或"运算。

　　逻辑"异或"的常用符号为"⊕"，其运算规则为 $F = A \oplus B = A\overline{B} + \overline{A}B$，具体如表 1-6 所示。

表 1-6　逻辑"异或"运算规则

A	B	F
0	0	0
0	1	1
1	0	1
1	1	0

两个相"异或"的逻辑变量取值相同时，"异或"的结果为 0；取值相异时，"异或"的结果为 1。

（5）逻辑"同或"运算。

逻辑"同或"的常用符号为"⊙"，其运算规则为 $F = A \odot B = AB + \overline{A}\overline{B}$，具体如表 1-7 所示。

表 1-7　逻辑"同或"运算规则

A	B	F
0	0	1
0	1	0
1	0	0
1	1	1

两个相"同或"的逻辑变量取值相同时，"同或"的结果为 1；取值相异时，"同或"的结果为 0。"同或"和"异或"是互非运算。

需要注意的是，在复合逻辑运算中，括号的运算优先级最高，"或"的优先级最低，在计算的过程中，必须严格遵守运算的优先级。

3. 无符号二进制数的运算定律

逻辑运算有以下运算定律。

（1）交换律：

$$A+B=B+A; \quad A \cdot B=B \cdot A$$

（2）结合律：

$$(A+B)+C=A+(B+C); \quad (A \cdot B) \cdot C=A \cdot (B \cdot C)$$

（3）分配律：

$$A \cdot (B+C)=A \cdot B+A \cdot C$$

（4）互补律：

$$A+\overline{A}=1; \quad A \cdot \overline{A}=0$$

（5）常量运算律：

$$A+1=1; \quad A+0=A; \quad A \cdot 1=A; \quad A \cdot 0=0$$

（6）反演律：

$$\overline{A \cdot B} = \overline{A}+\overline{B}; \quad \overline{A+B} = \overline{A} \cdot \overline{B}$$

（7）还原律：

$$\overline{\overline{A}} = A$$

1.3.3　带符号二进制数的表示

带符号二进制数的最高位为符号位，值为 0 时表示正数，值为 1 时表示负数；其余部分用二进制的形式表示数值位。

机器数：在机器中使用的连同数符一起代码化的数叫作机器数，格式包括符号位、数值和小数点，其位数通常为 8 的倍数。机器数有 3 种表达方式：原码、反码和补码。当二进制数为正数时，其补码、反码与原码相同。在单片机应用系统中，所有带符号数都是以补码的形式存放的。机器数所代表的实际数值叫作真值。

以 8 位带符号二进制数为例，最高位 D7 为符号位，D6 ~ D0 为数值位，可表示的范围为 −128 ~ 127。8 位带符号数的表示形式如表 1−8 所示。

表 1-8　8 位带符号数的表示形式

D7	D6	D5	D4	D3	D2	D1	D0

1. 原码的表示方法

自然二进制码，即机器数的原始形式，最高位为符号位，0 表示正数符号，1 表示负数符号，数值部分用绝对值形式表示。一个数的原码的表示方法是用方括号标注该数，并在方括号的右下方标注"原"字，如表 1−9 所示。

表 1-9　原码的表示方法

真值	绝对值	$[X]_原$
+89	1011001	01011001
−89	1011001	11011001

2. 反码的表示方法

反码的最高位为符号位，0 表示正数符号，1 表示负数符号。若真值为正数，则数值部分和原码相同，即$[X]_反=X,(X>0)$；若真值为负数，则符号位和负数原码的符号位相同，数值部分为原码的各位取反。数值部分：$|[X]_反|=2(2^n-1)-|[X]_原|$，n 为二进制数的位数，如表 1−10 所示。

表 1-10　反码的表示方法

真值	绝对值	$[X]_反$
+89	1011001	01011001
−89	1011001	10100110

3. 补码的表示方法

最高位为符号位，0 表示正数符号，1 表示负数符号。正数的补码和正数的原码相同，即$[X]_补=X,(X>0)$；负数的补码由数值部分（即绝对值）各位取反，并在末位加 1 获得，如$[X]_补=[X]_反+1,(X<0)$。数值部分：$|[X]_补|=[X]_反-1=2^n-|[X]_原|$；$n$ 为二进制数的位数，如表 1−11 所示。

表 1-11　补码的表示方法

真值	绝对值	$[X]_补$
+89	1011001	01011001
−89	1011001	10100111

1.3.4　带符号二进制数的运算

带符号二进制数加减法运算的原理：减去一个正数相当于加上一个负数。带符号二进制数的加减法运算包括原码、反码、补码的加减法运算。

1. 原码加减法运算

原码加法运算的规则为：先判断符号位，若相同，则绝对值相加，所得结果的符号不变；若不同，则做减法，|大|-|小|，结果的符号和绝对值|大|的相同。

原码减法运算的规则为：首先将减数的符号取反，然后将被减数和符号取反后的减数按加法运算的规则进行运算。

2. 补码加减法运算

两数补码的和或差等于两数和或差的补码，即$[X]_补 \pm [Y]_补 = [X \pm Y]_补$；补码再求补码等于原码，即$[[X]_补]_补 = [X]_原$；减一个正数的补码等于加这个数负数的补码，即$[X-Y]_补 = [X]_补 + [-Y]_补$；参与运算的数是补码，其结果仍是补码；符号位与数值位均参与运算。

如果补码加减法运算的结果超出了机器数所能表示的范围，则称为溢出，其中 8 位二进制数的数值范围是 -128 ~ 127，16 位二进制数的数值范围是 -32768 ~ 32767。单片机设置符号位为溢出标志位 OV 来判断补码是否溢出，当 OV=1 时溢出，OV=0 时无溢出。

两个同符号的数相减或两个不同符号的数相加，不会溢出；两个同符号的数相加或两个不同符号的数相减，可能会溢出。

本章小结

数制，由基本代码符号与基数来表示。二进制、十进制、八进制和十六进制的表示以及彼此之间的转换。非十进制数转换为十进制数用按位权相加法，将非十进制数按位权（加权系数）展开后求和；十进制数转换为非十（N）进制数的法则是整数部分采用"除 N 取余，逆序排列"法，小数部分采用"乘 N 取整，顺序排列"法；二进制数向八进制（十六进制）数的转换，以二进制数的小数点为中心，向左、右两侧将每 3 位（4 位）二进制数转换为 1 位八进制（十六进制）数。

在计算机中常用的信息编码有两种：ASCII 和 BCD 码。ASCII 使用指定的 7 位或 8 位二进制数组合来表示 128 或 256 种可能的字符。BCD 码编码形式利用了四个二进制数位元来表示一个十进制的数码，使二进制数和十进制数之间的转换更加便捷。BCD 码可分为两种：压缩型 BCD 码和非压缩型 BCD 码。两个 2 位 BCD 码相加时，对二进制数加法运算的结果采用修正规则进行修正。

无符号二进制数的各位均表示数值的大小，最高位代表的是数字而非符号，相当于表示的全是正数。在单片机应用系统中，无符号二进制数的运算一般分为算术运算和逻辑运算两种。带符号二进制数的最高位为符号位，值为 0 时表示正数，值为 1 时表示负数；其余部用二进制的形式表示数值位。机器数有 3 种表达方式：原码、反码和补码。当二进制数为正数时，其补码、反码与原码相同。在单片机应用系统中，所有带符号数都是以补码的形式存放的。带符号二进制数减法运算的原理：减去 1 个正数相当于加上 1 个负数。如果补码加减法运算的结果超出机器数所能表示的范围，则称为溢出。

练习与思考题 1

1. 字符"A"的 ASCII 值是 0100 0001B，转换为十进制数是_____，字符"C"的 ASCII

值是_____。

　　A. 65 和 67D　　　　B. 64 和 67D　　　　C. 65 和 66D　　　　D. 64 和 66D

2. 十进制数 91 转换为十六进制数是_____。

　　A. 4C　　　　　　　B. 5A　　　　　　　C. 5B　　　　　　　D. 5C

3. 数值最大的是_____。

　　A. 110101B　　　　B. 63O　　　　　　C. 54D　　　　　　D. 35H

4. 无符号二进制整数 111110 转换成十进制数是_____。

　　A. 62　　　　　　　B. 60　　　　　　　C. 58　　　　　　　D. 56

5. 二进制整数 110010 的反码是_____。

　　A. 12D　　　　　　B. 13D　　　　　　C. 14D　　　　　　D. 15D

6. 以下有效的 8421BCD 码是_____。

　　A. 1000　　　　　　B. 1001　　　　　　C. 1010　　　　　　D. 1101

7. 补码是 8 位二进制码 10110100B，它的十进制原码是_____。

　　A. −75　　　　　　B. 75　　　　　　　C. −76　　　　　　D. 76

8. 二进制逻辑运算(1 ⊕ 0) ∨ 1 的值是_____。

　　A. −1　　　　　　　B. 0　　　　　　　C. 1　　　　　　　D. 2

9. 带符号二进制数 01101011 与 11010011 的和是_____。

　　A. 61　　　　　　　B. −61　　　　　　C. 62　　　　　　　D. −62

10. 在 ASCII 中，最高位（从左至右第 7 位）用作_____校验位。

11. 将带符号二进制数 1101B 转换为十进制数。

12. 将 BCD 码 10010111.0101 转换为十进制数。

13. 用 BCD 码求 25+31。

14. 将八进制数 51.2O 转换为十六进制数。

15. 将十六进制数 5CH 转换为十进制数。

16. 计算无符号二进制数 1011 和 0101 的和。

17. 计算无符号二进制数 1011 和 0101 的差。

18. 令 $A=1$，$B=0$，求二进制逻辑运算 $F=AB$ 的值。

19. 用反码表示带符号二进制数−78。

20. 用补码表示带符号二进制数−78。

2 Chapter

第 2 章
80C51 单片机结构与原理

熟悉并掌握硬件结构对单片机的使用者和设计者来说是非常重要的。本章介绍 80C51 单片机的硬件结构，它是单片机应用系统设计的基础。

学习目标	（1）了解外围设备的基本功能； （2）熟练掌握 80C51 单片机的内部结构和特点； （3）重点掌握 80C51 单片机的存储器的配置、常见的特殊功能寄存器的功能，以及时钟电路和复位电路的设计； （4）熟悉 80C51 单片机的并行口的结构原理与应用。
重点内容	（1）80C51 单片机的存储器结构； （2）特殊功能寄存器的功能； （3）时钟电路与复位电路的设计方法； （4）80C51 单片机的并行口的驱动方法。
目标技能	（1）单片机最小系统电路的设计能力； （2）80C51 单片机的并行 I/O 接口的应用能力。
模块应用	80C51 单片机功能特性与内部资源的熟悉。

2.1　80C51 单片机的分类与结构

MCS 是英特尔公司生产的单片机系列型号，MCS-51 系列单片机是在 MCS-48 系列单片机的基础上发展起来的。8051 是 MCS-51 系列单片机中的典型产品，也是我国广泛应用的一种机型。80C51 是 8051 内核的升级版。

2.1.1　80C51 单片机的分类

按照功能分类，80C51 单片机是 MCS-51 系列单片机中的一款基本型单片机，即 51 系列。它所采用的制造工艺是 CMOS 工艺，高速度、高密度、低功耗，也就是说 80C51 单片机是一种低功耗单片机。除此之外，该系列单片机还有增强型产品，即 52 系列。按照芯片内部程序存储器的配置分类，有掩膜 ROM、EPROM、电擦除可编程只读存储器（Electrically-Erasable Programmable Read-Only Memory，EEPROM）等。

2.1.2　80C51 单片机的结构

80C51 单片机的内部结构如图 2-1 所示，它将可用于控制应用所必需的基本外围部件都集成在了一个集成电路芯片上。

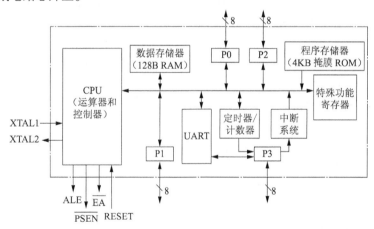

图2-1　80C51单片机的内部结构

80C51 单片机具有以下外围部件及特性：

（1）1 个 8 位 CPU，包括了运算器和控制器两大部分，此外还有面向控制的位处理功能和位控功能；

（2）数据存储器（128B RAM）；

（3）程序存储器（4KB 掩膜 ROM）；

（4）4 个 8 位并行 I/O 接口（P0 口、P1 口、P2 口和 P3 口）；

（5）2 个可编程的 16 位定时器/计数器，具有 4 种工作方式；

（6）1 个全双工通用异步接收发送设备（Universal Asynchronous Receiver/ Transmitter，UART），具有 4 种工作方式，可进行串行通信，扩展并行 I/O 接口，还可与多个单片机相连以构成多机串行通信系统；

（7）中断系统具有 5 个中断源、5 个中断向量，2 级中断优先权；

（8）21 个特殊功能寄存器（Special Function Register，SFR），作为芯片内部各外围部件的控制寄存器和状态寄存器，映射区间是在芯片内部 RAM 区的 80H～FFH 的地址；

（9）低功耗节电有空闲模式和掉电模式，且具有掉电模式下的中断恢复模式。

2.1.3 80C51 单片机的内部资源配置

80C51 单片机的内部结构基本相同，但是不同型号的产品在内存等方面会有一定的差别，主要有基本型和增强型的差别，以及芯片内部 ROM 的配置形式的差别。表 2-1 列出了 80C51 单片机芯片内部的基本资源。

表 2-1　80C51 单片机芯片内部的基本资源

子系列	芯片内部 ROM 形式				芯片内部 ROM 容量 /KB	芯片内部 RAM 容量 /KB	定时器/ 计数器 /个	中断源 /个	I/O 接口线
	无	掩膜 ROM	EPROM	闪存					
51 系列	80C31	80C51	87C51	89C51	4	128	2	5	32 位
52 系列	80C32	80C52	87C52	89C52	8	256	3	6	32 位

1. 基本型

基本型的典型产品为 51 系列，芯片内部 ROM 容量为 4KB，芯片内部 RAM 容量为 128B，2 个定时器/计数器，5 个中断源。

2. 增强型

增强型的典型产品为 52 系列，芯片内部 ROM 容量为 8KB，芯片内部 RAM 容量为 256B，3 个定时器/计数器，6 个中断源。

3. 芯片外部 ROM 配置

无芯片内部 ROM 的单片机在使用时需要芯片外部扩展程序存储器；掩膜 ROM，用户程序由生产厂商直接写入；EPROM，用户程序通过编程器写入，可利用紫外线擦除；闪存，用户程序可以电写入或电擦除，是目前十分流行的一种方式。

2.2　80C51 单片机的引脚特性

要想掌握 80C51 单片机，首先应熟悉各引脚的功能。目前，80C51 单片机多采用 40 个引脚的双列直插封装（Dual In-Line Package，DIP）方式，如图 2-2 所示。

40 个引脚按功能可分为以下 3 类。

（1）电源及时钟引脚：VCC、GND、XTAL1、XTAL2。

（2）控制引脚：$\overline{\text{PSEN}}$、ALE/PROG、$\overline{\text{EA}}$/VPP、RST。

（3）并行 I/O 接口引脚：P0、P1、P2 与 P3 为 4 个 8 位并行 I/O 接口的外部引脚。

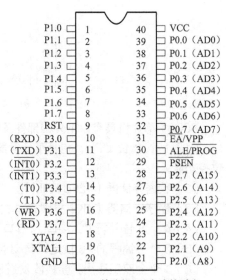

图2-2　80C51单片机DIP方式的引脚

2.2.1　80C51 单片机的典型产品封装

80C51 单片机的封装方式有 DIP 和贴片式（PLCC44、PQF44）。本书介绍的芯片采用的是 DIP40 的封装形式，如图 2-2 所示。

2.2.2　80C51 单片机的引脚功能

1. 电源引脚

（1）VCC（40 脚）：接 +5V 电源。

（2）GND（20 脚）：接地。

2. 时钟引脚

（1）XTAL1（19 脚）：芯片内部振荡器的反相放大器和外部时钟发生器的输入端。当使用 80C51 单片机芯片内部的振荡器时，该引脚外接石英晶体振荡器和微调电容。当使用外部的独立时钟源时，本引脚接外部时钟振荡器的信号。

（2）XTAL2（18 脚）：芯片内部振荡器反相放大器的输出端。当使用芯片内部振荡器时，该引脚连接外部石英晶体振荡器和微调电容。当使用外部时钟振荡器时，该引脚悬空。

3. 控制引脚

控制引脚提供控制信号，部分引脚还具有复用功能。

（1）RST（9 脚）：复位信号输入端，高电平有效。在此引脚加上持续时间大于 2 个机器周期的高电平，就可使单片机复位。在单片机正常工作时，此引脚应为 ≤0.5V 的低电平。

（2）$\overline{\text{EA}}$/VPP（Enable Address/Voltage Pulse of Programming，31 脚）：$\overline{\text{EA}}$ 是该引脚的第一功能，为外部程序存储器访问允许的控制端。

当 $\overline{\text{EA}}$=1 时，在单片机芯片内部的 PC 值不超出 0FFFH（不超出芯片内部程序存储器的最大地址范围）时，单片机读芯片内部程序存储器（4KB）中的程序代码；在 PC 值超出 0FFFH 时，将自动转向地址以 1000H 开始的外部程序存储器。

当 $\overline{\text{EA}}$=0 时，只读取外部程序存储器中的内容，读取的地址范围为 0000H ~ 0FFFFH，芯片内部程序存储器不起作用。

VPP 是该引脚的第二功能，在 EPROM 编程期间，此引脚接入 12V 编程电压。

（3）ALE/$\overline{\text{PROG}}$（Address Latch Enable/PROGramming，30 脚）：正常操作时为 ALE 功能（地址锁存允许信号），能够把地址的低字节锁存到外部地址锁存器中；ALE 引脚以不变的频率（时钟振荡频率的 1/6）周期性地发出正脉冲信号。

$\overline{\text{PROG}}$ 为该引脚的第二功能，当在芯片内部程序存储器中编程时，此引脚被当作编程脉冲输入端。

（4）$\overline{\text{PSEN}}$（Program Strobe Enable，29 脚）：芯片内部或芯片外部程序存储器的读选通信号，低电平有效。

4. 并行 I/O 接口引脚

（1）P0 口：P0.0 ~ P0.7 引脚。

漏极开路的双向 I/O 接口。当访问外部存储器及 I/O 接口芯片时，P0 口作为地址总线（低 8

位）及数据总线的时分复用端口。

P0 口也可作为通用 I/O 接口使用，内部不带上拉电阻，使用时须加上拉电阻，这时为准双向口。P0 口可驱动 8 个 LS 型 TTL 负载。

（2）P1 口：P1.0~P1.7 引脚。

8 位准双向 I/O 接口，带有内部上拉电阻，可驱动 4 个 LS 型 TTL 负载。

P1 口是完全可提供给用户使用的准双向 I/O 接口。

（3）P2 口：P2.0~P2.7 引脚。

8 位准双向 I/O 接口，带有内部上拉电阻，可驱动 4 个 LS 型 TTL 负载。

当访问外部存储器及 I/O 接口时，P2 口作为高 8 位地址总线，输出高 8 位地址。

P2 口也可作为通用的 I/O 接口。

（4）P3 口：P3.0~P3.7 引脚。

8 位准双向 I/O 接口，带有内部上拉电阻。

P3 口可作为通用的 I/O 接口，可驱动 4 个 LS 型 TTL 负载。

P3 口还可提供第二功能，其第二功能定义如表 2-2 所示。

表 2-2　P3 口的第二功能定义

I/O 接口	第二功能定义	功能说明
P3.0	RXD	串行输入口
P3.1	TXD	串行输出口
P3.2	INT0	外部中断 0 输入端
P3.3	INT1	外部中断 1 输入端
P3.4	T0	T0 外部计数脉冲输入端
P3.5	T1	T1 外部计数脉冲输入端
P3.6	$\overline{WR}$	外部 RAM 写选通脉冲输出端
P3.7	$\overline{RD}$	外部 RAM 读选通脉冲输出端

综上所述，P0 口作为地址总线（低 8 位）及数据总线使用时，为双向口；作为通用的 I/O 接口使用时，须加上拉电阻，这时为准双向口。P1 口、P2 口、P3 口均为准双向口。

上述为 80C51 单片机的 40 个引脚，大家应熟记每一个引脚的功能，这对于掌握 80C51 单片机应用系统硬件电路的设计方法十分重要。

2.2.3　80C51 单片机工作的最小系统电路

80C51 单片机的最小系统电路由单片机芯片、晶振电路和复位电路构成，如图 2-3 所示。单片机的最小系统电路是构成单片机应用系统的基本硬件单元。根据实际需要，在最小系统电路上的 I/O 接口可外接扩展电路，以便实现不同的功能。

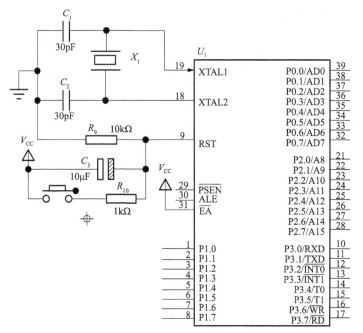

图2-3 单片机的最小系统电路

2.3 80C51 单片机的 CPU

2.3.1 CPU 的功能单元

80C51 单片机的 CPU 是由运算器和控制器构成的。

1. 运算器

运算器主要包括算术逻辑运算单元（Arithmetic and Logic Unit，ALU）、累加器（Accumulator，A）、程序状态字（Program Status Word，PSW）寄存器等。

（1）算术逻辑运算单元。

ALU 的功能强，不但可对 8 位变量进行逻辑与、或、异或以及循环、求补和清 0 等操作，而且可以进行加、减、乘、除等基本算术运算。ALU 还具有位操作功能，可对位变量进行位处理，如置 1、清 0、求补、逻辑"与""或"等操作。

（2）累加器。

累加器是 CPU 中使用最频繁的一个 8 位寄存器，它的作用如下。

① 累加器是 ALU 的输入数据源之一，同时又是 ALU 运算结果的存放单元。

② CPU 中的数据传送大多都会通过累加器，故累加器又相当于数据的中转站。为解决累加器结构所带来的"瓶颈堵塞"问题，80C51 单片机增加了一部分可以不经过累加器的传送指令。

累加器的进位标志位 CY（位于 PSW 寄存器中）是特殊的，因为 CY 同时又是位处理器的位累加器。

（3）程序状态字寄存器。

80C51 单片机的 PSW 寄存器位于单片机芯片内部的特殊功能寄存器区，字节地址为 D0H。PSW 的不同位包含了程序运行状态的不同信息，其中 4 位（PSW.7、PSW.6、PSW.2、PSW.0）保存当前指令执行后的状态，供程序查询和判断使用。PSW 的格式如表 2-3 所示。

表 2-3　PSW 的格式

PSW.7	PSW.6	PSW.5	PSW.4	PSW.3	PSW.2	PSW.1	PSW.0
CY	Ac	F0	RS1	RS0	OV	—	P

PSW 中各位的功能如下。

① CY (PSW.7)：进位标志位，可简写为 C。在执行算术运算和逻辑运算指令时，若有进位或借位，则 CY=1；否则，CY=0。在位处理器中，它是位累加器。

② Ac (PSW.6)：辅助进位标志位，在 BCD 码运算过程中进行十进位调整时，会使用 Ac 标志位。即在运算时，当 D3 位向 D4 位产生进位或借位时，Ac=1；否则，Ac=0。

③ F0 (PSW.5)：用户使用的标志位，可用指令来使它置 1 或清 0，也可用指令来测试该标志位，根据测试结果控制程序的流向。编程时，用户应当充分利用该标志位。

④ RS1、RS0 (PSW.4、PSW.3)：4 组工作寄存器区选择控制位 1 和位 0，这两位用来选择芯片内部 RAM 区中的 4 组工作寄存器区中的某一组作为当前工作寄存区。RS1、RS0 与工作寄存器组的对应关系如表 2-4 所示。

表 2-4　RS1、RS0 与工作寄存器组的对应关系

RS1	RS0	寄存器组号	R0～R7 地址
0	0	0	00～07H
0	1	1	08～0FH
1	0	2	10～17H
1	1	3	18～1FH

⑤ OV (PSW.2)：溢出标志位，当执行算术指令时，OV 用来指示运算结果是否产生溢出。如果结果产生溢出，则 OV=1；否则，OV=0。

⑥ PSW.1 位：保留位，未用。

⑦ P (PSW.0)：奇偶标志位，该标志位表示指令执行完时，累加器中"1"的个数是奇数还是偶数。P=1，表示累加器中"1"的个数为奇数；P=0，表示累加器中"1"的个数为偶数。在串行通信中，常用这个标志位来检验数据串行传输的可靠性。

2. 控制器

控制器的主要任务是识别指令，并根据指令的性质控制单片机各功能部件，从而保证单片机各部分能自动、协调地工作。

控制器主要包括指令计数器（Instruction Counter, IC）、指令寄存器（Instruction Register, IR）、指令译码器（Instruction Decoder, ID）及控制逻辑电路等。其功能是控制指令的读入、译码和执行，从而对单片机的各功能部件进行定时和逻辑控制。

IC 是控制器中最基本的寄存器之一，它是一个独立的 16 位计数器，用户不能直接使用指令对 IC 进行读写。当单片机复位时，IC 中的内容为 0000H，即 CPU 从程序存储器 0000H 单元取

指令，并开始执行程序。

IC 的基本工作过程：当 CPU 读取指令时，IC 内容作为欲读取指令的地址被发送给程序存储器，然后程序存储器按此地址输出指令字节，同时 IC 自动加 1，这也是 IC 被称为指令计数器的原因。由于 IC 实质上被作为 IR 的地址指针，所以其也被称为程序指针。

IC 内容的变化轨迹决定了程序的流程。用户不可以直接访问 IC，当顺序执行程序时 IC 自动加 1；执行转移程序或子程序或中断子程序调用时，由运行的指令自动将其内容更改成所要转移的目的地址。

IR 保存当前正在执行的一条指令。执行一条指令，首先要把它从程序存储器送到 IR。

ID 与控制逻辑电路是微处理器的核心部件，它的任务是完成读指令、执行指令、存取操作数或运算结果等操作，并发出各种微操作控制信号，以协调各个部件之间的工作。

2.3.2　CPU 的时钟

时钟电路用于产生 80C51 单片机工作时所必需的控制信号，80C51 单片机的内部电路正是在时钟信号的控制下，严格地按时序执行指令进行工作的。

常用的时钟电路有两种方式，一种是内部时钟方式，另一种是外部时钟方式。

1. 内部时钟方式

80C51 单片机内部有一个用于构成振荡器的高增益反相放大器，它的输入端为芯片引脚 XTAL1，输出端为芯片引脚 XTAL2。这两个引脚外部跨接石英晶体振荡器和微调电容，构成一个稳定的自激振荡器。图 2-4 所示为 80C51 单片机的内部时钟方式的电路。

电路中的电容的典型值通常选择为 30pF。晶体振荡频率通常选择 6MHz、12MHz（可得到准确的定时）或 11.0592MHz（可得到准确的串行通信波特率）。

2. 外部时钟方式

外部时钟方式使用现成的外部振荡器产生时钟脉冲信号，外部时钟源直接接到 XTAL1 端，XTAL2 端悬空，其电路如图 2-5 所示。这种方式常用于多片 80C51 单片机同时工作的场景，便于多片 80C51 单片机之间的同步。

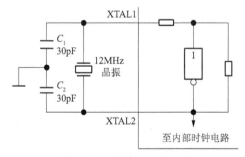

图2-4　内部时钟方式的电路

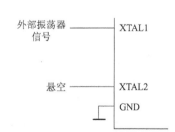

图2-5　外部时钟方式的电路

3. 时钟周期、机器周期与指令周期

单片机执行的指令，均是在 CPU 控制器的时序控制电路的控制下进行的，各种时序均与时钟周期有关。

（1）时钟周期。

时钟周期（也称为振荡周期）是单片机时钟控制信号的基本时间单位。

（2）机器周期。

CPU 完成一个基本操作所需要的时间称为机器周期，单片机中常把执行一条指令的过程分为几个机器周期，每个机器周期完成一个基本操作，如取指令、读数据或写数据等。80C51单片机的每 12 个时钟周期为一个机器周期，即一个机器周期包括12 个时钟周期，分为 6 个状态：S1~S6。每个状态又分为两节拍：P1 和 P2。

因此，一个机器周期中的 12 个时钟周期表示为 S1P1、S1P2、S2P1、S2P2、……、S6P2，如图 2-6 所示。

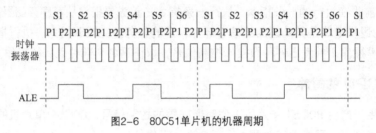

图2-6　80C51单片机的机器周期

（3）指令周期。

指令周期是执行一条指令所需的时间。在 80C51单片机中指令按字节来分，可分为单字节、双字节与三字节指令，单字节和双字节指令一般为单机器周期和双机器周期，三字节指令都是双机器周期，只有乘、除指令占用 4 个机器周期。

2.3.3　80C51 单片机的复位

复位是单片机的初始化操作，只须给 80C51 单片机的复位引脚 RST 加上大于两个机器周期（24 个时钟周期）的高电平就可使单片机复位。

在实际应用中，复位操作有两种形式，一种是上电复位，另一种是上电复位和按键复位的组合，如图 2-7 和图 2-8 所示。

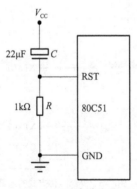

图2-7　上电复位电路

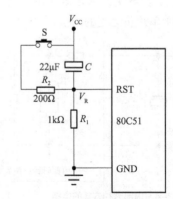

图2-8　上电复位和按键复位的组合电路

当单片机进行复位时，IC 初始化为 0000H，使程序从 0000H 地址单元开始执行程序。

除 IC 之外，复位操作还对其他一些寄存器有影响。复位后，堆栈指针（SP）为 0007H，而 4 个 I/O 接口 P0~P3 的引脚均为高电平，中断优先级控制寄存器（IP）、中断允许控制寄存器（IE）、电源控制寄存器（PCON）的有效位为 0，串行发送数据缓存器（SBUF）不定，其余特殊功能寄存器的状态均为 0000H。

　　单片机上电复位，是通过 V_{CC}(+5V)电源给电容 C 充电的，然后加给 RST 引脚一个短暂的高电平信号，此信号随着 V_{CC} 对电容 C 的充电过程而逐渐回落，即 RST 引脚上的高电平持续时间取决于电容 C 的充电时间。因此为保证系统能可靠复位，RST 引脚上的高电平持续时间必须大于复位所要求的高电平的时间。图 2-7 所示的电路典型的电阻和电容参数：晶振频率为 12MHz，C 为 22μF，R 为 1kΩ。

　　另外，单片机在运行期间也可以利用人工按键复位。按键复位是通过 RST 端的下拉电阻对电源 V_{CC} 接通分压所产生的高电平实现的。

2.4　80C51 单片机的存储器结构

　　80C51 单片机存储器结构为哈佛结构，即程序存储器空间和数据存储器空间是各自独立的。下面依次介绍各个存储器配置。

2.4.1　80C51 单片机的程序存储器配置

　　80C51单片机能够按照一定的次序工作，这是由于程序存储器中存放了经调试确定正确的程序。程序存储器通常是 ROM，可以分为芯片内部和芯片外部两部分。80C51 单片机的芯片内部程序存储器为 4KB 的 ROM，地址范围为 0000H ~ 0FFFH；当芯片内部的 ROM 不够用时，用户在芯片外部最多可扩展至 64KB 的程序存储器，地址范围为 0000H ~ FFFFH。

　　芯片内部与芯片外部扩展的程序存储器在使用时应注意以下问题。

　　（1）CPU 究竟是访问芯片内部的还是芯片外部的程序存储器，可由 $\overline{EA}$ 引脚上所接的电平来确定。

　　当 $\overline{EA}$ =1，IC 值没有超出 0FFFH（为芯片内部 ROM 的最大地址）时，CPU 只读取芯片内部的程序存储器中的程序代码；当 IC 值大于 0FFFH 时，会自动转向读取芯片外部程序存储器（地址范围为 1000H ~ FFFFH）内的程序代码。

　　当 $\overline{EA}$ =0 时，单片机只读取芯片外部程序存储器（地址范围为 0000H ~ FFFFH）中的程序代码。CPU 不理会芯片内部 ROM。

　　（2）程序存储器的某些单元被固定用于各中断源的中断服务程序的入口地址。64KB 程序存储器空间中有 5 个特殊单元，分别对应 5 个中断源的中断服务子程序的中断入口，中断源的中断入口地址如表 2-5 所示。

表 2-5　中断源的中断入口地址

中断源	中断入口地址
外部中断 0	0003H
定时器 T0	000BH
外部中断 1	0013H
定时器 T1	001BH
串行口	0023H

2.4.2 80C51 单片机的数据存储器配置

数据存储器分为芯片内部与芯片外部两部分。

80C51 单片机内部有 128B 的 RAM，可用来存放可读/写的数据。

当 80C51 单片机的芯片内部 RAM 不够用时，可在芯片外部扩展最多 64KB 的 RAM，到底扩展多少RAM，由用户根据实际需要来定。

1. 芯片内部数据存储器

80C51单片机的芯片内部数据存储器（RAM）共有 128 个单元，字节地址为 00H～7FH。80C51 单片机芯片内部数据存储器的结构如图 2-9 所示。

地址为 00H～1FH 的 32 个单元是 4 组通用工作寄存器区，每个区包含 8B 的工作寄存器，编号为 R7～R0。用户可以通过指令改变 PSW 中的 RS1、RS0 这两位来切换选择当前的工作寄存器区，如表 2-4 所示。

地址为 20H～2FH 的 16 个单元的 128 位（8 位×16）可进行位寻址，也可进行字节寻址。字节地址与位地址的关系如表 2-6 所示。地址为 30H～7FH 的单元为用户 RAM 区，只能进行字节寻址，可用作堆栈区以及数据缓冲区。

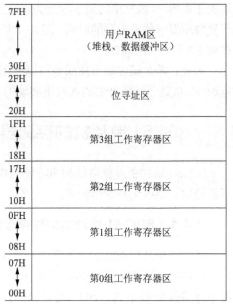

图2-9 80C51单片机芯片内部数据存储器的结构

表 2-6 字节地址与位地址的关系

字节地址	位地址							
	D7	D6	D5	D4	D3	D2	D1	D0
2FH	7FH	7EH	7DH	7CH	7BH	7AH	79H	78H
2EH	77H	76H	75H	74H	73H	72H	71H	70H
2DH	6FH	6EH	6DH	6CH	6BH	6AH	69H	68H
2CH	67H	66H	55H	64H	63H	62H	61H	60H
2BH	5FH	5EH	5DH	5CH	5BH	5AH	59H	58H
2AH	57H	56H	55H	54H	53H	52H	51H	50H
29H	4FH	4EH	4DH	4CH	4BH	4AH	49H	48H
28H	47H	46H	45H	44H	43H	42H	41H	40H
27H	3FH	3EH	3DH	3CH	3BH	3AH	39H	38H
26H	37H	36H	35H	34H	33H	32H	31H	30H
25H	2FH	2EH	2DH	2CH	2BH	2AH	29H	28H
24H	27H	26H	25H	24H	23H	22H	21H	20H
23H	1FH	1EH	1DH	1CH	1BH	1AH	19H	18H
22H	17H	16H	15H	14H	13H	12H	11H	10H
21H	0FH	0EH	0DH	0CH	0BH	0AH	09H	08H
20H	07H	06H	05H	04H	03H	02H	01H	00H

2. 芯片外部数据存储器

当芯片内部 128B 的 RAM 不够用时，需要向外扩展数据存储器。80C51 单片机最多可向外扩展 64KB 的 RAM。

 注意

虽然芯片内部 RAM 与芯片外部 RAM 的低 128B 的地址是相同的，但它们是两个不同的数据存储区，访问时所使用的指令不同，所以不会发生数据冲突。

图 2-10 所示为 80C51 单片机的存储器结构，从图中可清晰地看出 80C51 单片机的各类存储器在存储器空间的位置。

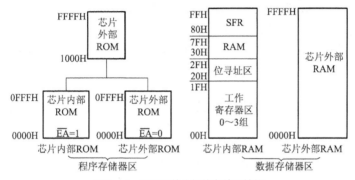

图2-10　80C51单片机的存储器结构

2.4.3　80C51 单片机的特殊功能寄存器

80C51 单片机芯片内部共有 21 个特殊功能寄存器（SFR），零散地分布在芯片内部 RAM 区的 80H ~ FFH 区域中。其中有些 SFR 还可进行位寻址，其名称及分布已在表 2-7 中列出。

表 2-7　SFR 的名称及分布

序号	SFR 符号	名称	字节地址	位地址	复位值
1	P0	P0 口寄存器	80H	80H ~ 87H	FFH
2	SP	堆栈指针	81H	—	07H
3	DPL	数据指针 DPTR0 低字节	82H	—	00H
4	DPH	数据指针 DPTR0 高字节	83H	—	00H
5	PCON	电源控制寄存器	87H	—	0xxx 0000B
6	TCON	定时器/计数器控制寄存器	88H	88H ~ 8FH	00H
7	TMOD	定时器/计数器控制方式	89H	—	00H
8	TL0	定时器/计数器 0 低字节	8AH	—	00H
9	TL1	定时器/计数器 1 低字节	8BH	—	00H
10	TH0	定时器/计数器 0 高字节	8CH	—	00H
11	TH1	定时器/计数器 1 高字节	8DH	—	00H
12	P1	P1 口寄存器	90H	90H ~ 97H	FFH
13	SCON	串行控制寄存器	98H	98H ~ 9FH	00H

续表

序号	SFR 符号	名称	字节地址	位地址	复位值
14	SBUF	串行发送数据缓冲器	99H	—	xxxx xxxxB
15	P2	P2 口寄存器	A0H	A0H ~ A7H	FFH
16	IE	中断允许控制寄存器	A8H	A8H ~ AFH	0xx00 000B
17	P3	P3 口寄存器	B0H	B0H ~ B7H	FFH
18	IP	中断优先级控制寄存器	B8H	B8H ~ BFH	xx00 0000B
19	PSW	程序状态字寄存器	D0H	D0H ~ D7H	00H
20	A	累加器	E0H	E0H ~ E7H	00H
21	B	寄存器	F0H	F0H ~ F7H	00H

从表 2-7 中发现，可被位寻址的 SFR 有 11 个，共有位地址 88 个，凡是可以进行位寻址的 SFR，其字节地址的末位只能是 0H 或 8H，与位地址的最低位相同。表 2-8 列出了 SFR 的位地址分布。

表 2-8　SFR 的位地址分布

SFR	位地址								字节地址
	D7	D6	D5	D4	D3	D2	D1	D0	
B	F7H	F6H	F5H	F4H	F3H	F2H	F1H	F0H	F0H
A	E7H	E6H	E5H	E4H	E3H	E2H	E1H	E0H	E0H
PSW	D7H	D6H	D5H	D4H	D3H	D2H	D1H	D0H	D0H
IP	—	—	—	BCH	BBH	BAH	B9H	B8H	B8H
P3	B7H	B6H	B5H	B4H	B3H	B2H	B1H	B0H	B0H
IE	AFH	—	—	ACH	ABH	AAH	A9H	A8H	A8H
P2	A7H	A6H	A5H	A4H	A3H	A2H	A1H	A0H	A0H
SCON	9FH	9EH	9DH	9CH	9BH	9AH	99H	98H	98H
P1	97H	96H	95H	94H	93H	92H	91H	90H	90H
TCON	8FH	8EH	8DH	8CH	8BH	8AH	89H	88H	88H
P0	87H	86H	85H	84H	83H	82H	81H	80H	80H

SFR 中的累加器和程序状态字寄存器已在前面介绍过，下面简单介绍 SFR 中的数据指针、堆栈指针和寄存器，其余的后文会进行说明。

1. 数据指针

数据指针（DPTR）是一个 16 位寄存器，分为高 8 位 DPH 和低 8 位 DPL 寄存器，可用来存放 16 位的地址。采用间接寻址的方式，可对芯片外部 RAM 或 I/O 接口进行数据访问；采用变址寻址的方式，可对 ROM 单元中存放的常量数据进行读取。

2. 堆栈指针

堆栈指针（SP）的内容指示出堆栈顶部在内部 RAM 块中的位置。它可指向内部 RAM 00H ~ 7FH 的任何单元。80C51 的堆栈结构属于向上生长型的堆栈（每向堆栈压入 1 字节数据，SP 的内容就会自动增加 1）。单片机复位后，SP 中的内容为 07H，这使堆栈实际上从 08H 单元开始，因为 08H～1FH 单元分别属于 1～3 组的工作寄存器区，所以在程序设计过程中要用到这些工作寄存器区，最好是在复位后且运行程序前，把 SP 值设置为 60H 或更大的值，以避免堆栈区与工作寄存器区发生冲突。

　　堆栈主要是为子程序调用和中断操作而设立的，它的具体功能有两个：保护断点和保护现场。

　　（1）保护断点。因为无论是子程序调用操作还是中断服务子程序调用操作，主程序都会被"打断"，但最终都要返回主程序继续执行程序。因此，应预先把主程序的断点在堆栈中保护起来，为程序的正确返回做准备。

　　（2）保护现场。当单片机执行子程序或中断服务子程序时，很可能要用到单片机中的一些寄存器单元，这就会破坏主程序运行时这些寄存器单元的原有内容。因此在执行子程序或中断服务程序之前，要把单片机中有关寄存器单元的内容暂存起来，然后送入堆栈，这就是"保护现场"。

　　堆栈的操作有两种：一种是数据入栈（PUSH），另一种是数据出栈（POP）。遵循"后进先出"的原则，当要将 1 字节数据压入堆栈时，SP 先自动加 1，再把 1 字节数据压入堆栈；1 字节数据弹出堆栈后，SP 自动减 1。

3. 寄存器

80C51 单片机在进行乘法和除法操作时要使用寄存器 B，在不执行乘、除法操作的情况下，可把寄存器 B 当作一个普通寄存器。

2.5 80C51 单片机的并行口

　　80C51 单片机共有 4 个双向的 8 位并行 I/O 接口，即 P0～P3，表 2-7 中 SFR 的 P0、P1、P2 和 P3 就是这 4 个端口的输出锁存器。4 个端口除了可以进行字节输入/输出外，还可进行位寻址，便于位控功能的实现。

2.5.1　P0、P2 口的结构和功能

　　P0、P2 口是双功能的 8 位并行端口。当不需要外部总线扩展时，P0、P2 口作为通用的 I/O 接口使用；当需要外部总线扩展时，P0 口作为系统的地址/数据总线使用，P2 口作为地址总线使用。

1. P0 口的工作原理

　　P0 口的结构如图 2-11 所示。它由一个输出锁存器、两个三态输入缓冲器（BUF1、BUF2）、输出驱动电路、一个转接开关 MUX、一个与门以及一个反相器构成。

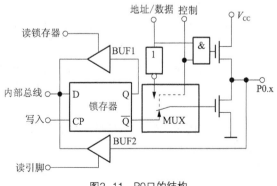

图2-11　P0口的结构

（1）P0 口作为系统的地址/数据总线使用。

当 80C51 单片机向外扩展存储器或 I/O 接口时，P0 口作为单片机应用系统复用的地址/数据总线使用。此时，"控制"信号为 1，硬件自动使转接开关 MUX"打向"反相器，接通反相器的输出，同时使"与门"处于开启状态。例如，当输出的"地址/数据"信号为 1 时，"与门"输出为 1，上方的场效应晶体管导通，下方的场效应晶体管截止，P0.x 引脚输出为 1；当输出的"地址/数据"信号为 0 时，上方的场效应晶体管截止，下方的场效应晶体管导通，P0.x 引脚输出为 0。P0.x 引脚的输出状态随"地址/数据"信号的状态变化而变化。上方的场效应晶体管起到内部上拉电阻的作用。

当 P0 口作为数据线输入时，仅从外部存储器（或外部 I/O 接口）读入信号，对应的"控制"信号为 0，MUX 接通锁存器的 Q 端。当 P0 口作为地址/数据复用方式来访问外部存储器时，CPU 自动向 P0 口写入 FFH，使下方的场效应晶体管截止。由于控制信号为 0，上方的场效应晶体管也截止，从而保证数据信号的高阻抗输入，从外部存储器或 I/O 接口输入的数据信号直接由 P0.x 引脚通过输入缓冲器 BUF2 进入内部总线。

根据上述分析，P0 口具有高电平、低电平和高阻抗 3 种状态的端口，因此，P0 口作为地址/数据总线使用时，属于真正的双向端口，简称双向口。

（2）P0 口作为通用 I/O 接口使用。

P0 口不作为地址/数据总线使用时，也可作为通用的 I/O 接口使用。此时，对应的"控制"信号为 0，MUX"打向"锁存器，接通锁存器的 $\overline{Q}$ 端，从而使"与门"输出为 0，上方的场效应晶体管截止，形成的 P0 口输出电路为漏极开路输出电路。

当 P0 口作为输出口使用时，来自 CPU 的"写"脉冲加在 D 锁存器的 CP 端，内部总线上的数据写入 D 锁存器，并由引脚 P0.x 输出。当 D 锁存器为 1 时，Q 非端为 0，下方的场效应晶体管截止，输出为漏极开路，此时，必须外接上拉电阻才能有高电平输出；当 D 锁存器为 0 时，下方的场效应晶体管导通，P0 口输出为低电平。

P0 口作为输入口使用时，有两种读入方式："读锁存器"和"读引脚"。当 CPU 发出"读锁存器"指令时，锁存器的状态由 Q 端经三态缓冲器 BUF1 进入内部总线；当 CPU 发出"读引脚"指令时，锁存器的输出为 1（Q 非端为 0），从而使下方的场效应晶体管截止，引脚的状态经三态缓冲器 BUF2 进入内部总线。

综上所述，P0 口具有以下特点。

（1）当 P0 口作为地址/数据总线使用时，它是一个真正的双向口，与外部扩展的存储器或 I/O 接口连接，输出低 8 位地址和输出/输入 8 位数据。

（2）当 P0 口作为通用 I/O 接口使用时，P0 口各引脚需要外接上拉电阻，此时端口不存在高阻抗状态，因此是一个准双向口。

如果单片机向外扩展了 RAM 和 I/O 接口，P0 口此时应作为复用的地址/数据总线使用。

如果没有向外扩展 RAM 和 I/O 接口，P0 口此时即可作为通用 I/O 接口使用。

2. P2 口的工作原理

P2 口的结构如图 2-12 所示。它由一个输出锁存器、两个三态输入缓冲器、输出驱动电路、一个转接开关 MUX 以及一个反相器构成。

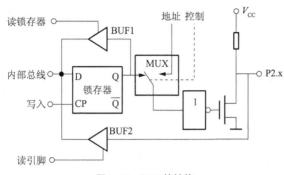

图2-12　P2口的结构

（1）P2 口用作地址总线。在内部控制信号为 1 时，MUX 与"地址"接通。当"地址"信号为 0 时，场效应晶体管导通，P2 口的各引脚输出 0；当"地址"信号为 1 时，场效应晶体管截止，P2 口的各引脚输出 1。

（2）P2 口用作通用 I/O 接口。在内部控制信号为 0 时，MUX 与锁存器的 Q 端接通。CPU 输出 1 时，Q=1，场效应晶体管截止，P2.x 引脚输出 1；CPU 输出 0 时，Q=0，场效应晶体管导通，P2.x 引脚输出 0。

P2 口作为输入口使用时，分为"读锁存器"和"读引脚"两种方式。"读锁存器"时，Q 端信号经输入缓冲器 BUF1 进入内部总线；"读引脚"时，先向锁存器写 1，使场效应晶体管截止，P2.x 引脚上的电平经输入缓冲器 BUF2 进入内部总线。

综上所述，P2 口的特点如下。

（1）当 P2 口作为地址总线使用时，可输出外部存储器的高 8 位地址，它与 P0 口输出的低 8 位地址一起构成 16 位地址，可寻址 64KB 的芯片外部地址空间。当 P2 口作为高 8 位地址总线使用时，输出锁存器的内容保持不变。

（2）当 P2 口作为通用 I/O 接口使用时，P2 口为准双向口。

一般情况下，P2 口会作为高 8 位地址总线使用，这时它就不能再用作通用 I/O 接口。

2.5.2　P1、P3 口的结构和功能

P1 口为通用 I/O 接口。P3 口为双功能口，由于引脚的数量有限，P3 口的每一个引脚在电路中增加了第二功能。

1. P1 口的工作原理

P1 口的结构如图 2-13 所示。它由一个输出锁存器、两个三态输入缓冲器和输出驱动电路构成。P1 口只能作为通用 I/O 接口使用。

（1）当 P1 口作为输出口使用时，若内部总线写 1，则 $\overline{Q}$=1，Q=0，场效应晶体管截止，P1 口引脚的输出为 1；若内部总线写 0，则 $\overline{Q}$=0，Q=1，场效应晶体管导通，P1 口引脚的输出为 0。

（2）当 P1 口作为输入口使用时，分为"读锁存器"和"读引脚"两种方式。当"读锁存器"时，锁存器的输出端 Q 的状态经输入缓冲器 BUF1 进入内部总线；当"读引脚"时，先向锁存器写 1，使场效应晶体管截止，P1.x 引脚上的电平经输入缓冲器 BUF2 进入内部总线。

综上所述，P1 口的特点如下。

P1 口由于有内部上拉电阻，没有高阻抗输入状态，故为准双向口。当 P1 口作为输出口时，

不需要外接上拉电阻，P2 口作为准双向口时，功能与 P1 口一样。当 P1 口作为"读引脚"输入时，必须先向锁存器 P1 写入 1。

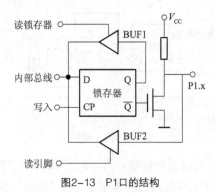

图2-13　P1口的结构

2. P3 口的工作原理

P3 口的结构如图 2-14 所示。它由一个输出锁存器、三个输入缓冲器、一个与非门和输出驱动电路构成。

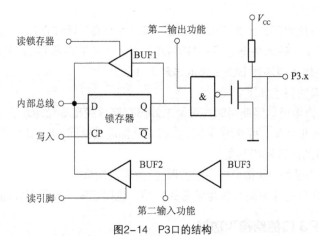

图2-14　P3口的结构

（1）P3 口作为第二输入/输出功能使用。

当选择第二输出功能时，锁存器需要置 1，使"与非门"为开启状态。当第二输出功能为 1 时，场效应晶体管截止，P3.x 引脚输出为 1；当第二输出功能为 0 时，场效应晶体管导通，P3.x 引脚输出为 0。

当选择第二输入功能时，锁存器和第二输出功能端口均应置 1，确保场效应晶体管截止，P3.x 引脚的信号由输入缓冲器 BUF3 的输出获得。

（2）P3 口作为通用 I/O 接口使用。

当 P3 口作为通用 I/O 接口输出时，第二输出功能端口应保持高电平，"与非门"为开启状态。CPU 输出 1 时，Q=1，场效应晶体管截止，P3.x 引脚输出为 1；CPU 输出 0 时，Q=0，场效应晶体管导通，P3.x 引脚输出为 0。

当 P3 口作为通用 I/O 接口输入时，P3.x 位的输出锁存器和第二输出功能端口均应置 1，场效应晶体管截止，P3.x 引脚信息通过输入缓冲器 BUF3 和 BUF2 进入内部总线，完成"读引脚"

操作。当 P3 口作为通用 I/O 输入时，也可执行"读锁存器"操作，此时 Q 端信息经过缓冲器 BUF1 进入内部总线。

综上所述，P3 口的特点如下。

（1）P3 口内部有上拉电阻，不存在高阻抗输入状态，故为准双向口。

（2）由于 P3 口的每个引脚有第一功能与第二功能，究竟使用哪个功能，完全是由单片机执行的指令来控制自动切换的，用户不需要进行任何设置。

（3）引脚输入部分有两个缓冲器，第二输入功能的信号取自缓冲器 BUF3 的输出端，第一输入功能的信号取自缓冲器 BUF2 的输出端。

本章小结

本章介绍了单片机的结构和内部资源配置，包括引脚、CPU、存储器、并行 I/O 接口的结构及应用、SFR。

80C51 单片机的时钟方式有内部时钟方式和外部时钟方式两种。

单片机通过复位使自身进入初始化状态。复位后，IC 内容为 0000H，SP 为 07H，而 4 个 I/O 接口 P0 ~ P3 的引脚均为高电平，IP、IE 和 PCON 的有效位为 0，SBUF 不定，其余 SFR 的状态均为 0000H。

80C51 单片机的存储器分为程序存储器（芯片内部容量为 4KB）和数据存储器（芯片内部容量 128B）。

80C51 单片机有 4 个并行 I/O 接口。当 80C51 单片机向外扩展存储器或 I/O 接口时，P0 口作为单片机应用系统复用的地址/数据总线使用。当 P0 口作为通用 I/O 接口使用时，须外接上拉电阻。P1 口只能作为通用 I/O 接口使用。P2 口为高 8 位地址总线。P3 口是一个双功能口并且每一个引脚都有第二功能。

练习与思考题 2

1. 80C51 单片机芯片内部 ROM 的配置种类有哪些？

2. 80C51 单片机存储器的地址空间是怎样划分的？

3. 80C51 单片机的晶振频率分别为 6MHz、12MHz，它的机器周期分别为多少？

4. 80C51 单片机芯片内部都集成了哪些部件？

5. 说明 80C51 单片机的 $\overline{EA}$ 引脚接高电平和接低电平的区别。

6. 80C51 单片机的程序状态字寄存器各标志位的意义是什么？

7. 在内部 RAM 中，可作为工作寄存器区的单元地址范围是多少？

8. 芯片内部字节地址为 2BH 单元最低位的位地址是多少？芯片内部字节地址为 98H 单元最低位的地址是多少？

9. IC 是什么寄存器？是否属于 SFR？它有什么作用？

10. DPTR 是什么寄存器？它的作用是什么？

模块 2

单片机开发软件

3 Chapter

第 3 章
Proteus 仿真软件

Proteus ISIS 是英国 Labcenter 公司开发的电路分析与实物仿真软件。它运行于 Windows 操作系统上，可以仿真、分析各种模拟器件和集成电路。本章学习的主要内容是 Proteus 软件的一般操作方法以及利用 Proteus 软件设计单片机应用系统的方法。

学习目标	（1）掌握 Proteus 仿真软件的操作方法； （2）掌握使用 Proteus 仿真软件进行硬件设计和软件调试的方法。
重点内容	（1）Proteus 仿真软件的操作内容； （2）运用 Proteus 软件进行硬件设计的方法。
目标技能	（1）熟练使用 Proteus 仿真软件的能力； （2）系统硬件设计和软件设计的能力。
模块应用	微处理系统的应用开发，软硬件的设计与调试。

Proteus ISIS 基本操作

3.1.1　Proteus ISIS 的工作界面

Proteus ISIS 运行于 Windows 操作系统上，可以仿真、分析各种模拟器件和集成电路，该软件的特点如下。①实现了单片机仿真与通用模拟电路仿真相结合，具有模拟电路仿真、数字电路仿真、单片机及其外围电路组成的系统的仿真、RS-232 动态仿真、I^2C 调试器、SPI 调试器、键盘和 LCD 系统仿真的功能；有各种虚拟仪器，如示波器、逻辑分析仪、信号发生器等。②支持主流单片机应用系统的仿真。目前支持的单片机类型包括 68000 系列、8051 系列、AVR 系列、PIC12 系列、PIC16 系列、PIC18 系列、Z80 系列、HC11 系列以及各种外围芯片。③提供软件调试功能。硬件仿真系统具有全速、单步、设置断点等调试功能，同时可以观察各个变量、寄存器等的当前状态，因此在该软件仿真系统中，也必须具有这些功能；同时支持第三方的软件编译和调试环境，如 Keil C51 μVision4 等软件。④具有强大的原理图绘制功能。总之，该软件是一款集单片机仿真和通用模拟电路分析于一身的仿真软件，功能极其强大。

Proteus ISIS 的工作界面是标准的 Windows 界面，如图 3-1 所示，包括标题栏、主菜单、标准工具栏、工具箱、元器件选择按钮、库管理按钮、元器件列表、预览窗口、仿真按钮、原理图编辑窗口。

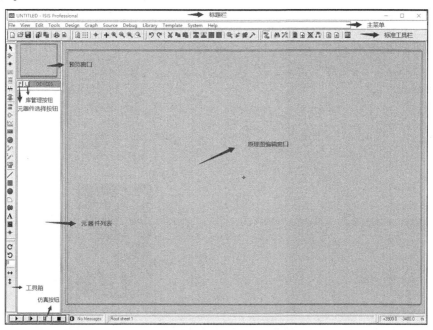

图3-1　Proteus ISIS的工作界面

3.1.2　选择元器件

选择元器件，把元器件添加到元器件列表中。单击元器件选择按钮 "P"（Pick）之后弹出元器件选择窗口，如图 3-2 所示。

图3-2　元器件选择窗口

在左上角的"关键字"文本框中输入我们需要的元器件名称，如常用的元器件包括单片机
AT89C52（Microprocessor AT89C52）、晶振（Crystal）、电容（Capacitors）、电阻（Resistors）、
发光二极管（LED–BLBP）。输入的名称是元器件的英文名称。但不一定输入完整的名称，输
入关键字只要能找到相应的元器件就行。例如，在对话框中输入"89C52"，得到图 3-3 所示的
结果。

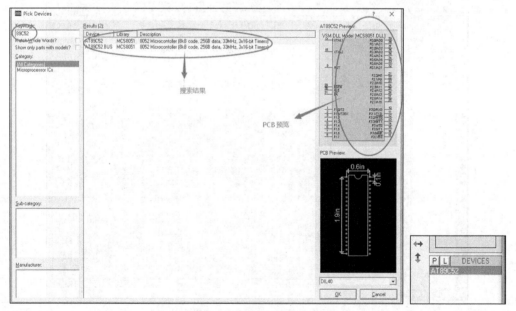

图3-3　元器件搜索窗口

在出现的搜索结果中，双击需要的元器件，该元器件便会添加到主窗口左侧的元器件列表中。
也可以通过元器件的相关参数来搜索，例如需要 30pF 的电容，在"关键字"对话框中输入"30p"，
即可找到所需要的元器件并可把它们添加到元器件区。

3.1.3　绘制原理图

在元器件列表中单击选中AT89C52，把鼠标指针移到右侧的编辑窗口中，鼠标指针变成铅笔形状后单击，框中出现一个 AT89C52 原理图的轮廓，拖动鼠标可以移动轮廓。鼠标指针移到合适的位置后，再次单击，元器件就放好了，如图 3-4 所示。

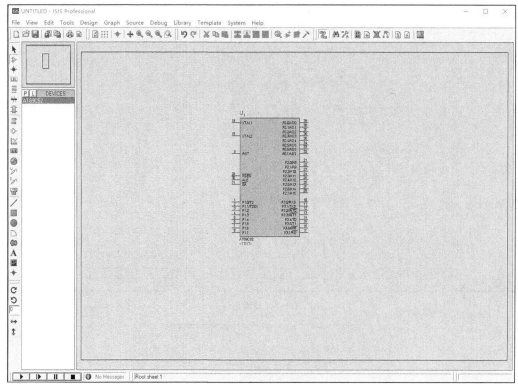

图3-4　放置AT89C52

1. 绘制原理图时常用的操作

（1）放置元器件到编辑窗口：单击元器件列表中的元器件，然后在右侧的编辑窗口单击，即可将元器件放置到编辑窗口，如图 3-5 所示（每单击一次就绘制一个元器件，在编辑窗口空白处右击可结束这种状态）。

（2）删除元器件：右击元器件表示选中它（被选中的元器件呈红色），选中后再次右击表示删除元器件。

（3）移动元器件：右击选中，然后用左键拖动。

（4）旋转元器件：选中元器件后，按数字键盘上的"＋"或"－"号能实现 ±90° 旋转。

以上操作也可以通过直接右击元器件，并在弹出的快捷菜单中选择相关功能加以实现，如图 3-6 所示。

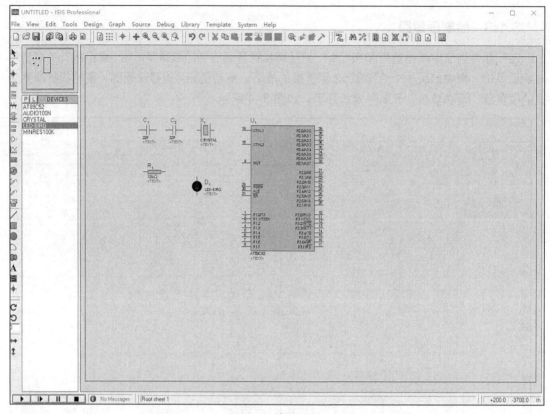

图3-5　放置元件

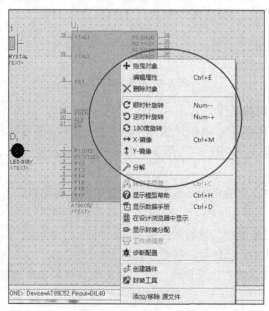

图3-6　对元器件进行调整

　　放大/缩小电路视图可通过直接滚动鼠标滚轮加以实现，视图会以鼠标指针为中心进行放大/缩小；编辑窗口没有滚动条，只能通过预览窗口来调节编辑窗口的可视范围。

在预览窗口中移动绿色方框的位置即可改变编辑窗口的可视范围，如图 3-7 所示。

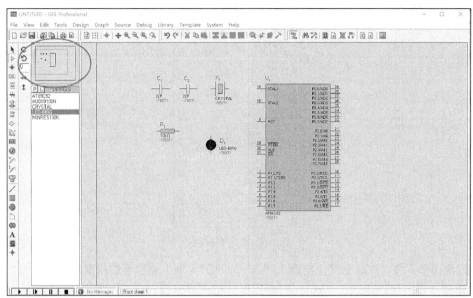

图3-7 对编辑窗口进行可视范围调整

2. 连线

将鼠标指针靠近元器件的一端，当鼠标的铅笔形状变为绿色时，表示可以连线了，单击该点，再将鼠标指针移至另一元器件的一端，再次单击，两点间的线路就画好了。将鼠标指针靠近连线后，双击右键可删除连线。

按照原理图依次连接好所有线路（如图 3-8 所示），注意发光二极管的方向。

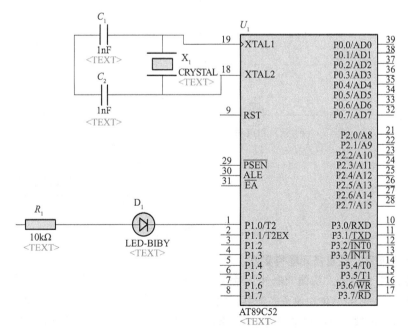

图3-8 连接线路

3. 添加电源及地

选择"模型选择"工具栏中的 图标，出现图 3-9 所示的内容。

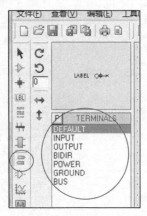

图3-9 添加电源和地

通过选择分别将"POWER"（电源）、"GROUND"（地）添加至编辑窗口，并按图 3-10 所示的原理图连接好线路（因为 Proteus 中的单片机已默认提供电源，所以不用给单片机添加电源）。

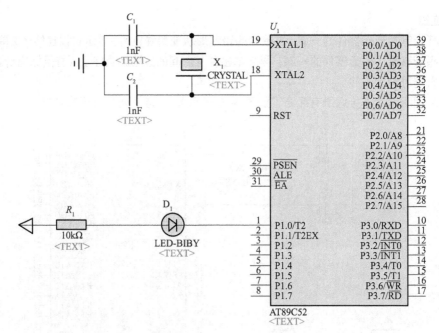

图3-10 添加地后的原理图

4. 编辑元器件，设置各元器件参数

双击元器件，会弹出"编辑元器件"对话框。例如电容 C1，其初值为 1nF，将其电容值改为 30pF，如图 3-11 所示。依次设置各元器件的参数，其中晶振频率为 11.0592MHz。电阻阻值为 1kΩ，因为发光二极管点亮所需电流的大小范围为 3mA～10mA，假设为 3.3mA，发光二极管的阴极接低电平，阳极接高电平，导通压降一般为 1.7V，所以电阻值应该是（5－1.7）/3.3mA=1kΩ。

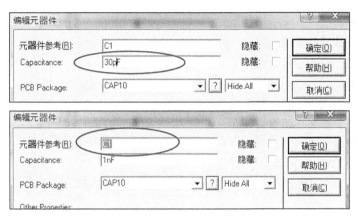

图3-11 修改电容参数

5. 导入程序

双击单片机,单击|⬛|图标,打开程序文档所在文件,选择编好的程序文档(其扩展名为.hex),导入程序, 如图 3-12 所示。

图3-12 选择程序文档并导入程序

6. 仿真调试

在软件界面的左下角有一排仿真控制按钮 ▶ ▶ ‖ ■ 。
它们的功能如下:

（1）运行仿真；

（2）由动态帧运行仿真器；

（3）暂停仿真，或者在停止后归零；

（4）停止仿真。

单击运行仿真的图标，即可对电路进行仿真。

程序开始执行，发光二极管被点亮，如图 3-13 所示。在运行时，电路中输出的高电平用红色表示，低电平用蓝色表示。

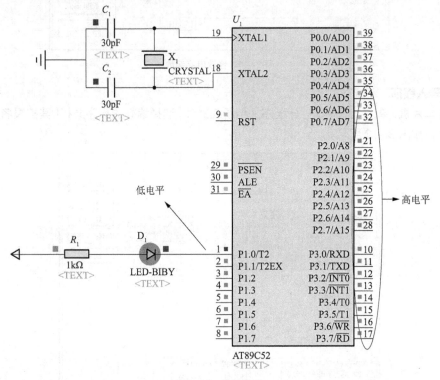

图3-13　进行仿真

3.2　模拟电路仿真设计

3.2.1　模拟电路常用器件

模拟电路中常用的器件主要有晶体管、二极管、电阻、电容、电感、变压器、交流和直流电源、集成运放等。下面我们来看这些元器件如何在仿真软件中进行查找。

1. 晶体管

如何在 Proteus 浩瀚的元器件库中找到自己想要的晶体管元器件呢？打开 Proteus 的 "Pick Devices"（元器件选择）对话框，类别 "Category" 中的 "Transistors" 子类就是晶体管，单击 "Transistors"，出现图 3-14 所示的元器件。这些元器件和我们常用的晶体管的型号不太一致，比如常用的高频小功率管 3DG6 对应 2N5551，替换的原则是双方的管型一致，另外参数也要一致（当然根据设计需求允许有误差），元器件替换的对应关系也可以在网上查找。如果只是一般的原理仿真，则可以直接输入"NPN"或"PNP"来查找通用元器件。如果用到场效应晶体管，则可以在对应的子类中进行查找，如图 3-14 右侧所示。

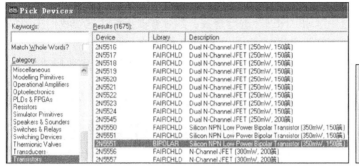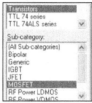

图3-14　晶体管元器件

2. 二极管

二极管的种类很多，包括整流桥、整流二极管、肖特基二极管、开关二极管、隧道二极管、变容二极管和稳压二极管。打开 Proteus 的元器件选择对话框，选中"Category"中的"Diodes"，出现图 3-15 所示的对话框，一般来说，选取子类"Sub-category"中的"Generic"通用器件即可。图 3-15 右侧给出了通用器件的查寻结果，可以单击查看需要使用哪种元器件。

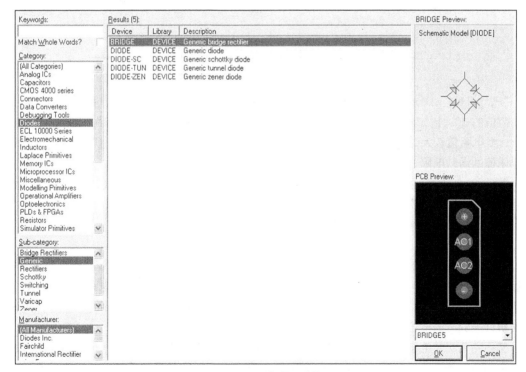

图3-15　二极管元器件

3. 电阻

电阻的分类为 "Resistors"，子类有 0.6W 和 2W 金属膜电阻，3W、7W 和 10W 绕线电阻，通用电阻，热电阻（如 NTC），排阻（Resistor Packs），可变电阻（Variables）及家用高压系列加热电阻丝。

常用电阻可直接输入通用电阻 "RES" 进行查找，然后修改参数。这里我们主要讨论比较常用的可变电阻。直接输入 "POT" 或 "POT-" 可找到 4 个或 3 个相关元器件。

"POT" 为一般的滑动变阻器，触头不能拉动，须选中后打开元器件属性对话框，修改 "STATE" 来改变触头的位置，"STATE" 的初值为 5，触头位于中间，改为 10 后，触头位于最上侧，如图 3-16 所示。由于调整不方便，一般不使用此元器件，而使用下面的几个滑动变阻器。

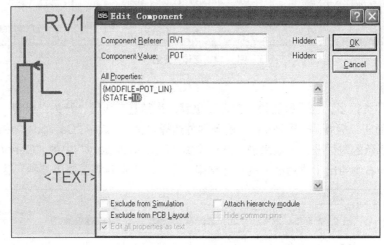

图3-16　滑动变阻器元器件属性对话框

"POT-HG" 滑动变阻器的好处是可以直接用鼠标来改变触头位置，精确度和调整的最小单位为阻值的 1%，比如一个 1kΩ 的电阻，可以精确到 10Ω，而一个 100kΩ 的电阻只能精确到 1kΩ。因此，当电阻值较大时，考虑把它分成两部分串联，一部分为较大阻值的固定电阻，另一部分为较小阻值的滑动电阻，这样比较科学。

"POT-LIN" 和 "POT-LOG" 滑动变阻器与 "POT-HG" 一样，可以通过鼠标来改变触头位置，但精确度和调整的最小单位均为阻值的 10%。

可以根据需要和精确度来选择所需要的滑动变阻器。

4. 电容

模拟电路中常用的电容为极性电容，即电解电容。其实无极性电容和电解电容在使用时没什么区别，只不过当电容值较大（一般在 1μF 以上）时，要做成电解电容。放大电路中的耦合电容一般为 10μF ~ 100μF，即电解电容。需要特别注意的是，电解电容的正极性端的直流电位只有高于负极性端的电流电位时才能正常工作。

常用的无极性电容的名称为 "CAP"，极性电容为 "CAP-ELEC"，还有一个可动画演示充放电电荷的电容为 "CAPACITOR"。极性电容 "CAP-ELEC" 的原理图符号正极性端不带填充，负极性端的方框中填充有斜纹。使用时可直接输入名字进行查找。

5. 电感和变压器

电感和变压器同属电感"Inductors"类，只不过在子类中，又分为通用电感、表面安装技术（Surface Mount Technology，SMT）电感和变压器。一般来说，使用电感时直接选择"INDUCTOR"元器件；使用变压器时，要视原、副边的抽头数而定。

打开元器件选择对话框，选择"Inductors"大类下的子类"Transformers"，如图 3–17 所示，右侧显示出变压器可选元器件。常用的是前 4 种，名称前缀为"TRAN–"，也可以直接输入这个前缀来搜寻变压器。为了帮助大家记忆变压器的名称，以第一个变压器"TRAN–1P2S"为例来说明它的含义。"TRAN"是变压器的英文"TRANSFORMER"的缩写，"P"是原边（PRIMARY）的意思，"S"是副边（SECONDORY）的意思。而后面 3 个变压器则都是饱和变压器，如"TRSAT2P2S2B"即 Saturated Transformer with secondary and bias windings，意思是具有副边和偏置线圈的饱和变压器。

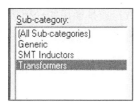

图3–17　变压器

变压器在调用时，由于对称按钮可能处于选中状态，原边、副边绕组的位置就颠倒了。使用时要注意，尤其是原边和副边绕组数目相同的变压器，变压比与匝数比成正比，变压比小于 1 时对应升压变压器，此时原边绕组匝数小于副边绕组匝数；反之对应降压变压器，此时原边绕组匝数大于副边绕组匝数。

变压器的匝数比是通过改变原边、副边的电感值来实现的。打开"TRAN–2P2S"变压器的元器件属性对话框，如图 3–18 所示。当原边和副边的电感值都是 1H 时，变压比 n 为 1∶1。如果我们想使它成为 $n=10∶1$ 的降压变压器，则可以改变原边电感值，也可以改变副边电感值，还可以同时改变两者，但要保证原边、副边电压的比值等于原边电感值与副边电感值的平方比。

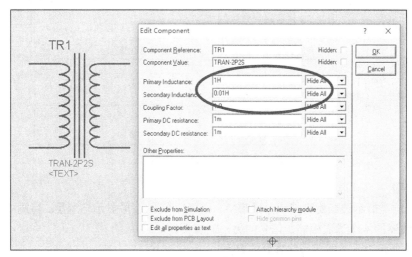

图3–18　变压器参数的设置

6. 直流和交流电源

直流电源通常有单电池"CELL"和电池组"BATTERY"两种，可任意改变其值。单相交流电源为"ALTERNATOR"，可改变其幅值(半波峰值)和频率。如图 3–19 所示。

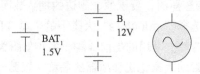

图3–19　直流和交流电源

7. 集成运放

打开元器件选择对话框，选择"Operational Amplifiers"分类，显示子类有"Dual""Ideal""Octal""Quad""Single""Triple"，分别为双运放(一个集成芯片内部所包含的两个相同运放)、理想运放、8 运放、4 运放、单运放和 3 运放。我们常用的集成运放是通用的理想运算放大器，可直接选子类"Ideal"中的"OP1P"。如果知道集成运放的名称，也可直接查寻，比如对于常用的 4 运放 LM324，直接输入"LM324"即可。

3.2.2　模拟电路仿真中的常用仪器

模拟电路中常用的仿真仪器主要有交流电压表、交流电流表、直流电压表、直流电流表、信号发生器、示波器和扬声器。

单击工具栏中的虚拟仪器图标，如图 3–20 所示，在对象选择区出现所有的虚拟仪器名称列表，其中"OSCILLOSCOPE""SIGNAL GENERATOR""DC VOLTMETER""DC AMMETER""AC VOLTMETER""AC AMMETER"分别为示波器、信号发生器、直流电压表、直流电流表、交流电压表、交流电流表。

交流、直流电压表和交流、直流电流表的量程都可以设定，比如可以设定一个交流电压表为毫伏表，如图 3–20 所示，改变元器件属性中的"Display Range"为"Millivolts"即可。

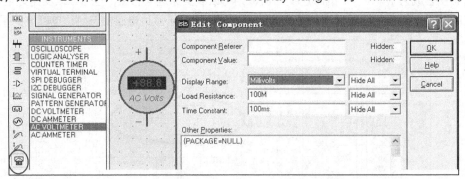

图3–20　交流毫伏表的量程设定

1. 示波器

Proteus 的虚拟示波器能完成 4 个通道(A、B、C、D)的波形显示与测量。待测的 4 个输入信号分别与示波器的 4 个通道相接，信号的另一端应接地。

图 3–21 所示为示波器运行仿真后的界面。

以通道 A 为例，"Position"标尺用来调整波形的垂直位移，下面的旋钮用来调整波形的幅度显示比例，外面的黄色箭头是粗调，里面的黄色小箭头是细调，当读刻度时，应把里层的箭头顺时针调到最右端。4 个通道的对应旋钮使用方法一样。"Horizontal"下方的标尺用于调整波形的水平位移，标尺下的旋钮用于调整波形的扫描频率。当用鼠标单击黑色的波形显示区域后，也可以通过滚动鼠标滑轮来调整扫描频率。其他旋钮可保持原位不动。

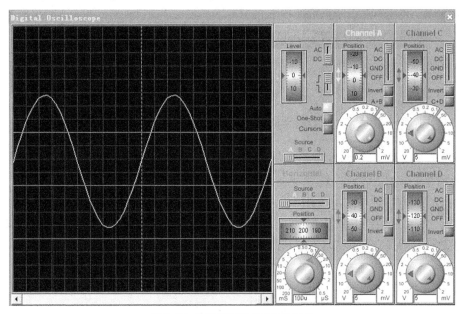

图3-21 示波器运行仿真后的界面

在运行过程中如果关闭示波器，则需要从主菜单"Debug"中选取最下面的"VSM Oscilloscope"来重现仿真结果。

2. 扬声器

扬声器在模拟电路的仿真中也经常用到。可直接输入"Speaker"来调用，两个接线端不分正负，因为它接收的是交流模拟信号。需要注意，驱动信号的幅值和频率应在扬声器的工作电压和频率范围之内，否则不会鸣响。当扬声器不鸣响时，可能是因为信号种类不匹配（如数字信号）或扬声器的电压设置得太大。扬声器属性参数对话框如图 3-22 所示。

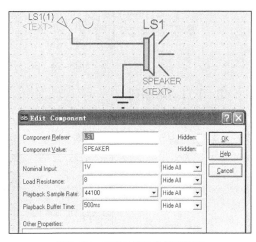

图3-22 扬声器属性参数对话框

3.3 数字电路仿真设计

数字电路不同于模拟电路，它是以数字信号为处理对象，研究各输入与输出之间的联系，实现一定的逻辑关系的电路。

3.3.1　数字电路中的常用元器件与仪器

1．CMOS 4000 系列

打开元器件选择对话框，在类别中位于第三的是"CMOS 4000 series"，即 CMOS 4000 系列元器件，如图 3-23 所示，它是一种早期生产的 CMOS 器件，在国外已被限用，但由于这类器件比较便宜，目前我国使用得还比较多。

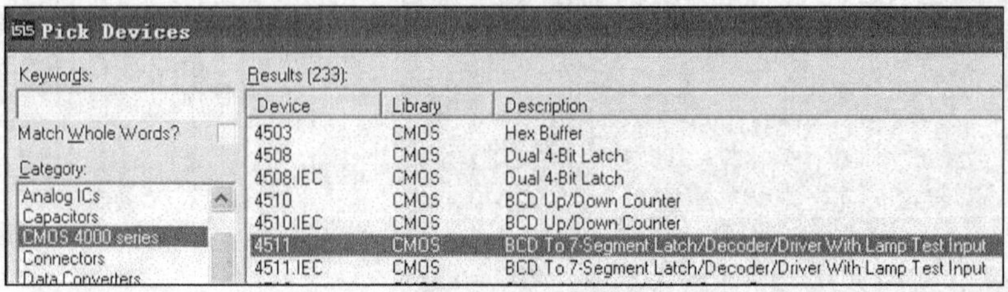

图3-23　CMOS 4000系列元器件

CMOS 4000 系列与 TTL 74 系列是对应的，比如 CMOS 4000 系列的 4511 和 TTL 74 系列的 7448 对应，都是 BCD 到七段显示译码器，输出高电平有效，如图 3-24 所示。从图中可以看出，除了 4、5 引脚的标志和用法稍有不同外，其他引脚号及标志都一样，这些引脚用来驱动共阴极七段数码，但是它们的工作电压和逻辑电平标准并不完全一致。

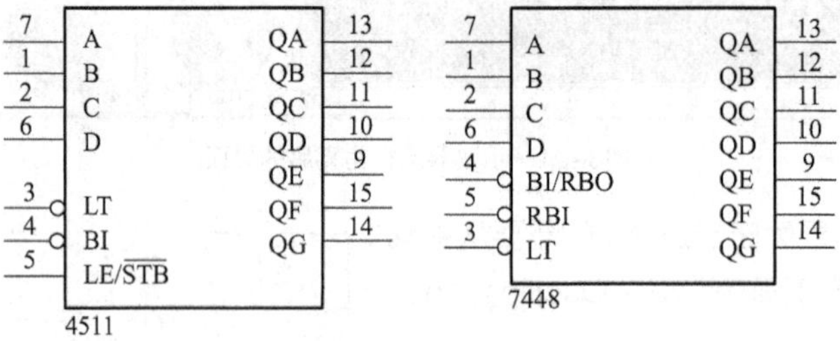

图3-24　BCD到七段显示译码器4511与7448

2．TTL 74 系列

TTL 74 系列根据制造工艺的不同又分为图 3-25 所示的几大类，每一类的元器件的子类都相似，比如 7400 和 74LS00 功能一样。

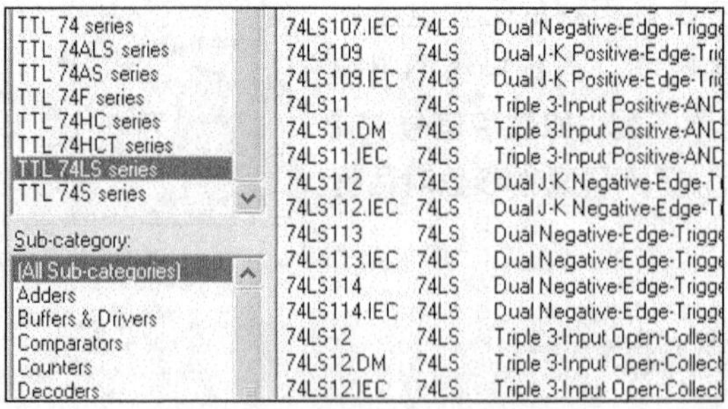

图3-25　TTL 74系列元器件

由于每一类元器件众多，而对于学过数字电子技术的读者来说，对常用的元器件功能代号已熟悉，可在元器件选择对话框中的 "Keywords" 文本框中输入元器件名称，采用直接查询的方式比较省时，如图 3-26 所示。

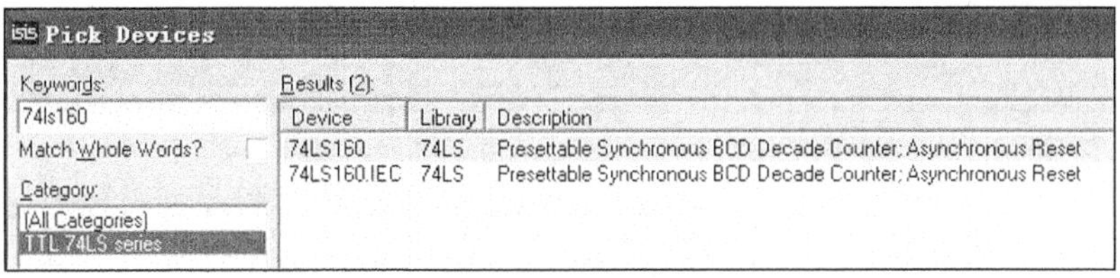

图3-26　直接查询

3. 数据转换器

数据转换器在 Proteus 元器件选择对话框中的 "Data Converters" 类中，如图 3-27 所示。常用的数据转换器有并行 8 位 ADC（如 ADC0809）、8 位数模转换器（Digital-to-Analog Converter，DAC，如 DAC0808）、LF×× 采样保持器、MAX×× 串行 DAC、位双斜坡 ADC、具有 I²C 接口的小型串行数字湿度传感器 TC74 及具有 SPI 的温度传感器 TC72 和 TC77 等，可按子类来查找。

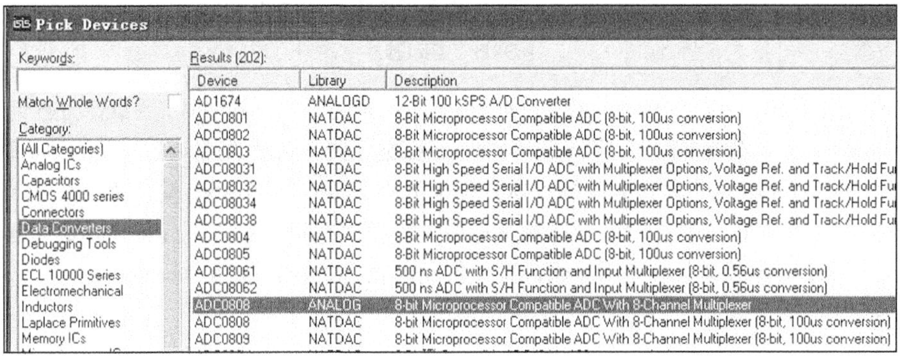

图3-27　数据转换器

4. 可编程逻辑器件及现场可编程逻辑阵列

可编程逻辑器件及现场可编程逻辑阵列位于 Proteus 元器件选择对话框中的 "PLDs &FPGAs" 类中，此类元器件较少，没有再划分子类，一共有 12 个元器件，如图 3-28 所示。

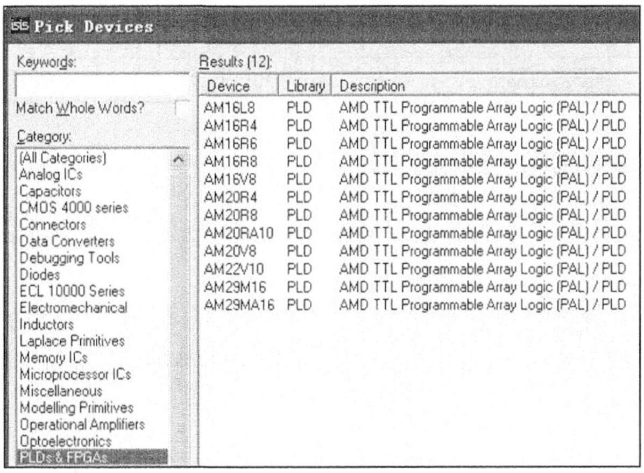

图3-28　可编程逻辑器件及现场可编程逻辑阵列

5. 显示器件

数字电路分析与设计中常用的显示器件在 Proteus 元器件选择对话框中的"Optoelectronics"类中，如图 3-29 所示。

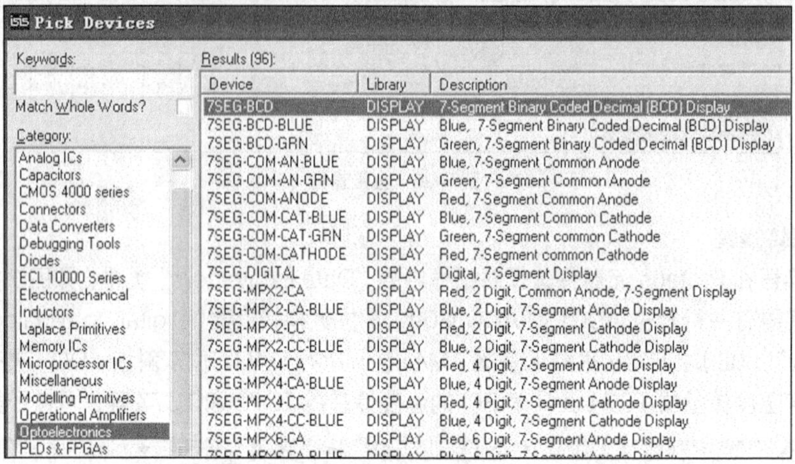

图3-29　显示器件

常用的七段显示，元器件名的前缀为"7SEG-"，在用到此类元器件时，采取部分查询方法，直接在"Keywords"文本框中输入"7SEG-"即可，根据元器件后面的英文说明来选取所需元器件。

比如，图 3-29 右侧前 3 行列举的元器件都是七段 BCD 数码显示，输入为 4 位 BCD 码，使用时可省去显示译码器；第 4、5、6 行都是七段共阳极数码管，输入端应接显示译码器 7447；第 7、8、9 行数码管都是七段共阴极数码管，使用时输入端应接显示译码器 7448。

显示器件共分 10 类，如表 3-1 所示。

表 3-1　显示器件的分类

名称	含义	名称	含义
7-Segment Displays	七段显示器	Lamps	灯
Alphanumeric LCDs	数码液晶显示器	LCD Controllers	液晶显示控制器
Bargraph Displays	条状显示器（10 位）	LEDs	发光二极管
Dot Matrix Displays	点阵显示器	Optocouplers	光电耦合器
Graphical LCDs	图形液晶显示器	Serial LCDs	串行液晶显示器

3.3.2　数字电路中常用的调试工具

数字电路分析与设计中常用的调试工具在 Proteus 元器件选择对话框中的"Debugging Tools"类中，一共不到 20 个，如图 3-30 所示。

其中经常用的是逻辑电平探测器 LOGICPROBE[BIG]（用于电路的输出端）、逻辑状态 LOGICSTATE 和逻辑电平翻转 LOGICTOGGLE（用于电路的输入端）。部分元器件和调试工具的使用方法如图 3-31 所示。

Device	Library	Description
LOGICPROBE	ACTIVE	Logic State Indicator
LOGICPROBE (BIG)	ACTIVE	Logic State Indicator - Large Version
LOGICSTATE	ACTIVE	Logic State Source (Latched Action)
LOGICTOGGLE	ACTIVE	Logic State Source (Momentary Action)
RTDBREAK	REALTIME	Real time digital breakpoint generator
RTDBREAK_1	REALTIME	Real time digital breakpoint generator (1 bit)
RTDBREAK_16	REALTIME	Real time digital breakpoint generator (16 bit)
RTDBREAK_2	REALTIME	Real time digital breakpoint generator (2 bit)
RTDBREAK_3	REALTIME	Real time digital breakpoint generator (3 bit)
RTDBREAK_4	REALTIME	Real time digital breakpoint generator (4 bit)
RTDBREAK_8	REALTIME	Real time digital breakpoint generator (8 bit)
RTIBREAK	REALTIME	Real time analog current breakpoint generator
RTIMON	REALTIME	Real time analog current monitor - verifies current is within specified range
RTVBREAK	REALTIME	Real time voltage breakpoint generator
RTVBREAK_1	REALTIME	Real time voltage breakpoint generator (single ended)
RTVBREAK_2	REALTIME	Real time voltage breakpoint generator (differential)
RTVMON	REALTIME	Real time voltage monitor - verifies that voltage is within specified range
RTVMON_1	REALTIME	Real time voltage monitor - verifies that voltage is within specified range
RTVMON_2	REALTIME	Real time voltage monitor (differential) - verifies that voltage is within specified range

图3-30 调试工具

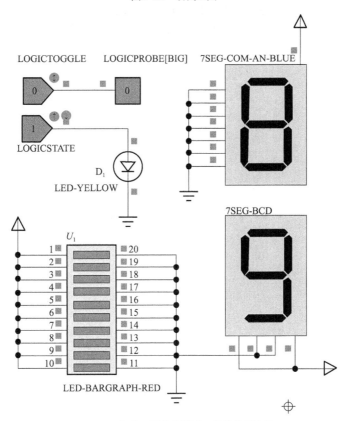

图3-31 部分元器件和调试工具的使用方法

本章小结

Proteus 软件在全球被广泛使用，除了具有和其他电子设计自动化（Electronic Design Automation，EDA）工具一样的原理图、PCB 自动布线或人工布线及电路仿真等功能外，其革命性的功能是它的电路仿真可互动。针对微处理器的应用，Proteus 还可以直接在基于原理图的虚拟原型上编程，并实现软件源码级的实时调试，如有显示及输出，还能看到运行后输入/输出的效果。Proteus 是将电路仿真软件、PCB 设计软件和虚拟模型仿真软件三合一的设计平台，其处理器模型支持 8051、HC11、PIC10/12/16/18/24/30、DSPIC33、AVR、ARM、8086 和 MSP430 等，2010 年又增加了 Cortex 和 DSP 系列处理器，并持续增加其他系列处理器模型。在编译方面，它也支持 IAR、Keil μVision 和 MATLAB 等多种编译器。通过使用 Proteus 软件，读者可以进行单片机应用系统和嵌入式系统的学习和开发。

练习与思考题 3

1. 利用 Proteus 软件实现单管共射放大器及负反馈电路的仿真。
2. 利用 Proteus 软件实现 555 定时器组成的多谐振荡器的仿真。
3. 利用 Proteus 软件实现基于单片机的定时器的仿真。
4. 利用 Proteus 软件实现基于单片机的计数器的仿真。

4 Chapter

第 4 章
C51 程序设计

  80C51 单片机支持 3 种高级语言，其中 C 语言使用最广泛。80C51 单片机使用的 C 语言称为 C51。本章介绍有关 C51 语言编程的基础知识，首先对 C51 的开发环境进行简单介绍，然后对 C51 语言的数据类型、基本运算、分支与循环结构、指针、函数等进行介绍，为 C51 程序的设计与开发打下基础。

学习目标	（1）理解 C51 的数据类型；
	（2）理解 C51 的运算符、表达式及其规则；
	（3）理解指针与函数的概念；
	（4）掌握顺序结构、选择结构、循环结构的 C 程序的构成与编程技巧；
	（5）掌握指针与函数的应用。
重点内容	（1）C51 语言的基础知识；
	（2）选择结构、循环结构的编程；
	（3）简单的单片机应用程序编写。
目标技能	（1）选择结构、循环结构程序的设计；
	（2）C51 函数及库函数的应用；
	（3）模块化的程序设计方法。
模块应用	单片机应用系统的开发平台及开发语言。

4.1 C51 语言开发环境 Keil μVision4 的使用

4.1.1 Keil μVision4 开发环境简介

Keil μVision4 是基于 Windows 操作系统的开发平台，包含一个高效的编译器、一个项目管理器和一个 MAKE 工具。Keil μVision4 支持几乎所有的 Keil C51 工具，包括 C 编译器、宏汇编器、连接/定位器、目标代码到.hex 文件的转换器。它是一个集成开发环境，即把项目管理、源代码编辑、程序调试等集成到一个功能强大的环境中。

4.1.2 Keil μVision4 的基本操作

打开安装文件，找到 "Keil.C51.V9.00.exe" 文件，双击该文件启动安装，出现图 4-1 所示的软件安装界面。

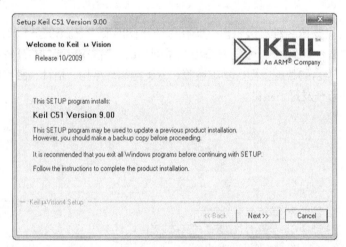

图4-1 软件安装界面

单击界面中的 "Next" 按钮，出现图 4-2 所示的软件安装许可协议界面。

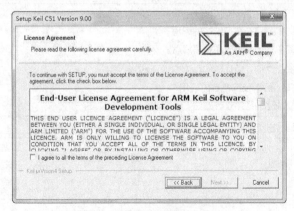

图4-2 软件安装许可协议界面

选择其中的 "I agree to all the terms of the preceding Licence Agreement" 选项，单击界面中的 "Next" 按钮，出现图 4-3 所示的软件安装路径选择界面。

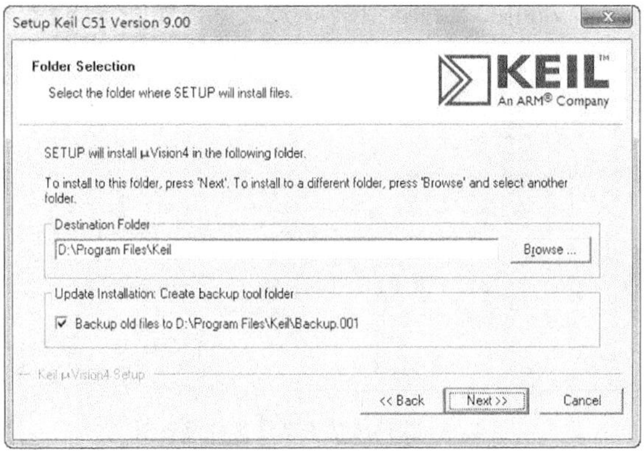

图4-3　软件安装路径选择界面

选择合适的软件安装路径后，单击界面中的 "Next" 按钮，出现图 4-4 所示的用户信息输入界面。

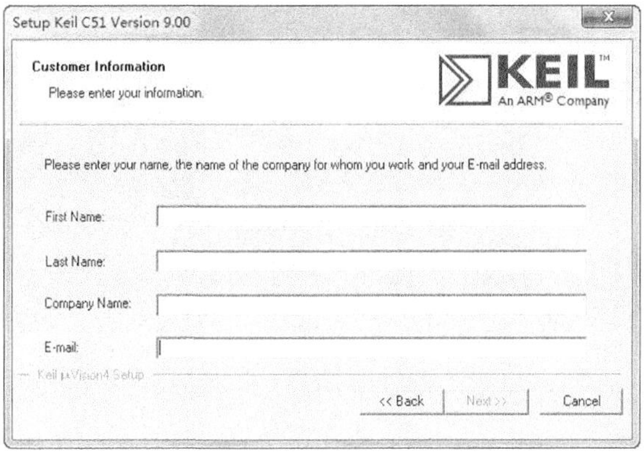

图4-4　用户信息输入界面

填写完用户信息后，单击 "Next" 按钮，出现图 4-5 所示的软件安装进程界面。

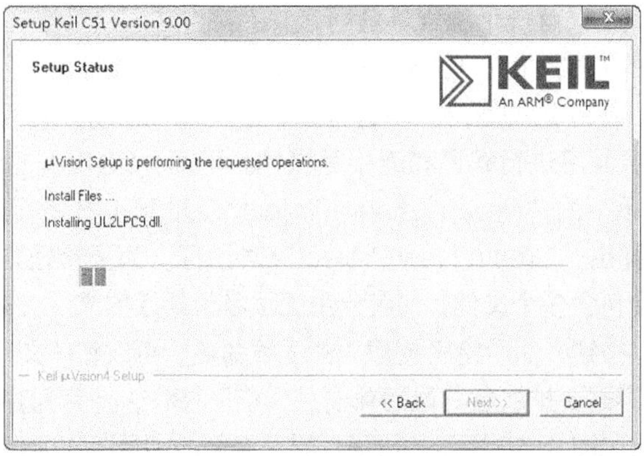

图4-5　软件安装进程界面

等待安装结束后，出现图 4-6 所示的软件成功安装结束提示界面。

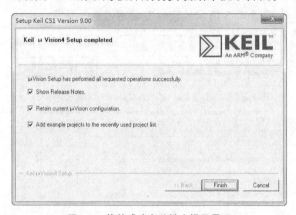

图4-6　软件成功安装结束提示界面

单击"Finish"按钮，完成 Keil μVision4 的安装。

安装 Keil μVision4 软件后，在 Windows 操作系统的"开始"菜单下的"所有程序"中找到 "Keil μVision4"程序，单击运行后可以看见图 4-7 所示的 Keil μVision4 集成开发环境。

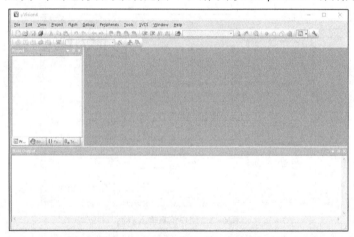

图4-7　Keil μVision4 集成开发环境

在项目开发中，并不是仅有一个源程序就行了，还要为这个项目选择CPU，确定编译、汇编、连接的参数，指定调试的方式，有一些项目还会由多个文件组成等。为了管理和使用方便，Keil μVision4 使用工程（Project）这一概念，将这些参数和所需的所有文件都放在一个工程中，只能对工程而不能对单一的源程序进行编译和连接等操作。下面介绍如何一步一步地来建立工程。

单击"Project"菜单下的"New μVision4 Project"，如图 4-8 所示。

执行上面的操作会弹出"Create New Project"对话框。为了管理方便，最好新建一个文件夹，因为一个工程里面会包含多个文件，一般会用工程名为新建的文件夹命名。在对话框中选择新建文件夹后单击"打开"按钮，然后给将要建立的工程命名，可以在"文件名"文本框中输入一个名字（这里为 examl)，不需要扩展名。最后单击"保存"按钮，保存新建工程，如图 4-9 所示。

打开所建工程后，出现图 4-10 所示的界面。界面左侧的项目工作区中出现了"Target 1"文件夹。单击"Target 1"前面的"+"展开"Target 1"文件夹，出现下一级文件夹"Source Group 1"。

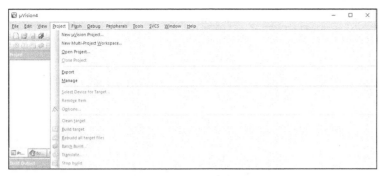

图4-8　建立新工程

图4-9　保存新建的工程

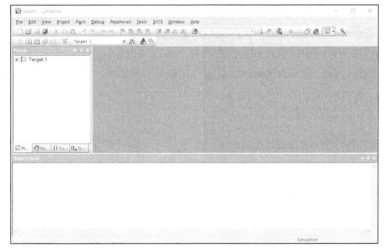

图4-10　建立工程后的集成开发环境主界面

4.1.3　添加用户源程序文件

单击 "File" 菜单下的 "New" 或者单击工具栏中的新建文件快捷按钮，就可以在项目窗口的右侧打开一个新的文本编辑窗口，如图 4-11 所示。

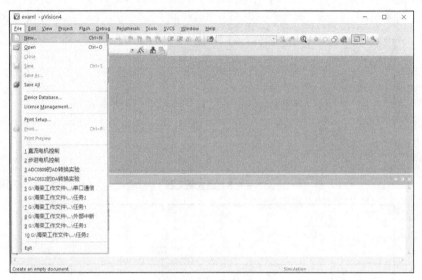

图4-11　新建文件

在新建的文件中，单击"File"菜单下的"Save"保存文件，可以先保存文件，再编写程序，这样可以使所编程序中的关键字或常数等以特殊颜色显示。

Keil μVision4 集成开发环境支持 C51 和汇编语言，如果使用 C51 语言编程，则保存的文件的扩展名为.c；如果使用汇编语言编程，则保存的文件的扩展名为.asm。保存文件后，将该文件加载至工程中。

4.1.4　程序的编译与调试

添加工程所需的所有文件后，如图 4–12 所示，单击"Project"菜单下的"Rebuild all target files"，编译整个工程。主界面下方的输出窗口提示编译结果，如果编译正确，则可看见提示 0 个错误与 0 个警告；如果源程序中有语法错误，则会在主界面下方的输出窗口中提示发生错误或者警告，双击某一行错误提示信息，用户根据错误提示信息查找错误后重新编译，直到编译完全正确为止。

图4-12　编译工程

编译正确后，如图 4–13 所示，单击"Debug"菜单下的"Start/Stop Debug Session"，进入程序调试界面。

图4-13　进入程序调试界面

　　程序调试界面左侧的项目工作区中列出了相关寄存器的内容，比如 R0～R7 工作寄存器，累加器 A、CS、DPTR、IC 以及 PSW 等。可以通过观察这些寄存器内容的变化判断程序功能的正确性。

　　对于一些以操作存储器或者寄存器为主的纯软件或算法程序，为了查看程序运行结果，需要打开存储器观察窗。如图 4-14 所示，单击"View"菜单下的"Memory Windows"选项下的"Memory 1"，打开存储器观察窗。

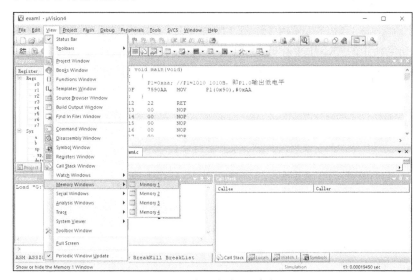

图4-14　打开存储器观察窗

　　利用存储器观察窗可以观察内部数据存储器、外部数据存储器和程序存储器的内容。

4.1.5　工程的设置

　　前文详细阐述了从工程建立到新建文件、保存文件、编译的全过程，其中在完成程序编写工作且编译没有错误后，即可进行硬件调试。单击"Project"菜单下的"Option for Target"选项下的"Target 1"，出现参数设置界面。生成.hex 文件并将其下载至开发板，如图 4-15 所示。

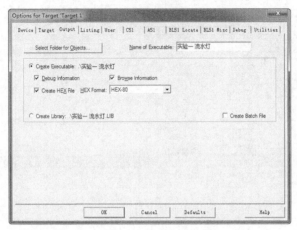

图4-15　生成.hex文件并将其下载至开发板

完成编译后，可以在工程所在文件夹中找到生成的.hex 文件，文件名和工程名一样。

4.1.6　Proteus 与 Keil μVision4 的联调

若想运行仿真程序，则要进行 Keil μVision4 与 Proteus 软件的联调，具体步骤如下。

（1）打开 Keil μVision4 程序，编写源程序，并生成目标程序，进入"Project"菜单，选择"Options for Target"，弹出对话框，在"调试"项下选中 U 使用 Proteus VSM，按"设置"，同一台机器就默认设置成功。

（2）打开 Proteus，画出相应的电路。在 Proteus 的"Tools"菜单中选择"use remote debug monitor"，双击电路中的 MCU（单片机），在"Program File"里导入 Keil 里生成的目标文件（.hex文件），如图 4-16 所示。然后在 Keil 里按下"开始调试"按钮，进行联调仿真。

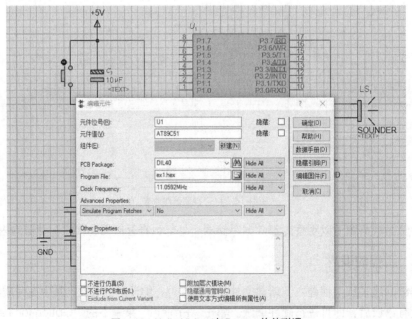

图4-16　Keil μVision4与Proteus软件联调

4.2　C51 语言概述

C 语言编译调试工具效率高，数据类型及运算符丰富，经过不断完善，能满足单片机的开发要求，形成了适用于单片机开发的 C 语言。为了和 ANSI C 进行区别，把用于开发 80C51 单片机的 C 语言称为 C51 语言。C51 语言继承自 C 语言，主要运行于 51 内核的单片机平台。

用 C51 编写单片机程序时，需要根据单片机存储结构及内部资源定义相应的数据类型和变量，而标准的 C 语言不需要考虑这些问题。另外，C51 包含的数据类型、变量存储模式、I/O 处理方式、函数等与标准的 C 语言也有一定的区别。其他的语法规则、程序结构及程序设计方法则与标准的 C 语言相同。

4.2.1　C51 的程序结构

C51 的程序结构同 ANSI C 一样，包含若干个函数，每个函数是完成某个特殊任务的子程序段。组成一个程序的若干个函数可以保存在一个或几个源文件中，最后将它们连接在一起。C 语言程序文件的扩展名为.c，如 my_test.c。

4.2.2　C51 对 ANSI C 的扩展

标识符是一种单词，可用来给变量、函数、符号常量、自定义类型等命名。用标识符给 C 语言程序中的各种对象命名时，要用字母、下画线和数字组成的字符序列，并要求首字符是字母或下画线，而不能是数字。

关键字是一种已被系统使用过的具有特定含义的标识符。用户不得再用关键字给变量等命名。C 语言关键字较少，ANSI C 标准一共规定了 32 个关键字，字母的大小写是有区别的。Keil C51 编译器的扩展关键字如表 4-1 所示。

表 4-1　扩展关键字

关 键 字	用　　途	说　　明
auto	存储种类说明	说明局部变量，所有变量的默认值为 auto
break	程序语句	退出最内层循环
case	程序语句	switch 语句中的选择项
char	数据类型说明	单字节整型或字符型
const	存储种类说明	在程序执行过程中不可更改的常量值
continue	程序语句	转向下一次循环
default	程序语句	switch 语句中的失败选择项
do	程序语句	构成 do-while 循环结构
double	数据类型说明	双精度浮点型
else	程序语句	构成 if-else 选择结构
enum	数据类型说明	枚举类型
extern	存储种类说明	在其他程序模块中说明了的全局变量
float	数据类型说明	单精度浮点型

续表

关 键 字	用 　 途	说 　 明
for	程序语句	构成 for 循环结构
goto	程序语句	构成 goto 转移结构
if	程序语句	构成 if-else 选择结构
int	数据类型说明	基本整型
long	数据类型说明	长整型
register	存储种类说明	使用 CPU 内部寄存器的变量
return	程序语句	函数返回
short	数据类型说明	短整型
signed	数据类型说明	带符号字符型，二进制数的最高位为符号位
sizeof	运算符	计算表达式或数据类型的字节数
static	存储种类说明	静态变量
struct	数据类型说明	结构类型
switch	程序语句	构成 switch 选择结构
typedef	数据类型说明	重新进行数据类型定义
union	数据类型说明	联合类型
unsigned	数据类型说明	无符号型
void	数据类型说明	无类型
volatile	数据类型说明	该变量在程序执行中可被隐含地改变
while	程序语句	构成 while 和 do-while 循环结构
bit	位标量声明	声明一个位标量或位类型的函数
sbit	位变量声明	声明一个可位寻址变量
sfr	特殊功能寄存器声明	声明一个 8 位的特殊功能寄存器
sfr16	特殊功能寄存器声明	声明一个 16 位的特殊功能寄存器
data	存储器类型说明	直接寻址的 8051 内部数据存储器
bdata	存储器类型说明	可位寻址的 8051 内部数据存储器
idata	存储器类型说明	间接寻址的 8051 内部数据存储器
pdata	存储器类型说明	"分页" 寻址的 8051 外部数据存储器
xdata	存储器类型说明	8051 外部数据存储器
code	存储器类型说明	8051 程序存储器
interrupt	中断函数声明	定义一个中断函数
reetrant	再入函数声明	定义一个再入函数
using	寄存器组定义	定义 8051 的工作寄存器组

4.2.3　C51 的特点

C51 的特点如下。

（1）编程者不需要了解单片机的指令系统，仅要求对单片机的存储器结构有初步的了解，至于存储器、寻址方式及数据类型等完全由编译器管理。程序有规范化的结构，包含不同的函数。这种方式可以使程序结构化，将可变的选择与特殊操作组合在一起，增强程序的可读性。

（2）编程和调试程序的时间显著缩短，从而提高了编程的效率；提供的库函数包含许多标准的子程序，具有较强的数据处理能力。

C51 作为一种非常方便的语言得到了广泛的支持，目前已经成为单片机开发的主要编程语言。

4.3　C51 的数据类型与运算

4.3.1　C51 的数据类型

数据：具有一定格式的数字或数值。数据是计算机的操作对象。不管使用何种语言、何种算法进行程序设计，最终在计算机中运行的只有数据流。

数据类型：数据的不同格式称为数据类型。

程序设计中用到的数据都存储在存储单元中，在 C51 中，编译系统要根据定义的数据类型来预留存储单元，这就是定义数据类型的意义。C51 提供的数据结构是以数据类型的形式出现的，C51 常用数据类型如表 4-2 所示。

表 4-2　C51 常用数据类型

类型	符号	关键字	所占位数	数的表示范围
整型	有	(signed) int	16	−32768～32767
		(signed) short	16	−32768～32767
		(signed) long	32	−2147483648～2147483647
	无	(unsigned) int	16	0～65535
		(unsigned) short int	16	0～65535
		(unsigned) long int	32	0～4294967295
实型	有	float	32	3.4e−38～3.4e38
		double	64	1.7e−308～1.7e308
字符型	有	char	8	−128～127
	无	(unsigned) char	8	0～255
位型	无	bit	1	0.1

1. 整型

基本整型分带符号整型（signed int）和无符号整型（unsigned int）。unsigned int 用字节中的最高位表示数据符号位，其中 0 为正数，1 为负数。长整型的长度为 32 位，即 4 字节（4B）。

2. 实型

十进制数中具有 7 位有效数据，符合 IEEE 754 标准的单精度浮点型（float），占 4B，24 位精度。

3. 字符型

字符型的长度为 8 位，即 1 字节（1B），用于定义处理字符变量数据的变量或常量。字符型包括无符号字符型（unsigned char）和带符号字符型（signed char）两种，默认为 signed char

（-128～+127）。unsigned char 常用于处理 ASCII 字符或小于 255 的整型数。

4. 位型

位型用于存放逻辑变量，占用一个位地址。C51 编译器把位型的变量安排在了单片机内 RAM 的位寻址区。

4.3.2　C51 的存储类型

C51 是面向 80C51 单片机的程序设计语言，应用程序中使用的任何数据（变量和常数）必须以一定的存储类型定位于单片机相应的存储区域中。C51 的存储类型如表 4-3 所示。

表 4-3　C51 的存储类型

存储类型	长度/位	对应的单片机存储器
bdata	1	芯片内部 RAM，位寻址区，共 128 位（也能进行字节访问）
data	8	芯片内部 RAM，直接寻址区，共 128B
idata	8	芯片内部 RAM，间接寻址区，共 256B
pdata	8	芯片外部 RAM，分页间址，共 256B
xdata	16	芯片外部 RAM，间接寻址，共 64KB
code	16	ROM 区域，间接寻址，共 64KB

如果用户不对变量的存储类型进行定义，则 C51 的编译器就会采用默认的存储类型。默认的存储类型由编译命令中的存储模式指令进行限制（如下代码所示）。C51 存储模式如表 4-4 所示。

```
char var ;    /*在 small 模式中，var 定位 data 存储区*/
/*在 compact 模式中，var 定位 pdata 存储区*/
/*在 large 模式中，var 定位 xdata 存储区*/
```

表 4-4　C51 存储模式

存储模式	默认存储类型	特　　点
small	data	直接访问芯片内部 RAM，堆栈在芯片内部 RAM 中
compact	pdata	用 R0 和 R1 分页间址芯片外部 RAM，堆栈在芯片内部 RAM 中
large	xdata	用 DPTR 间址芯片外部 RAM，代码长，效率低

4.3.3　80C51 硬件结构的 C51 定义

C51 是适合 80C51 单片机的 C 语言。它对 ANSI C 进行扩展，从而具有对 80C51 单片机硬件结构的良好支持与操作能力。

1. 特殊功能寄存器的定义

80C51 单片机内部 RAM 的 80H～FFH 区域有 21 个特殊功能寄存器，为了能够对它们进行直接访问，C51 编译器利用扩充的关键字 sfr 和 SFR16 对这些特殊功能寄存器进行定义。

sfr 的定义方法：

sfr 特殊功能寄存器名=地址常数

例如：

```
sfr P0= 0x80;                /*定义 P0 口, 地址为 0x80*/
sfr TMOD=0x89;               /*定时器/计数器方式控制寄存器地址为 0x89*/
```

2. 特殊功能寄存器中特定位的定义

在 C51 中可以利用关键字 sbit 定义可独立寻址访问的位变量, 如定义 80C51 单片机 SFR 中的一些特定位。定义的方法有以下 3 种。

（1）方法一:

sbit 位变量名=特殊功能寄存器名^位的位置（0～7）

例如:

```
sbit OV = PSW^2;            /*定义 OV 位为 PSW.2, 地址为 0xd2*/
sbit CY = PSW^7;            /*定义 CY 位为 PSW.7, 地址为 0xd7*/
```

（2）方法二:

sbit 位变量名=字节地址^位的位置

例如:

```
sbit OV = 0xd0^2;          /*定义 OV 位的地址为 0xd2*/
sbit CF = 0xd0^7;          /*定义 CF 位的地址为 0xd7*/
```

 注 意

字节地址作为基地址, 必须位于 0x80～0xff 区域。

（3）方法三:

```
sbit 位变量名=位地址
```

例如:

```
sbit OV = 0xd2;            /*定义 OV 位的地址为 0xd2*/
sbit CF = 0xd7;            /*定义 CF 位的地址为 0xd7*/
```

 注 意

位地址必须位于 0x80～0xff 区域。

3. 8051 并行接口及其 C51 定义

（1）对于 8051 芯片内部的 I/O 接口, 用关键字 sfr 来定义。

例如:

```
sfr P0=0x80;            /*定义 P0 口, 地址为 0x80*/
sfr P1=0x90;            /*定义 P1 口, 地址为 0x90*/
```

（2）对于芯片外部扩展 I/O 接口, 则根据其硬件译码地址, 将其视为芯片外部数据存储器的一个单元, 使用 define 语句进行定义。

例如:

```
#include <absacc.h>            //绝对地址定义头文件
#define PORTA XBYTE[0x78f0]; /*将 PORTA 定义为外部接口, 地址为 0x78f0, 长度为 8 位*/
```

一旦在头文件或程序中对这些芯片内部的 I/O 接口进行定义以后, 在程序中就可以自由使用这些 I/O 接口了。定义 I/O 接口地址的目的是便于 C51 编译器按 8051 实际硬件结构建立 I/O 接口变量名与其实际地址的联系，以便程序员能用软件模拟 8051 硬件操作。

4. 位变量及其定义

C51 编译器支持位变量的数据类型，如下。

（1）位变量的 C51 定义语法及语义如下。

```
bit dir_bit;            /*将 dir_bit 定义为位变量*/
bit lock_bit;           /*将 lock_bit 定义为位变量*/
```

（2）函数可包含类型为 bit 的参数，也可以将其作为返回值。

```
bit func (bit b0,bit b1) {/*...*/}  return (b1);
```

（3）对位定义的限制：位变量不能定义成一个指针。

如 bit *bit_ptr 是非法的。不存在位数组，如不能定义 bit arr。

在位定义中允许定义存储类型，位变量都放在一个段位中，此段位于 8051 芯片内部 RAM 中，因此存储类型被限制为 data 或 idata。如果将位变量的存储类型定义成其他类型，则编译时将出错。

（4）位寻址对象：位寻址对象是指可以字节寻址或位寻址的对象，该对象位于 8051 芯片内部 RAM 可位寻址区中，C51 编译器允许数据类型为 idata 的对象放入 8051 芯片内部可位寻址区中。先定义变量的数据类型和存储类型。

```
bdata int ibase;        /*定义 ibase 为 bdata 整型变量*/
bdata char bary[4];     /*定义 bary[4]为 bdata 字符型数组*/
```

4.3.4　C51 的运算符和表达式

1. 基本的算术运算符

（1）+：加法运算符，如 4+3。

（2）−：减法运算符，如 5−3。

（3）*：乘法运算符，如 5*8。

（4）/：除法运算符，如 10/3。

（5）%：求模运算符或取余运算符，"%" 两侧应该都为整型数据，如 10%3。

需要说明的是，基本的算术运算符都是双目运算符，即需要两个操作数。对于"/"，若两个整数相除，则结果为整数，如有小数自动舍去(注意不是四舍五入)。如 10/3，结果是 3，而不是 3.333，如果需要得到真实结果，则需要写成 10.0/3。

2. 自增/自减运算符

（1）++：自增运算符。

（2）−−：自减运算符。

需要说明的是，++和−−是单目运算符；++和−−只能用于变量，不能用于常量和表达式。++j 先自增，再使用；j++ 先使用，后自增。

3. 算术表达式和运算符的优先级与结合性

用算术运算符和括号将操作数(运算对象)连接起来，形成符合 C51 语法规则的表达式，称为算术表达式，操作数包括常量、变量、函数等，如 a*b+(5−c/3)。

C51 规定了运算符的优先级和结合性，在表达式求值的时候，先按运算符的优先级进行运算，如先乘除求余，再加减。如 a−b*c，b 的左侧是减法运算符，右侧是乘法运算符，乘法运算符的优先级大于减法运算符，因此，相当于 a−(b*c)。如果在一个表达式中前后运算符的优先级相同，则按规定的结合方向处理，C51 规定了算术运算符的方向是自左向右，如 a+b−c，应先执行 a+b 的运算，再执行与 c 相减。

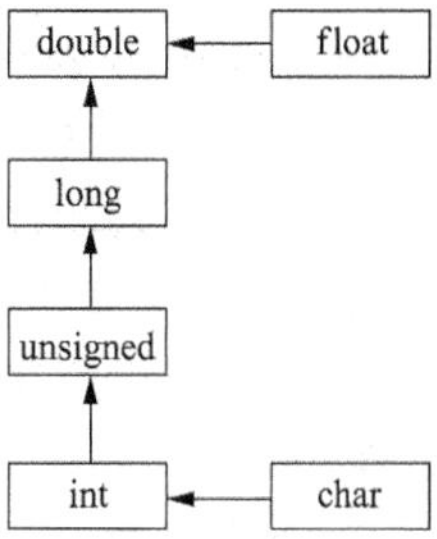

4. 各类数值性数据间的混合运算

在 C51 中，整型数据、字符型数据、实型数据都可以进行混合运算，数据转换规则如图 4−17 所示。

图4-17　数据转换规则

5. 赋值运算符

"="为赋值运算符，其作用是将一个数据赋给一个变量，如 x=5 的作用是将常数 5 赋给变量 x。也可以将一个表达式的值赋给变量，如 x=5+y。

注意

赋值运算符的优先级低于算术运算符。

6. 逗号运算符和逗号表达式

在 C51 中，多个表达式可以用逗号分开，如 3+5,5+6,7+8，其中的逗号称为逗号运算符。由逗号运算符组成的表达式称为逗号表达式，其一般形式为：表达式 1,表达式 2,…,表达式 n。

注意

逗号运算符的优先级低于赋值运算符。

7. 关系运算符和关系表达式

C51 中提供了以下 6 种关系运算符。

（1）<：小于。

（2）<=：小于或等于。

（3）>：大于

（4）>=：大于或等于。

（5）==：等于。

（6）!=：不等于。

优先级的次序如下。

（1）前 4 种关系运算符(<、<=、>、>=)的优先级相同，后 2 种(= =、!=)的优先级相同，前 4 种的优先级高于后 2 种。

（2）关系运算符的优先级低于算术运算符。

（3）关系运算符的优先级高于赋值运算符。

用关系运算符将两个表达式连接起来的式子称为关系表达式，如 a>b、a+b>b+c、a!=b。关系表达式的值只有两种："真"和"假"。在 C51 中，运算结果如果是"真"，则用数值"1"表示；运算结果如果是"假"，则用"0"表示。

8. 逻辑运算符和逻辑表达式

C51 提供了以下 3 种逻辑运算符。

（1）&&：逻辑与。

（2）||：逻辑或。

（3）!：逻辑非。

"!"的优先级高于算术运算符，而"&&"和"||"的优先级相同，处于关系运算符和赋值运算符之间。

用逻辑运算符将两个表达式连接起来的式子称为逻辑表达式，逻辑表达式的运算结果用"1"表示"真"，用"0"表示"假"。但在判断一个量是否为"真"时，以 0 代表"假"，而以非 0 代表"真"。

9. 位操作运算符和表达式

C51 提供了如下的位操作运算符。

（1）&：按位与。

（2）|：按位或。

（3）^：按位异或。

（4）~：按位取反。

（5）<<：位左移。

（6）>>：位右移。

4.4 C51 流程控制语句

在结构上，C51 程序常用的流程控制语句主要有选择语句和循环语句。

4.4.1 C51 选择语句

选择语句有 if 语句和 switch 语句。

1. if 语句

形式 1：

```
if(表达式)
    {语句;}
```

形式 2：

```
if(表达式)
    {语句 1;}
else
    {语句 2;}
```

形式 3：

```
if(表达式 1){语句 1;}
else  if(表达式 2){语句 2;}
else  if(表达式 3){语句 3;}
...
else(语句 n;)
```

例 4-1：电路如图 4-18 所示。要求：通电初始，灯全灭；按住 K₁，灯全亮；松开 K₁，灯全灭。

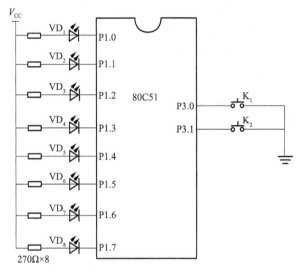

图4-18　带8个LED和2个按钮的单片机电路

程序如下：

```
#include <reg51.h>
void main(  )
{
    P1=0xff;                    // 把 P1 口全部置 1，8 个灯灭
    for(; ;)
    {
        P3=P3|0x01;            // 把 P3.0 口置 1
        if ((P3&0x01)==0)      // 判断 K1 是否按下
            P1=0x00;           // K1 按下后，点亮全部灯
        else
            P1=0xff;           // K1 松开后，熄灭全部灯
    }
}
```

2. switch 语句

switch 语句的格式如下：

```
switch（表达式 1）
{
    case 常量表达式 1: {语句 1;}break;
    case 常量表达式 2: {语句 2;}break;
    case 常量表达式 3: {语句 3;}break;
    ...
    case 常量表达式 n: {语句 n;}break;
    default: {语句 n+1;}
}
```

说明：

（1）switch 语句后面的表达式可以是任何类型。

（2）若表达式的值与某一个 case 后面的常量表达式值相同，就开始执行其后面的语句。如果没有一个 case 后面的常量表达式值与表达式值相同，则执行 default 后面的语句。

（3）每一个 case 后面的常量表达式值必须不同。

（4）执行完一个 case 后面的语句后，系统并不跳出，而是执行后面的 case 语句，直到结束。如果需要执行完当前 case 语句后系统就跳出，则需要在语句后面加 break。

4.4.2　C51 循环语句

可实现循环控制的语句有 while 语句、do-while 语句和 for 语句。

while 语句：

```
while(表达式)
    {循环体语句;}
```

do-while 语句：

```
do
      {循环体语句;}
while{表达式}
```

while 和 do-while 语句虽然都是循环语句，但两者是有区别的：do-while 语句不管条件是否成立，至少都会执行一次循环体；而 while 语句在条件不成立时，不会执行循环体。

for 语句：

```
for（表达式 1；表达式 2；表达式 3）
    {循环体语句；}
```

表达式 1：循环变量初值设定。

表达式 2：循环条件表达式。

表达式 3：循环变量更新表达式。

for 语句中有几种特例，分析如下：

（1）表达式 1 可以没有，但其后的分号不能省略；

（2）表达式 2 也可以没有，同样其后的分号不能省略，这样就会认为条件永远满足；

（3）表达式 3 也可以省略；

（4）当 3 个表达式都省略时，即 for(; ;)，它的作用相当于 while(1)，构成了一个无限循环的过程。

4.5　C51 的指针类型

变量名对应内存单元的地址，变量值则是放在内存单元中的数据。把存放变量的地址称为指针，使用指针前也必须进行定义。指针是一种特殊的数据类型，用指针声明的变量称为指针变量。

指针变量的值实际上是一个地址，是单片机内存单元的编号。指针变量的声明具有特殊的形式，如下所示：

数据类型 [指向存储区]*[存储位置]指针变量名

4.5.1 一般指针

通用指针是指向任何存储类型的变量。通用指针占 3 个字节，第 1 个字节说明存储类型，第 2 个字节为变量地址的高 8 位，第 3 个字节为变量地址的低 8 位。

例 4-2：定义通用指针。

```
void main()
{
    unsigned char code HZ=0x88;
    unsigned char data var_data=0x12;
    unsigned char *ptr;                //通用指针 ptr，指针存放在默认存储区中
    unsigned char *idata iptr;         //通用指针 iptr，指针存放在 idata 存储区中
    char idata myvar=0x0A;
    ptr=&HZ;
    iptr=&var_data;
    myvar=myvar+*ptr;
    myvar=myvar+*iptr;
}
```

4.5.2 基于存储器的指针

基于存储器的指针是指在定义指针变量时，就确定好它存储的是什么地方变量的地址，是内部数据存储器，还是外部数据存储器，或是程序存储器，这样指针的长度（1 字节或 2 字节）就可以具体确定。

具体定义为：

```
char xdata *ptr;
```

（1）定义指针类型变量时，在变量名前加"*"，变量名命名规则和前面一般变量的相同。

（2）xdata 是指，ptr 里存储的是定义在外部数据存储器里的变量的地址，所以 ptr 占 2 个字节。

例 4-3：定义基于存储器的指针。

```
void main(){
    int code HZ=0x0101;
    int data var_data=0x12;
    int code *ptr;                //指向 code 存储区的指针 ptr，指针存放在默认存储区中
    int idata *pdata iptr;        //指向 idata 存储区的指针 iptr，指针存放在 pdata 存储区中
    int idata myvar=0xFF;
    ptr=&HZ;
    iptr=&var_data;
    myvar=myvar+*ptr;
    myvar=myvar+*iptr;
    return;
}
```

4.6 C51 的函数

一个完整的 C51 程序可由一个主函数和若干个子函数组成，函数是构成 C51 程序的基本模块。由主函数调用子函数，子函数之间也可以互相调用，同一个函数可以被一个或多个函数调用任意次。C51 函数可分为两大类，一类是系统提供的库函数，另一类是用户自定义的函数。

4.6.1 C51 函数的定义

在 C51 中，一个完整的函数一般由函数首部和函数体构成。函数定义的一般格式如下：

```
函数类型 函数名（参数表）
{
    局部变量定义
    函数体
}
```

格式说明如下。

1. 函数类型

函数类型说明了函数返回值的类型。

2. 函数名

函数名是用户为自定义函数取的名字，以便调用函数时使用。

3. 参数表

参数表用于列出在主调函数与被调用函数之间进行数据传递的形式参数。

4.6.2 C51 函数定义的选项

C51 函数定义有几个重要选项，下面分别予以介绍。

1. 可重入函数

所谓可重入函数就是允许被递归调用的函数。函数的递归调用是指当一个函数正被调用而尚未返回时，又直接或间接调用函数本身。一般的函数不能做到这样，只有可重入函数才允许递归调用。

2. 中断函数

在 C51 程序设计中，当函数定义时用了 interrupt m 修饰符后，系统编译时就会把对应函数转换为中断函数，自动加上程序头段和尾段，并按 MCS-51 系统中断的处理方式自动把它安排在程序存储器中的相应位置。格式如下：

```
返回值 函数名 interrupt m
```

在该修饰符中，m 的取值范围为 0~31，对应的中断情况如表 4-5 所示。

表 4-5　中断号和中断源的对应关系

中断号	中断源	中断号	中断源
0	外部中断 0	3	定时器/计数器 1
1	定时器/计数器 0	4	串行口
2	外部中断 1	5	定时器/计数器 2

使用中断函数时的注意事项如下。

（1）中断函数不能进行参数传递。如果中断函数中包含任何的参数声明都将会导致编译出错。

（2）中断函数没有返回值。如果试图定义一个返回值将得不到正确的结果，建议在定义中断函数时将其定义为 void 类型，以明确说明没有返回值。

（3）在任何情况下都不能直接调用中断函数，否则会产生编译错误。因为中断函数的返回是由单片机的 RETI 指令完成的，RETI 指令影响单片机的硬件中断系统。如果在没有实际中断的情况下直接调用中断函数，RETI 指令操作结果会产生一个"致命"的错误。

3.　工作寄存器组

工作寄存器组的分配方法是使用 using n 指定的，其中 n 的值为 0 ~ 3，对应 4 组工作寄存器。如 void timer0( ) interrupt 0 using 0 表示在该中断子程序中使用 0 组工作寄存器。它的中断服务的完整语法如下：

```
返回值类型　函数名(参数)　interrupt n　[using n]
```

在声明函数时，应该注意以下几点：

（1）如果没有类型说明符出现，则函数返回一个整型值；

（2）如果函数没有返回值，则可以采用 void 说明符；

（3）函数类型的说明必须处于对它进行首次调用之前；

（4）当函数被调用时，形式参数列表中的变量用来接收调用参数的值；

（5）如果函数没有返回值，则可以省略 return 语句；

（6）函数与变量一样，在使用前必须先进行定义。

4.6.3　C51 库函数

C51 编译器提供了丰富的库函数，使用这些库函数可以大大提高编程的效率。每个库函数都在相应的头文件中给出了函数的原型，使用时只须在源程序的开始位置用编译命令#include 将头文件包含进来。

1.　本征库函数

本征库函数的头文件 intrinis.h，文件下的库函数包含如下类型。

cror()、_crol_()：将字符型变量循环左移或右移。

iror()、_irol_()：将整型变量循环左移或右移。

lrol()、_lrol_()：将长整型变量循环左移或右移。

nop()：空指令，12MHz 晶振频率下为 1μs，常用于 I^2C 通信。

testbit()：测试该位变量并跳转，同时清除该位变量。

chkfloat()：测试并返回浮点型的状态。

2.　几类重要的库函数

在单片机 C51 编程中，经常会用到的几类重要的库函数如下。

（1）专用寄存器库函数（reg51.h）。

（2）绝对地址库函数（absacc.h）。

（3）类型转换及内存分配函数（stdilb.h）。

（4）字符串处理函数（string.h）。

（5）输入/输出流函数（stdio.h）。

4.7 C51 编程举例

例 4-4：基于 C51 语言的简单液位指示系统的实现。

1. 功能要求

在一个容器的内部侧壁上均匀安放了 8 个液位开关，当液体漫过液位开关时，开关闭合；否则开关打开。要求：根据液位的高度来控制 LED 的亮灭，如当液体刚好漫过 4 点位置时，LED VD$_4$ 亮；当液体刚好漫过 6 点位置时，LED VD$_6$ 亮；以此类推。

2. 硬件电路实现

为了采样液位的开关信号，可将 8 个液位开关接到单片机的 P1 口，P1 口内部集成了上拉电阻，因此可将开关一端直接接到单片机的 P1 口，另一端接地。当开关被淹没时，对应的 P1 口线的电平为低，否则为高。液位显示系统如图 4-19 所示。

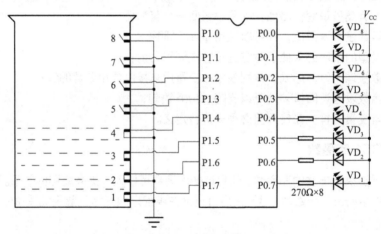

图4-19 液位显示系统

3. 系统程序实现

系统相当于在 P1 口上接了 8 个开关，P0 口上接 8 个 LED，根据开关的闭合情况，来控制 LED。但是开关的闭合有一定的规律，如液体刚好漫过 4 点位置时，4 号开关闭合，同时 1、2、3 号开关也肯定闭合，因此可以分成 8 种情况处理，即对应漫过 8 个位置，这使用 switch 语句非常方便。

```
#include <reg51.h>
void main(void)
{
    unsigned char key;
    P1=0xff;                    // P1 作为输入口，必须置 1
    P0=0xff;                    // 初始，LED 全灭
    for(; ;)
    {   Key=P1;
        switch(key)
```

```
    {
        case 0x7f:    P0=0x7f; break;        // 液位 1
        case 0x3f:    P0=0xbf; break;        // 液位 2
        case 0x1f:    P0=0xdf; break;        // 液位 3
        case 0x0f:    P0=0xef; break;        // 液位 4
        case 0x07:    P0=0xf7; break;        // 液位 5
        case 0x03:    P0=0xfb; break;        // 液位 6
        case 0x01:    P0=0xfd; break;        // 液位 7
        case 0x00:    P0=0xfe; break;        // 液位 8
        default: P0=0xff; break;
        }
    }
}
```

本章小结

　　C 语言在可读性和可重用性上具有优势。在众多的 C51 编译器中，Keil Software 公司的 C51 最受欢迎，因为它不仅编译速度快，代码生成效率高，还配有集成开发环境及实时操作系统。

　　本章介绍了 C51 语言的特点和基本组成，阐述了数据类型、存储类型、运算符、表达式等基本知识。基于存储器的指针指向数据的存储分区在编译时就已确定，因此运行速度比较快。通用指针用于存取任何变量而不必考虑变量在单片机中的存储空间，许多 C51 库函数就采用了通用指针。一个完整的 C51 程序可由一个主函数和若干个子函数组成，函数是构成 C51 程序的基本模块。在此基础上，以单片机控制 LED 为例，讲述了 C51 的基本结构和函数的概念，并通过实例对 C51 的应用进行了总结。

练习与思考题 4

1. C51 的数据类型有哪些？存储类型有哪些？
2. 在 C51 中，哪个函数是必需的？程序的执行顺序是如何决定的？
3. C51 和 ANSI C 相比，多了哪些数据类型？举例说明。
4. 如何设定程序的存储模式？
5. 关键字 bit 与 sbit 的意义有何不同？
6. 请说明下列语句的含义。

```
(1) unsigned char x;
    unsigned char y;
    unsigned int k;
    k=(int)(x+y);
(2) #define unchar unsigned char
    uchar a;
    uchar b;
    min=(a<b)?a:b;
```

7. C51 可以定义哪些数据类型的指针？

8. 说明通用指针和指向固定存储区指针的区别。

9. 在 C51 中，如何定义中断函数？

10. 在什么情况下需要将函数定义为可重入函数？

模块 3
单片机人机交互

5

Chapter

第 5 章
数字信号的 I/O 接口

数字信号接口电路包括数字信号输入接口和数字信号输出接口。数字信号输入接口是CPU 通过检测输入信号是高电平还是低电平来判断外围设备开关闭合与断开状态的接口；数字信号输出接口是 CPU 通过输出高电平或者低电平来实现对某个执行器闭合与断开控制的接口。在工业现场存在干扰，并且各个执行器开关电压和功率不同，因此在接口电路中需要根据实际情况选择适当的元器件，同时采取各种缓冲、隔离和驱动措施。

学习目标	（1）掌握数字信号输入接口的预处理方法； （2）掌握数字信号输出接口的驱动电路实现原理。
重点内容	（1）光电耦合器的结构原理及其隔离电路； （2）数字信号输入通道的几种典型驱动电路； （3）数字信号输出通道的几种典型驱动电路。
目标技能	实际接口电路的缓冲、隔离和驱动措施。
模块应用	I/O 的电气接口。

5.1　数字信号的输入

数字信号的输入有以下基本类型。

（1）一位的状态信号，如阀门的闭合与开启、电机的启动与停止、触点的接通与断开。

（2）成组的开关信号，如用于设定系统参数的拨码开关组等。

（3）数字脉冲信号。许多数字式传感器（如转速、位移、流量的数字传感器）将被测物理量值转换为数字脉冲信号，这些信号也可归结为数字信号。

5.1.1　数字信号输入通道的典型结构

针对不同性质的数字输入信号，可以采用不同的方法将其输入计算机进行处理。一般的系统设定信息和状态信息可以采用并行接口输入；极限报警信号采用中断方式处理；数字脉冲信号可以使用系统的定时器/计数器来测量其脉冲宽度、周期或脉冲个数。

数字信号输入通道的典型结构如图 5-1 所示。

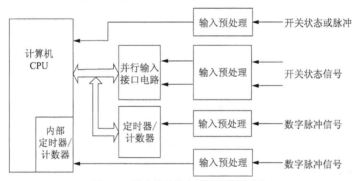

图5-1　数字信号输入通道的典型结构

出于安全或抗干扰等方面的考虑，现场的数字信号在输入计算机接口前，一般需要进行预处理，然后才会送至接口。几种常用的预处理方法如下。

1.　信号转换处理

从工业现场获取的数字信号，在逻辑上表现为逻辑"1"或逻辑"0"，信号形式则可能是电压、电流信号或开关的通断，其幅值范围也往往不符合数字电路的电平范围要求，因此必须进行转换处理。对于电压输入，V 大于某值，为逻辑 1；对于电流输入，I 大于某值，为逻辑 1。

对于图 5-2 所示的电压输入电路，R_1 和 R_2 电阻分压，使得 U_2 符合 TTL 逻辑规范 $U_2 = \dfrac{R_2}{R_1 + R_2} U_1$。

对于图 5-3 所示的开关输入电路，S 断开，U_2 按照 TTL 逻辑范围接近 5V，为逻辑"1"；S 闭合，$U_2 = 0V$，为逻辑"0"。R 的阻值可以在 4.7kΩ 到 100kΩ 之间选取。

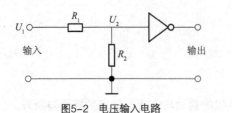

图5-2　电压输入电路

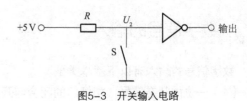

图5-3　开关输入电路

2. 安全保护措施

在设计一个单片机控制系统时，必须针对可能出现的输入过电压、瞬间尖峰或极性接反等情况，预先采取安全保护措施。

信号转换电路的设计虽然也考虑逻辑电平问题，但在工业控制应用中，还可能出现意外的过电压（电流）、瞬间干扰等情况。在非工业控制应用中也可能出现瞬间尖峰过电压（过电流），例如雷电引起的过电压（过电流），因此还需要有安全保护电路。常用的输入保护电路如图 5-4 所示。

（a）采用稳压二极管抑制瞬态尖峰　　　（b）采用压敏电阻抑制瞬态尖峰

图5-4　输入保护电路

3. 隔离处理

从工业现场获取的数字信号电平往往高于计算机系统的逻辑电平。即使输入的数字信号电压本身不高，也有可能从现场引入意外的高电压信号，因此必须采取点隔离措施，以保障单片机应用系统的安全。常用的隔离措施是采用光电耦合器实施的。

5.1.2　数字信号输入接口

图 5-5 给出了两种数字信号光电耦合输入电路，它们除了实现电气隔离功能之外，还可实现电平转换功能。工业控制的现场开关，一般使用 24V 直流电源。

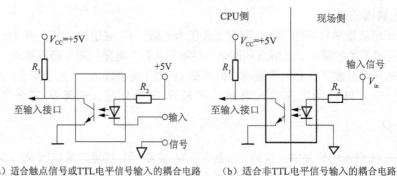

（a）适合触点信号或TTL电平信号输入的耦合电路　　（b）适合非TTL电平信号输入的耦合电路

图5-5　数字信号光电耦合输入电路

 注意

CPU 侧和现场侧没有电的联系（独立的电源和地线）。

根据输出级的不同，用于数字信号耦合的光电耦合器件可分为晶体管型、可控硅型等，但其工作原理都是将光作为传输信号的媒介，可实现电气隔离。

5.2　数字信号的输出

5.2.1　隔离处理

当单片机控制系统的数字信号输出接口用于控制较大功率的设备时，为防止现场设备上的强电磁干扰或高电压通过输出控制通道进入单片机应用系统，一般需要采取光电耦合措施隔离现场设备和单片机应用系统。

图 5-6 所示为采用了光电耦合的数字信号输出电路。

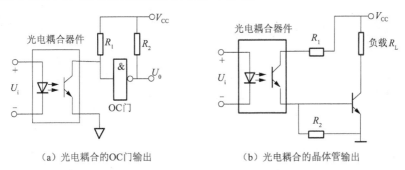

（a）光电耦合的 OC 门输出　　　　　（b）光电耦合的晶体管输出

图5-6　光电耦合的数字信号输出电路

5.2.2　电平转换和功率放大

单片机通过并行接口电路输出的数字信号，往往是低电压信号。一般来说，这种信号无论是电压等级还是输出功率，均无法满足执行机构的要求，因此应在进行电平转换和功率放大后，再送往执行机构。

1. 小功率低压数字信号输出

小功率低压数字信号输出可采用晶体管、OC 门或运放等方式，可驱动低压电磁阀、指示灯等（如图 5-6 所示）。

2. 晶体管输出

晶体管输出如图 5-7 所示。

当前，在很多情况下会使用功率场效应晶体管代替双极性晶体管，它是电压控制型器件，驱动门可以省去。

功率场效应晶体管（MOSFET）是压控电子开关，其栅极 G 和源极 S 之间加上了足够的控制电压，漏极 D 和源极 S 之间可导通。MOSFET 的栅极 G 控制电流为微安级，而导通后漏极 D 和源极 S 之间允许通过较大的电流。例如 IRF640 导通时，D、S 间允许通过的最大电流可达 18A。功率场效应晶体管的典型使用方法如图 5-8 所示。

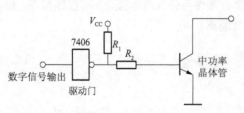

图5-7　晶体管输出

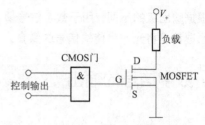

图5-8　功率场效应晶体管的典型使用方法

3. 继电器输出

继电器经常用于单片机控制系统中的数字信号输出功率的放大，即利用继电器作为单片机输出的执行机构，通过继电器的触点控制较大功率设备或控制接触器的通断以驱动更大功率的负载，从而完成从直流低压到交流（或直流）高压、从小功率到大功率的转换。

使用继电器输出时，为克服线圈反电势，通常会在继电器线圈上并联一个反向二极管，如图 5-9 所示。继电器输出也可以提供电气隔离功能，但其触点在通断瞬间往往容易产生火花而引起干扰，这是必须要注意的，不过一般可采用阻容电路对其予以吸收。

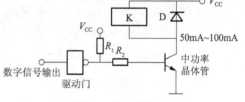

图5-9　继电器输出

4. 可控硅输出

作为一种大功率、半导体、无触点开关器件，可控硅（也称晶闸管）可用较小的功率来控制大功率，在单片机控制系统中被广泛用作功率执行元器件，一般由单片机发出数字脉冲信号来实现其通断控制。

图 5-10 所示是采用可控硅输出型光电耦合器驱动双向可控硅的电路。图中与可控硅并联的 RC 网络用于吸收带感性负载时产生的与电流不同步的过压，可控硅门极电阻则用于提高抗干扰能力，以防误触发。

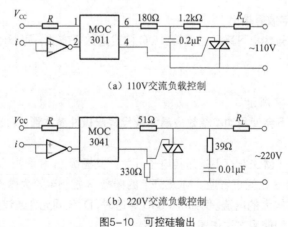

（a）110V交流负载控制

（b）220V交流负载控制

图5-10　可控硅输出

5. 固态继电器输出

固态继电器（Solid State Relay, SSR）是一种新型的无触点开关的电子继电器。它利用电子技术实现了控制回路与负载回路之间的电隔离和信号耦合，而且没有任何可动部件或触点，却能实现电磁继电器的功能，故称为固态继电器。它具有体积小、开关速度快、无机械噪声、无抖动和回跳、寿命长等传统继电器无法比拟的优点，有取代电磁继电器的趋势。

固态继电器的输入端与晶体管、TTL、CMOS 电路兼容，输出端利用器件内的电子开关来接通和断开负载。工作时只要在输入端施加一定的弱电信号，就可以控制输出端大电流负载的通断。

固态继电器有交流、直流两种，如图 5-11 所示。直流固态继电器是指晶体管/功率场效应晶体管的输出将光电耦合（隔离）功能、驱动功能、功率管集成在一个模块内，主要用于直流大功率的控制。一般取输入电压为 4~32V，输入电流 5mA~10mA。输出端为晶体管输出，输出工作电压为 30~180V。交流固态继电器是指将双向可控硅、光隔离集成在一个模块内，主要用于交流大功率的控制。一般取输入电压为 4.32V，输入电流小于 500mA。输出端为双向可控硅，一般额定电流在 0~1A 内，电压多为 380V 或 220V。

（a）直流固态继电器　　　（b）交流固态继电器

图5-11　固态继电器

图 5-12 所示为一种常用的固态继电器的驱动电路，当数据线 D_i 输出数字"0"时，经 7406 反相变为高电平，使 NPN 型晶体管导通，SSR 输入端得到电则输出端接通大型交流负荷设备 R_L。

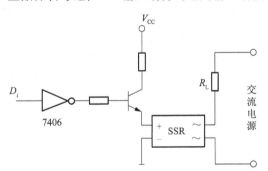

图5-12　固态继电器的驱动电路

5.3 电机驱动电路

5.3.1　直流电机驱动原理

从图 5-13 中可以看出，接入直流电源以后，电刷 A 为正极性，电刷 B 为负极性。电流从正电刷 A 经线圈 ab、dc，到负电刷 B 流出。根据电磁力定律，在载流导体与磁力线垂直的情况下，线圈每一个有效边均将受到一电磁力的作用。电磁力的方向可用左手定则判断，伸开左手，掌心向着 N 极，4 指指向电流的方向，与 4 指垂直的拇指方向就是电磁力的方向。在图 5-13 所示的瞬间，导线 ab

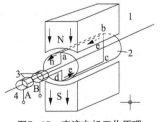

图5-13　直流电机工作原理

与 dc 中所受的电磁力为逆时针方向，在这个电磁力的作用下，转子将逆时针旋转，即图中 S 的方向。

随着转子的转动，线圈边位置互换，这时要使转子连续转动，则应使线圈边中的电流方向也随之改变，即进行换向。由于换向器与静止电刷的相互配合作用，线圈不论转到何处，电刷 B 始终与运动到 N 极下的线圈边相接触，而电刷 A 始终与运动到 S 极下的线圈边相接触。这就保证了电流总是经电刷 A 和 N 极下的导体流入，再沿 S 极导体经电刷 B 流出。因而电磁力和电磁转矩的方向始终保持不变，进而使电机可以沿逆时针方向连续转动。

5.3.2 直流电机驱动电路

直流电机驱动电路使用非常广泛的就是 H 型全桥式驱动电路,这种驱动电路可以很方便地实现直流电机的四象限运行，分别对应正转、正转制动、反转、反转制动。它的基本原理如图 5-14 所示。

H 型全桥式驱动电路的 4 只晶体管都工作在斩波状态（将固定的直流电压变换成可变的直流电压），V_1、V_4 为一组，V_2、V_3 为另一组，两组的状态互补，一组导通则另一组必须关断。当 V_1、V_4 导通时，V_2、V_3 关断，电机两端加正向电压，可以实现电机的正转或反转制动；当 V_2、V_3 导通时，V_1、V_4 关断，电机两端加反向电压，可以实现电机的反转或正转制动。在直流电机运转过程中，我们要不断地使电机在 4 个象限之间切换，即在正转和反转之间切换，也就是在 V_1、V_4 导通且 V_2、V_3 关断，与 V_1、V_4 关断且 V_2、V_3 导通这两种状态之间转换。

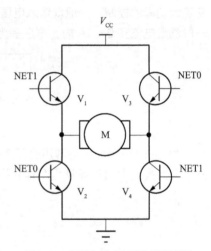

图5-14　H型全桥式驱动电路原理图

5.3.3 步进电机驱动原理

步进电机是将电脉冲信号转变为角位移或线位移的开环控制元器件。在非超载的情况下，步进电机的转速、停止的位置只取决于脉冲信号的频率和脉冲数，而不受负载变化的影响，即给步进电机添加一个脉冲信号，其就会转过一个步距角。这一线性关系的存在，加上步进电机只有周期性的误差而无积累误差等特点，使得在速度、位置等控制领域用步进电机来实现控制变得简单。步进电机实际上是一种单相或多相同步电机。单相步进电机由单相电脉冲驱动，输出功率一般很小，其用途为微小功率驱动。多相步进电机由多相方波脉冲驱动，再经功率放大后，分别送入步进电机各相绕组。当向脉冲分配器输入一个脉冲时，步进电机各相的通电状态发生变化，转子会转过移动的角度（即步距角）。正常情况下，步进电机转过的总角度和输入的脉冲数成正比。连续输入一定频率的脉冲时，步进电机的转速与输入脉冲的频率保持严格的对应关系，而不受电压波动和负载变化的影响。步进电机由于能直接接收数字信号的输入，因此特别适用于微处理器控制。

步进电机有 3 线式、5 线式、6 线式 3 种，它们的控制方式均相同，必须以脉冲电流来驱动。若每旋转一圈以 20 个励磁信号（即输入发电机励磁绕组中的电压或电流信号）来计算，则每次励磁信号"前进 18°"，其旋转角度与脉冲数成正比，正、反转可由脉冲顺序来控制。

步进电机的励磁方式可分为全步励磁和半步励磁,其中全步励磁又有 1 相励磁和 2 相励磁之分，而半步励磁又称为 1-2 相励磁。

（1）1 相励磁法：在每一瞬间只有一个线圈导通。消耗电力小，准确度良好，但转矩小，振动较大，每传送一个励磁信号可"前进 18°"。若欲以 1 相励磁法控制步进电机正转，其励磁顺序为 A→B→C→D→A，如表 5-1 所示。若励磁信号反向传送，则步进电机反转。

表 5-1　1 相励磁法正转励磁顺序

步骤	A	B	C	D
1	1	0	0	0
2	0	1	0	0
3	0	0	1	0
4	0	0	0	1

（2）2 相励磁法：在每一瞬间会有两个线圈同时导通。因其转矩大、振动小，故为目前使用最多的励磁方式。每传送一个励磁信号可"前进 18°"。若以 2 相励磁法控制步进电机正转，其励磁顺序为 AB→BC→CD→DA→AB，如表 5-2 所示。若励磁信号反向传送，则步进电机反转。

表 5-2　2 相励磁法正转励磁顺序

步骤	A	B	C	D
1	1	1	0	0
2	0	1	1	0
3	0	0	1	1
4	1	0	0	1

（3）1-2 相励磁法：为 1 相和 2 相轮流交替导通。因其分辨率提高，且运转平滑，每传送一个励磁信号可"前进 9°"，故其也被广泛采用。若以 1-2 相励磁法控制步进电机正转，其励磁顺序为 A→AB→B→BC→C→CD→D→DA→A，如表 5-3 所示。若励磁信号反向传送，则步进电机反转。

表 5-3　1-2 相励磁法正转励磁顺序

步骤	A	B	C	D
1	1	0	0	0
2	1	1	0	0
3	0	1	0	0
4	0	1	1	0
5	0	0	1	0
6	0	0	1	1
7	0	0	0	1
8	1	0	0	1

步进电机的负载转矩与速度成正比，速度越快，负载转速越小，但速度快至其极限时，步进电机不再运转。所以在每前进一步后，程序必须延迟一段时间再执行，以对转速加以限制。

5.3.4　步进电机驱动电路

步进电机驱动电路如图 5-15 所示，用两个按键分别控制步进电机的正转和反转。当 K1 键被按下时，单片机的 P2.3 到 P2.0 口按正向励磁顺序（A→AB→B→BC→C→CD→D→DA→A）输出电脉冲，步进电机正转；当 K2 键被按下时，单片机的 P2.3 到 P2.0 口按反向励磁顺序（A→DA→D→CD→C→BC→B→AB→A）输出电脉冲，步进电机反转。

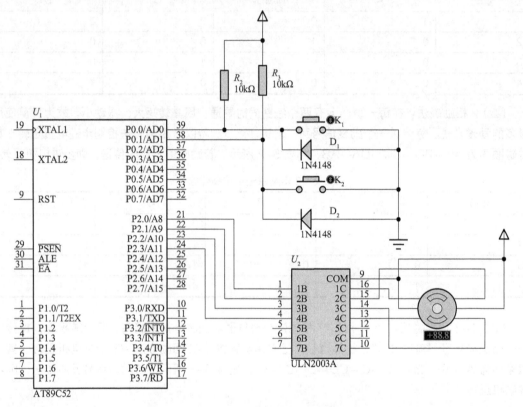

图5-15　步进电机驱动电路

ULN2003A 是大电流驱动阵列，输入 5V TTL 电平，输出可达 500mA/50V，多用于单片机、智能仪表、PLC 数字输出卡等的控制电路中。ULN2003A 是高耐压、大电流达林顿阵列，由 7 个硅 NPN 达林顿管组成，其经常用在显示驱动电路、继电器驱动电路、照明灯驱动电路、伺服电机或步进电机驱动电路中。

本章小结

数字信号输入通道简称 DI 通道，它的任务是把生产过程中的数字信号转换成单片机易于调理的形式。信号调理中的信号虽然都是数字信号，不需要进行 A/D 转换，但对通道中可能引入的各种干扰必须采取相应的技术措施，即在外部信号与单片机之间要设置输入信号调理电路，比如电平转换、过压保护、光电耦合等。

数字信号输出通道简称 DO 通道，它的任务是把输出的微弱数字信号转换成能对生产过程进行控制的数字驱动信号。根据控制对象的不同，可以选用不同的功率放大器件来构成不同的开关量输出驱动电路，通常有晶体管输出驱动电路、继电器输出驱动电路、可控硅输出驱动电路、固态继电器输出驱动电路等。

练习与思考题 5

1. 分析光电耦合器隔离电磁干扰的机理。
2. 简述数字信号输出通道的功能及其常用的输出驱动电路。
3. 举例说明常用的开关型驱动器件有哪些。
4. 单片机是如何处理数字信号的？其电气接口形式有哪些？
5. 在输入或输出有些数字信号时，需要采用缓冲、放大、隔离和驱动电路，这些电路的作用分别是什么？
6. 对比分析说明晶体管输出驱动电路与继电器输出驱动电路的异同点。
7. 对比分析说明可控硅输出驱动电路与固态继电器输出驱动电路的异同点。
8. 固态继电器有哪几类？它们有哪些优势？使用时应注意哪些问题？
9. 如何驱动直流电机？
10. 如何驱动步进电机？

6

Chapter

第 6 章
80C51 单片机人机接口

单片机上不仅集成了 CPU 和存储器，还包含接口电路，通过这些接口电路，单片机可以和一些外围设备相连接以进行信息的输入与输出，进而构成一个控制系统。51 系列单片机有 4 个 8 位的 I/O 接口，当外围设备较多，I/O 接口不够用时，须采用外接的 I/O 接口芯片来扩展其接口功能以实现信息的输入与输出。

学习目标	（1）熟悉 80C51 单片机的并行口驱动功能； （2）掌握 80C51 与 LED 的接口方法； （3）掌握 80C51 与数码管的接口方法； （4）掌握 80C51 与点阵屏及 LCD 的接口方法； （5）掌握 80C51 与按键的接口方法。
重点内容	（1）80C51 与 LED 及按键的接口技术； （2）数码管驱动电路与 LCD 软硬件接口技术。
目标技能	常用 I/O 接口电路硬件、软件的设计方法。
模块应用	人机交互的应用。

6.1 LED 接口

6.1.1　LED 驱动电路

　　LED 是单片机应用系统极为常用的输出设备，其应用形式有单个 LED、LED 数码管和 LED 阵列。虽然 LED 具有 PN 结特性，但其正向压降与普通的二极管不同。单个 LED 的特性及驱动电路如图 6-1 所示。典型工作条件为 1.75V、10mA。

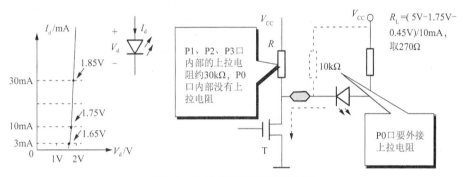

图6-1　单个LED的特性及驱动电路

　　场效应晶体管 T 的导通或压降与其通过的电压有关，图 6-1 中取 0.45V。

　　对于单个 LED，限流电阻 R_L 的取值为 270Ω 时，LED 可以获得很好的亮度，但在驱动几个 LED 时将超过并行口的负载能力。解决办法：一是加大限流电阻的阻值（如接入 1kΩ 的限流电阻），虽然 LED 的发光亮度会受到影响，但可以有效减小并行口的负担；二是增加驱动器件。

　　驱动多个 LED 时，通常要将 LED 接成共阴极或共阳极的形式。比较直接的方式是采用图 6-2 所示的并行口直接驱动。也可以采用图 6-3 所示的限流与上拉电阻共享驱动的接线方式，这种接线方式的优点是限流电阻与上拉电阻公用。

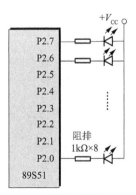

图6-2　并行口直接驱动

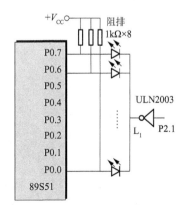

图6-3　限流与上拉电阻共享驱动

6.1.2　单片机控制 LED 举例

　　例 6-1：编程实现用单片机控制 P2.0 口的一个灯闪烁。

分析：图 6-4 所示为采用 Proteus 仿真软件设计的单片机控制一个灯闪烁的仿真原理图，主芯片为 AT89C52，P2.0 口作为控制端连接二极管的阴极。当 P2.0 口电压为 0 时，LED 亮；P2.0 口电压为 1 时，LED 熄灭。

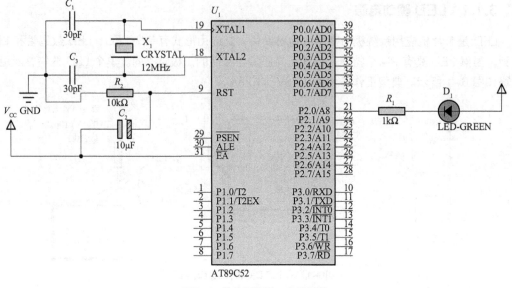

图6-4　单片机控制一个灯闪烁

实现程序如下：

```
#include<reg52.h>              //此文件中定义了单片机的一些特殊功能寄存器
#define uchar unsigned char    //对数据类型进行宏定义
sbit led=P2^0;                 //将单片机的 P2.0 口定义为 led
void delay(uint n)             //延时函数
{
    uchar i;
    while(n--)                 //11.059 2MHz
    {
        for(i=0;i<113;i++);
    }
}
void main()                    //主函数
{
    while(1)
    {
        led=0;                 //LED 亮
        delay(500);
        led=1;                 //LED 灭
        delay(500);
    }
}
```

例 6-2：编程实现上下循环移动的流水灯功能。

分析：图6-5所示为采用 Proteus 仿真软件设计的单片机控制流水灯的仿真原理图，主芯片为 AT89C52，P2.0 口作为控制端连接二极管的阴极，依次使 LED 亮。

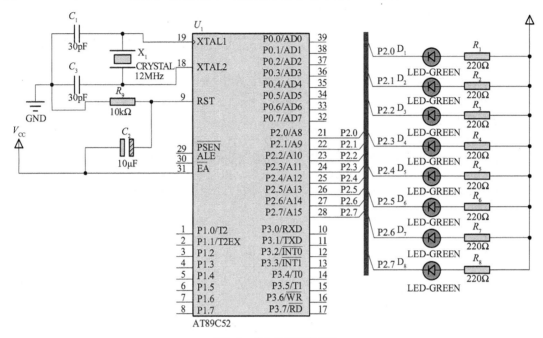

图6-5　单片机控制流水灯

制作由上至下，再由下至上反复循环点亮的流水灯，有以下3种方法实现。

（1）数组的字节操作实现。

建立1个字符型数组，将控制8个 LED 显示的8位数据作为数组元素，依次送至 I/O 接口。

参考程序：

```
uchar tab[ ]={ 0xfe , 0xfd , 0xfb , 0xf7 , 0xef , 0xdf , 0xbf , 0x7f , 0x7f ,
0xbf , 0xdf , 0xef , 0xf7 , 0xfb , 0xfd , 0xfe };  //前8个数据为左移点亮数据
                                                   //后8个为右移点亮数据
```

（2）移位运算符实现。

使用移位运算符 ">>""<<" 对送至 P1 口的显示控制数据进行移位，从而实现 LED 依次被点亮。

参考程序：

```
temp=0x01;                    // 左移初值赋给 temp
for(i=0;  i<8;  i++)
{
    P1=~temp;                 // temp 中的数据取反后送至 P1 口
    delay( );                 // 延时
    temp=temp<<1;             // temp 中的数据左移1位
}
```

（3）用循环左、右移位函数实现。

使用 C51 提供的库函数，即循环左移 n 位函数和循环右移 n 位函数，控制 LED 的亮灭。

参考程序：

```
temp=0xfe;                          // 初值为 11111110
for(i=0; i<7; i++)
{
    P1=temp;                        // temp 中的点亮数据送至 P1 口，控制点亮显示
    delay( );                       // 延时
    temp=_crol_( temp,1 ) ;         // temp 数据循环左移 1 位
}
```

实现程序如下：

```c
#include<reg52.h>                   //此文件中定义了单片机的一些特殊功能寄存器
#define uint unsigned int           //对数据类型进行宏定义
#define uchar unsigned char
char code scancode[]={0xfe,0xfd,0xfb,0xf7,0xef,0xdf,0xbf,0x7f,};
void delay(uint n)
{
    uchar i;
    while(n--)                      //11.059 2MHz
    {
        for(i=0;i<113;i++);
    }
}
void main()
{
    uint j;
    while(1)
    {
        for(j=0;j<8;j++)            //从上向下点亮 LED
        {
            P2=scancode[j];        //递增送入数据
            delay(500);
        }
        for(j=0;j<8;j++)            //从下向上点亮 LED
        {
            P2=scancode[7-j];      //递减送入数据
            delay(500);
        }
    }
}
```

6.2 数码管接口

LED 显示器是发光二极管显示器，是通过发光二极管显示字段的器件，其从外观可分为"8"字型的 7 段数码管、米字型数码管、点阵块、矩形平面显示器、数字笔画显示器等。

十分常用的 7 段数码管由 8 个发光二极管（7 个笔画和 1 个小数点）组成。当数码管的某个发光二极管导通时，相应的笔画（常称为段）就发光。控制不同的发光二极管的导通就能显示出

不同的字符。数码管引脚及内部连接如图 6-6 所示。

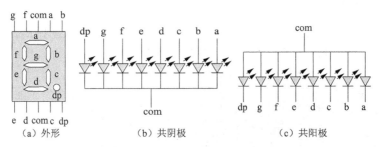

（a）外形　　　　　　（b）共阴极　　　　　　（c）共阳极

图6-6　数码管引脚及内部连接

这种数码管显示器有共阳极和共阴极两种。共阴极 LED 数码管的发光二极管的阴极连接在一起，通常此公共阴极接地。当某个发光二极管的阳极接高电平时，发光二极管被点亮，相应的段被显示。同样，共阳极数码管的发光二极管的阳极连接在一起，通常此公共阳极接正电压。当某个发光二极管的阴极接低电平时，发光二极管被点亮，相应的段被显示。各段与字节中各位的对应关系如表 6-1 所示。

表 6-1　各段与字节中各位的对应关系

代码位	D7	D6	D5	D4	D3	D2	D1	D0
显示段	dp	g	f	e	d	c	b	a

为了使 LED 数码管显示不同的符号或数字，把某些段的发光二极管点亮，就要为 LED 数码管提供代码。由于这些代码可使 LED 相应的段发光，从而显示不同字型，因此该代码也称为段码（或字型码）。

LED 数码管共计 8 段。因此提供给 LED 数码管的段码正好是一个字节。在使用中，习惯上用 "a" 段来对应段码字节的最低位。常用段码如表 6-2 所示。

静态显示方式编程简单，但占用 I/O 接口线多，故适用于显示器位数较少的场合。

表 6-2　常用段码（十六进制）

显示字符	共阴极段码	共阳极段码	显示字符	共阴极段码	共阳极段码
0	3FH	C0H	c	39H	C6H
1	06H	F9H	d	5EH	A1H
2	5BH	A4H	E	79H	86H
3	4FH	B0H	F	71H	8EH
4	66H	99H	P	73H	8CH
5	6DH	92H	U	3EH	C1H
6	7DH	82H	T	31H	CEH
7	07H	F8H	y	6EH	91H
8	7FH	80H	H	76H	89H
9	6FH	90H	L	38H	C7H
A	77H	88H	"灭"	00H	FFH
b	7CH	83H	…	…	…

6.2.1　数码管驱动电路

数码管的封装有 1 个数码管、2 个数码管（二位一体）、3 个数码管（三位一体）及 4 个数码管（四位一体）等形式。图 6-7 所示为晶体管驱动电路。

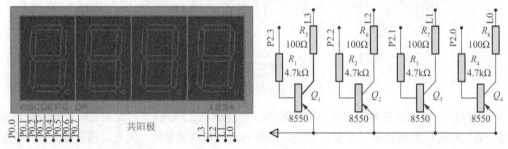

图6-7　晶体管驱动电路

图 6-8 所示为达林顿阵列驱动电路（注：图中位选线 L3、L4、L5、L2 的顺序与 PCB 走线有关）。

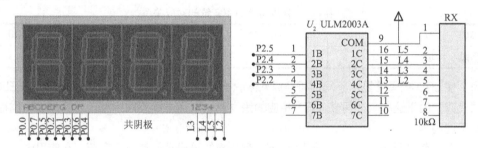

图6-8　达林顿阵列驱动电路

6.2.2　数码管静态显示电路

所谓静态显示，就是每一位显示器的段选线是独立的。当显示某一字符时，该数码管显示器的各段选线和位选线的电平不变，即各字段的亮灭状态不变。也就是说，无论多少位 LED 数码管，都同时处于显示状态。

数码管工作于静态显示方式时，各位的共阴极（或共阳极）连接在一起并接地（或接+5V）；每位的段选线（a~dp）分别与一个 8 位的 I/O 接口锁存器的输出相连。如果送往各个 LED 数码管所显示字符的段码确定，则相应 I/O 接口锁存器锁存的段码输出将维持不变，直到送入另一个字符的段码。正因如此，静态显示无闪烁，亮度较高，软件控制比较容易。

图 6-9 所示为 4 位 LED 静态显示电路，各位可独立显示，只要在该位的段选线上保持段码电平，该位就能保持相应的显示字符。由于各位分别由一个 8 位的数字输出端口控制段选线，故在同一时间里，各位显示的字符可以各不相同。静态显示方式占用 I/O 接口线较多，例如对于图 6-9 所示的电路，要占用 4 个 8 位 I/O 接口。如果显示器的数目增多，则需要增加 I/O 接口的数目。

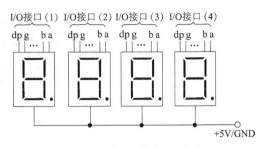

图6-9　4位LED静态显示电路

6.2.3　数码管动态显示电路

当显示位数较多，静态显示所需的 I/O 接口太多时，常采用动态显示。为节省 I/O 接口，通常将所有显示器的段选线的相应段并联在一起，由一个 8 位 I/O 接口控制，而各位显示位的公共端分别由相应的 I/O 接口线控制。图 6-10 所示为一个 4 位 8 段 LED 动态显示电路。

其中段选线占用一个 8 位 I/O 接口，而位选控制使用一个 I/O 接口的 4 位口线。动态显示就是通过段选线向显示器（所有的）输出所要显示字符的段码。每一时刻，只有一位位选线有效，其他都无效。逐位地每隔一定时间轮流点亮各位显示器（扫描方式）。由于 LED 数码管的余辉和人眼的"视觉暂留"特性，只要控制好各位显示器的显示时间和间隔，就可以造成"多位同时亮"的假象，进而达到同时显示的效果。LED 各位显示器的显示时间和间隔（扫描间隔）应根据实际情况而定。

LED 从导通到发光有一定的延时，如果导通时间太短，则发光太弱，人眼无法看清；如果导通时间太长，则要受限于临界闪烁频率，而且导通时间越长，占用单片机运行时间越多。

另外，显示位数增多，也将占用单片机大量时间，因此动态显示的实质是以牺牲单片机时间来换取 I/O 接口的减少。

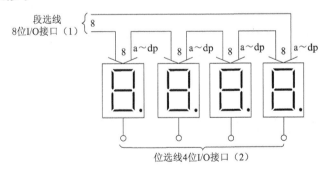

图6-10　4位8段LED动态显示电路

6.2.4　4 位数码管动态显示举例

例 6-3：数码管动态扫描从左到右显示 1234。

分析：89C52 单片机通过晶体管驱动共阳极 4 位数码管，其动态显示接口电路如图 6-11 所示。

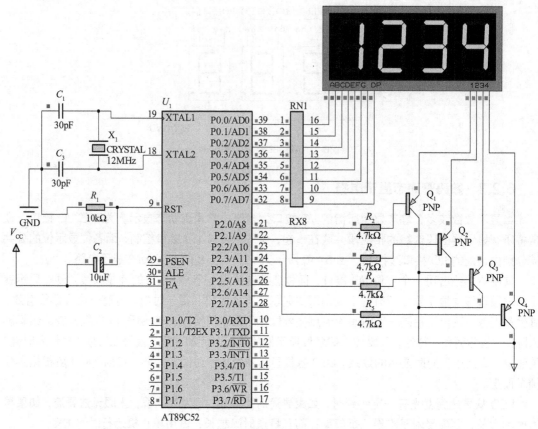

图6-11　数码管动态显示接口电路

实现程序如下：

```c
#include<reg52.h>
#define uint unsigned int
#define uchar unsigned char
uchar code smgduan[]={0xc0,0xf9,0xa4,0xb0,0x99,0x92,0x82,0xf8,0x80,0x90};
void delay(uint t)                        //延时函数
{
    uint i,j;
    for(i=0;i<t;i++)
        for(j=0;j<120;j++);
}

void main()
{
    while(1)
    {
        uint i;
        for(i=1;i<5;i++)
        {
            switch(i)                     //位选
            {
                case 1:P2=0XFE;break;     //点亮第1位
                case 2:P2=0XFD;break;     //点亮第2位
```

```
              case 3:P2=0XFB;break;              //点亮第 3 位
              case 4:P2=0XF7;break;              //点亮第 4 位
          }
          P0=smgduan[i];                        //相应位送入段码
          delay(5);
          P2=0XFF;                              //熄灭
      }
   }
}
```

例 6-4：4 位 LED 数码管显示 0123、1234、2345……CDEF、DEF0、EF01、F012，如此循环。相应的动态显示接口电路与图 6-11 类似。

实现程序如下：

```
#include<reg52.h>
#define uint unsigned int
#define uchar unsigned char
char code smgduan[]={0xc0,0xf9,0xa4,0xb0,0x99,0x92,0x82,0xf8,0x80,0x90,0x88,
                     0x83,0xc6,0xa1,0x86,0x8e,0xc0,0xf9,0xa4};
void delay(uint t)
{
    uint i,j;
    for(i=0;i<t;i++)
    for(j=0;j<120;j++);
}

void main()
{
    while(1)
    {
        uint i,j,k;
        for(k=1;k<17;k++)
        {
            for(j=0;j<50;j++)                    //循环不超过 50 次
            {
                for(i=1;i<5;i++)
                {
                    P0=smgduan[k+i-2];
                    switch(i)
                    {
                        case 1:P2=0XFE;break;    //同例 6-3
                        case 2:P2=0XFD;break;
                        case 3:P2=0XFB;break;
                        case 4:P2=0XF7;break;
                    }
                delay(5);
                P2=0XFF;
                }
            }
        }
    }
}
```

6.3　点阵屏接口

点阵屏（Light Emitting Diode Panel）广泛应用于图文信息咨询、广告媒体信息发布等场合。它是由高亮度 LED 按照一定排列规则组成的点阵显示部件。在市场上应用较广的单色显示屏中，每一个 LED 均为基本像素，一般为红色，可以显示字符、汉字或简单的图形；多元色或彩色 LED 显示屏可以由两个或 3 个不同颜色的 LED 组成一个像素点。彩色 LED 显示屏由红色、绿色和蓝色 LED 组成，其不但可以显示字符、汉字和图形，还可以显示动态的视频图像。

图文 LED 显示屏通过控制不同区域 LED 的显示时间和亮度，即可让 LED 显示屏显示特定的图形。动态图像 LED 显示屏可以采用 32 位单片机（Arm 系列），其显示基本控制原理与图文 LED 显示屏类似。本节以简单的汉字 LED 显示屏为讨论对象，介绍 LED 显示屏的电路结构、控制原理和程序设计过程。

6.3.1　LED 点阵模块

LED 点阵模块是点阵屏的基本组成单元，以 LED 为像素，用高亮度 LED 阵列进行组合后，经环氧树脂和塑料封装而成。一体化封装的 LED 点阵模块可以组合成大屏幕的 LED 显示屏。常见 LED 点阵模块有 5×7、5×8、8×8、16×16 等，根据像素颜色的数目可分为单色、双基色、三基色等。像素颜色不同，所显示的文字、图像等内容的颜色也不同。

图 6-12 所示为一种常用的 8×8 红色 LED 点阵模块结构，LED 连接在 8 条行列控制线的交汇处。显示控制时，如 DC1 ~ DC8（列线，DC1 为低位，DC8 为高位）按序号加上 01110111 电平。此时 DR1 为低电平，可以显示 1B 数据的 0x77，其为高电平时 LED 被点亮。通过 DR1 ~ DR8 的动态扫描控制，8×8 点阵模块可以依次显示 8B 的数据信息，而 8B 的数据，就是字符或图形的字库内容，可以通过字模软件获得。

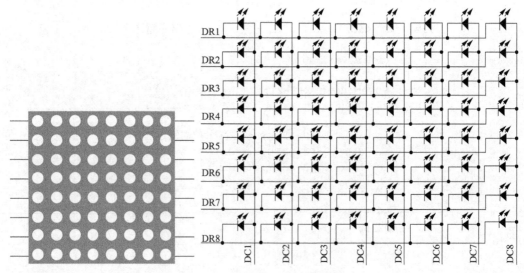

图6-12　8×8红色LED点阵模块结构

6.3.2　点阵屏动态显示原理

点阵式 LED 汉字屏（简称点阵屏）绝大多数采用动态扫描显示方式，这种显示方式巧妙地利用了人眼的视觉暂留特性。将连续的几帧图画高速地循环显示，只要帧速高于 24F/s，人眼看到的就是一个完整的、相对稳定的、连续的画面。非常典型的例子就是电影放映机。在电子领域中，因为这种动态扫描显示方式极大地减少了发光单元的信号线数量，因此在 LED 显示技术中被广泛使用。

点阵模块的显示采用动态扫描方式，其控制可以通过列驱动器（DC）和行驱动器（DR）控制实现，如图 6-13 所示。列控制器送出表示图形或文字信息的列数据信号，即字符库数据，同时行驱动器从上到下、逐次不断地对显示屏的各行进行选通。如果操作足够快，就可以显示各种图形或文字信息。

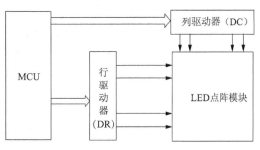

图6-13　点阵驱动原理

比如，在 8×8 点阵模块上显示一个字符"A"，我们先通过字模软件得到 A 的 8×8 显示点阵字符数据为 0x00、0x10、0x28、0x44、0x44、0x7C、0x44、0x44。显示控制时，先让列控制器输出 A 的第一个字模数据，即 DC=0x00，第一条行线为低电平（DR0=0），其他行线为高电平，即可以显示第 1 帧图像；当 DC 输出第二列数据 0x10 时，DR1=0，其他行线为高电平，此时显示第 2 帧图像。继续按同样的操作把 A 的其他数据依次显示，如果每帧图像显示得足够快，则 8×8 点阵模块上将呈现字符"A"。要想看到稳定的字符"A"，需要重复以上操作，重复次数应在每秒 24 次以上。

6.3.3　点阵屏显示接口电路

单片机通过 74LS245 驱动点阵屏。单片机与点阵屏的接口电路如图 6-14 所示，74LS245 是 8 通道同相三态双向总线收发器，可双向传输数据。

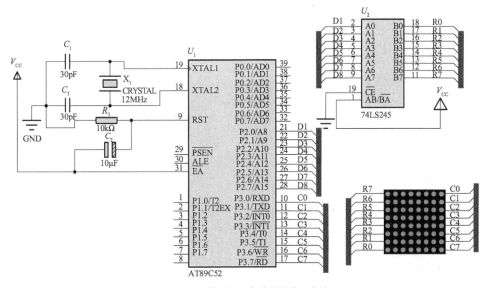

图6-14　单片机与点阵屏的接口电路

6.3.4 8×8 点阵屏显示应用举例

例 6-5：用 80C51 控制 8×8 点阵，使其先从上到下动态点亮 3 次，然后从下到上动态点亮 3 次，再从左到右点亮 3 次，最后从右到左点亮 3 次，如此动态循环。

分析：当对应的某一列置 1，某一行置 0，则相应的二极管就会点亮；因此要实现一根柱形点亮，对应的一列为一根竖柱，或者对应的一行为一根横柱。

实现柱的点亮的方法如下。

一根竖柱：对应的列置 1，而行则采用扫描的方法来实现。

一根横柱：对应的行置 0，而列则采用扫描的方法来实现。

实现程序如下：

```c
#include <reg52.h>
unsigned char code
taba[]={0xfe,0xfd,0xfb,0xf7,0xef,0xdf,0xbf,0x7f};
unsigned char code
tabb[]={0x01,0x02,0x04,0x08,0x10,0x20,0x40,0x80};
void delay1(void)
{
  unsigned char i,j,k;
  for(k=10;k>0;k--)
  for(i=20;i>0;i--)
  for(j=248;j>0;j--);
}
void main(void)
{
  unsigned char i,j;
  while(1)
  {
  for(j=0;j<3;j++)                          //从上向下
  {
    for(i=0;i<8;i++)
    {
      P3=taba[i];
      P2=0xff;                              //列置1，扫描行
      delay1();
    }
  }
  for(j=0;j<3;j++)                          //从下向上
  {
    for(i=0;i<8;i++)
    {
      P3=taba[7-i];
      P2=0xff;
      delay1();
```

```
    }
  }
  for(j=0;j<3;j++)                          //从左到右
  {
    for(i=0;i<8;i++)
    {
      P3=0x00;
      P2=tabb[7-i];                         //行清 0，列扫描
      delay1();
    }
  }
  for(j=0;j<3;j++)                          //从右到左
  {
    for(i=0;i<8;i++)
    {
      P3=0x00;
      P2=tabb[i];
      delay1();
    }
  }
  }
}
```

6.4 LCD1602 模块接口

　　液晶显示器（Liquid Crystal Displayer，LCD）以其微功耗、体积小、显示内容丰富、模块化、接口电路简单等诸多优点，在电器设备、仪器、图形显示器等单片机应用系统中得到越来越广泛的应用。LCD 分字符型和点阵型两种。字符型液晶模块是一种用 5×7 点阵图形来显示字符的 LCD，根据显示容量的不同可以分为 1 行 16 个字、2 行 16 个字、2 行 20 个字等。字符型 LCD 与单片机的接口技术和编程方法基本相同。下面从应用的角度入手，以 2 行 16 个字的 LCD1602 模块为例，介绍它与单片机的接口技术和编程方法。

6.4.1 LCD1602 模块的外观和引脚

　　LCD1602 模块采用 16 引脚接线，外观和引脚如图 6-15 所示。其引脚说明如表 6-3 所示。

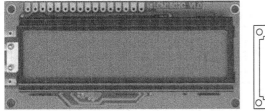
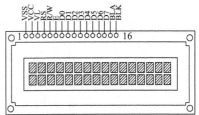

图6-15　LCD1602模块的外观和引脚

表 6-3　LCD1602 模块的引脚说明

编号	符号	引脚说明	编号	符号	引脚说明
1	VSS	接地	9	D2	Data I/O
2	VCC	+5V	10	D3	Data I/O
3	VL	对比度调整。通常接地，此时对比度最高	11	D4	Data I/O
4	RS	1 为数据寄存器，0 为命令寄存器	12	D5	Data I/O
5	$\overline{R}$/W	1 为读，0 为写	13	D6	Data I/O
6	E	使能端。高电平跳变到低电平时，模块执行命令	14	D7	Data I/O
7	D0	Data I/O	15	BLA	背光源正极
8	D1	Data I/O	16	BLK	背光源负极

6.4.2　LCD1602 模块的组成

LCD1602 模块由控制器 HD44780、驱动器 HD44100 和液晶显示屏组成，如图 6-16 所示。

HD44780 是控制器，它本身可以驱动 16×1 字符或 8×2 字符，但对于 16×2 字符的显示则要增加 HD44100 驱动器。

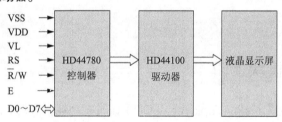

图6-16　LCD1602模块的组成

HD44780 由 3 部分构成。

● CGROM：字符发生器，存储不同的点阵字符图形集，如表 6-4 所示，每个字符都有固定的代码。

● CGRAM：自定义字符发生器，可定义 8 个字符图形。

● DDRAM：显示缓冲区。

表 6-4　LCD1602 的 CGROM 字符图形集

低 4 位	高 4 位															
	0000	0001	0010	0011	0100	0101	0110	0111	1000	1001	1010	1011	1100	1101	1110	1111
xxxx0000	CGRAM (1)			0	@	P	`	p				―	タ	ミ	α	p
xxxx0001	(2)		!	1	A	Q	a	q			。	ア	チ	ム	ä	q
xxxx0010	(3)		"	2	B	R	b	r			「	イ	ツ	メ	β	θ
xxxx0011	(4)		#	3	C	S	c	s			」	ウ	テ	モ	ε	∞

续表

低 4 位	高 4 位															
	0000	0001	0010	0011	0100	0101	0110	0111	1000	1001	1010	1011	1100	1101	1110	1111
xxxx0100	(5)		\$	4	D	T	d	t			、	エ	ト	ヤ	μ	Ω
xxxx0101	(6)		%	5	E	U	e	u			・	オ	ナ	ユ	°	Ü
xxxx0110	(7)		&	6	F	V	f	v			ヲ	カ	ニ	ヨ	ρ	Σ
xxxx0111	(8)		'	7	G	W	g	w			ア	キ	ヌ	ラ	g	π
xxxx1000	(1)		(	8	H	X	h	x			ィ	ク	ネ	リ	♪	
xxxx1001	(2)		)	9	I	Y	i	y			ゥ	ケ	ノ	ル	⌐|	Ч
xxxx1010	(3)		*	:	J	Z	j	z			エ	コ	ハ	レ	j	千
xxxx1011	(4)		+	;	K	[	k	{			オ	サ	ヒ	ロ	×	万
xxxx1100	(5)		,	<	L	¥	l	|			ャ	シ	フ	ワ	¢	円
xxxx1101	(6)		－	=	M	]	m	}			ュ	ス	ヘ	ン		÷
xxxx1110	(7)		.	>	N	^	n	→			ョ	セ	ホ	゛		ñ
xxxx1111	(8)		∕	?	O	_	o	←			ッ	ソ	マ	▪	ö	█

CGRAM 可由用户自己定义 8 个 5×7 字符。地址的高 4 位为 0000 时对应的 CGRAM 空间为 (0000X000B ~ 0000X111B)。每个字符由 8 字节编码组成，且每个字节编码仅用了低 5 位（ 0 ~ 4 位 ）。要显示的点用 1 表示，不显示的点用 0 表示。最后一个字节编码要留给光标，因此其通常是 00000000B。

程序初始化时要先将各字节编码写入 CGRAM，然后就可以同 CGROM 一样使用这些自定义字符了。图 6-17 所示为自定义字符 " ± " 的构造示例。

DDRAM 有 80 个单元，但第一行仅用 00H ~ 0FH 单元，第二行仅用 40H ~ 4FH 单元。DDRAM 地址与显示位置的关系如图 6-18 所示。DDRAM 地址存放的是要显示字符的编码，控制器以该编码为索引，到 CGROM 或 CGRAM 中取点阵字符送入液晶显示屏显示。

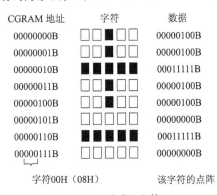

图6-17　自定义字符

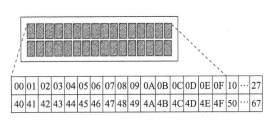

图6-18　DDRAM地址与显示位置的关系

往 DDRAM 里的 00H 地址处发送一个数据，譬如 0x31(数字 1 的代码)，其并不能显示 1。这是初学者很容易出错的地方，原因就是如果你想在 DDRAM 的 00H 地址处显示数据，则必须将 00H 加上 80H，即 0x80+0x00，若要在 DDRAM 的 01H 处显示数据，则必须将 01H 加上 80H，即 0x80+0x01。同理，第二行的首地址为 0x80+0x40。

6.4.3 LCD1602 模块的指令

液晶模块内部控制器的操作受控制指令指挥，各指令利用 1B 的十六进制代码表示，共有 11 个控制指令。在单片机向 LCD1602 写入指令期间，要求 RS=0，R/W=0，然后在 E 的上升沿的作用下把数据写入 LCD1602。LCD1602 的控制指令如表 6-5 所示。

表 6-5 LCD1602 的控制指令

序号	指令	RS	R/W	D7	D6	D5	D4	D3	D2	D1	D0
1	清屏	0	0	0	0	0	0	0	0	0	1
2	光标归位	0	0	0	0	0	0	0	0	1	*
3	输入模式设置	0	0	0	0	0	0	0	1	I/D	S
4	显示与不显示设置	0	0	0	0	0	0	1	D	C	B
5	光标或屏幕内容移位选择	0	0	0	0	0	1	S/C	R/L	*	*
6	功能设置	0	0	0	0	1	DL	N	F	*	*
7	CGRAM 地址设置	0	0	0	1	CGRAM 地址					
8	DDRAM 地址设置	0	0	1	DDRAM 地址（7 位）						
9	读忙标志和地址计数器设置	0	1	BF	计数器地址						
10	写 DDRAM 或 CGROM	1	0	要写的数据							
11	读 DDRAM 或 CGROM	1	1	读取的数据							

指令 1 功能：

（1）清除 LCD，将 DDRAM 的内容全部填入"空白"的 ASCII 20H 中；

（2）光标归位，即将光标撤回到 LCD 的左上方；

（3）将地址计数器（Address Counter，AC）的值设为 0。

因此，清屏指令写作 0x01。

指令 2 功能：光标归位，回到屏幕的左上角。

指令 3 功能：模式设置指令，设定每次写入 1 位数据后光标的移位方向，并且设定每次写入的字符是否移动。

（1）I/D：0 表示写入新数据后光标左移，1 表示写入新数据后光标右移。

（2）S：0 表示写入新数据后显示屏不移动，1 表示写入新数据后显示屏整体右移 1 个字符。

如指令 0x06 设置为写入新数据后光标右移，显示屏不移动。

指令 4 功能：控制显示器开/关、光标显示/关闭以及光标是否闪烁。

（1）D：0 表示显示器关，1 表示显示器开。

（2）C：0 表示关闭光标，1 表示显示光标。

（3）B：0 表示光标闪烁，1 表示光标不闪烁。

如指令 0x0C 设置为显示器开，关闭光标，光标不闪烁。指令 0x0F 为光标显示并闪烁。

指令 5 功能：光标或屏幕内容移位选择。S/C 与 R/L 的设定情况如表 6-6 所示。

表 6-6　S/C 与 R/L 的设定情况

S/C	R/L	设定情况
0	0	光标左移 1 格，且 AC 值减 1
0	1	光标右移 1 格，且 AC 值加 1
1	0	显示器上的字符全部左移 1 格，但光标不动
1	1	显示器上的字符全部右移 1 格，但光标不动

指令 6 功能：设定数据总线的位数、显示的行数及字型。

（1）DL：0 表示数据总线为 4 位，1 表示数据总线为 8 位。

（2）N：0 表示显示 1 行，1 表示显示 2 行。

（3）F：0 表示 5×7 点阵/每字符，1 表示 5×10 点阵/每字符。

如指令 0x38 设置 LCD1602 为 16×2 个字符，5×7 点阵，8 位数据接口。

指令 7 功能：CGRAM 地址设置，地址范围为 00H～3FH，共 64 个单元，对应 8 个自定义字符。

指令 8 功能：DDRAM 地址设置，地址范围为 00H～7FH。

注 意

　这里所显示的数据对应的 DDRAM 地址应该是 0x80+Address，这也是写地址指令的时候要加上 0x80 的原因。

指令 9 功能：读忙标志和地址计数器设置。

单片机读取忙信号 BF 的内容，BF=1 表示 LCD 忙，暂时无法接收单片机送来的数据或指令；当 BF=0 时，LCD 可以接收单片机送来的数据或指令，同时单片机读取地址计数器的内容。

LCD1602 模块是一个慢显示器，在执行每条指令之前需要检测忙信号，即读状态，D7 为低电平时，表示可以继续操作，否则需要等待。

指令 10 功能：写 DDRAM 或 CGROM。要配合地址设置指令。

（1）将字符码写入 DDRAM，以使 LCD 显示出对应的字符。

（2）将用户自己设计的图形存入 CGRAM。

指令 11 功能：读 DDRAM 或 CGROM。要配合地址设置指令。

6.4.4　LCD1602 基本操作与时序

LCD1602 作为单片机外部器件，其基本操作以单片机为主器件进行。基本操作包括读状态、写指令、读数据、写数据、初始化和清屏。数据通过 LCD1602 的并行数据端口 D0～D7 传输，操作类型由 3 个控制端组合控制，如表 6-7 所示。

表 6-7　LCD1602 基本操作控制

基本操作	输入	输出
读状态	RS=L、R/W=H、E=H	D0～D7=状态字
写指令	RS=L、R/W=L、E=下降沿脉冲	无
读数据	RS=H、R/W=H、E=H	D0～D7=数据
写数据	RS=H、R/W=L、E=下降沿脉冲	无

在数据或指令的读/写过程中，控制端所加电平有一定的时序要求。图 6-19、图 6-20 分别为该器件的读、写操作时序图。时序图说明了 3 个控制端口与数据之间的时间对应关系，这是基本操作程序设计的基础。

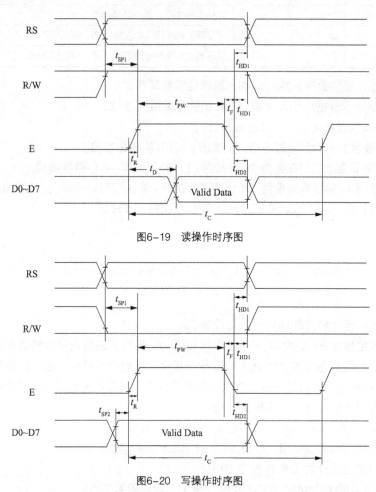

图6-19　读操作时序图

图6-20　写操作时序图

6.4.5　LCD1602 的软件设计

LCD1602 的软件设计主要包括初始化程序编写、读/写（命令/数据）程序编写等。

1. 初始化程序

LCD1602 提供了 11 条控制指令，通过这些指令可以实现基本控制显示功能。每次读/写 LCD 寄存器后要延迟一定的时间，之后 CPU 才可以发送下一条指令。

初始化程序如下：

```
void LcdInit()                     //初始化程序
{
    LCDWriteCom(0x38);             //设置为 8 位数据传送，2 行显示点阵字符
      delay(20);                   //延时
    LCDWriteCom(0x0c);             //开显示器，关闭光标，光标不闪烁
```

```
        delay(20);
    LCDWriteCom(0x06);              //设置为地址指针加 1, 且光标加 1
        delay(20);
    LCDWriteCom(0x01);              //清屏
        delay(20);
}
```

2. 写命令程序

根据写操作时序图和读/写操作控制，编写的写命令程序如下：

```
LCD1602_E = 0;                 //E 使能清 0
LCD1602_RS = 0;                //选择发送命令
LCD1602_RW = 0;                //选择写入

LCD1602_DATAPINS = com;        //写入命令
Lcd1602_Delay1ms(1);           //等待数据稳定

LCD1602_E = 1;                 //写入时序
Lcd1602_Delay1ms(5);           //保持时间
LCD1602_E = 0;
```

3. 写数据程序

根据写操作时序图和读/写操作控制，编写的写数据程序如下：

```
LCD1602_E = 0;                 //E 使能清 0
LCD1602_RS = 1;                //选择输入数据
LCD1602_RW = 0;                //选择写入

LCD1602_DATAPINS = dat;        //写入数据
Lcd1602_Delay1ms(1);

LCD1602_E = 1;                 //写入时序
Lcd1602_Delay1ms(5);           //保持时间
LCD1602_E = 0;
```

显示固定内容编写程序时，有两点需要注意：

（1）根据显示内容的长短，恰当地设置显示的初始位置；

（2）控制延时时间。

6.4.6　LCD1602 模块的接口电路

单片机与 LCD1602 模块的接口电路如图 6-21 所示。

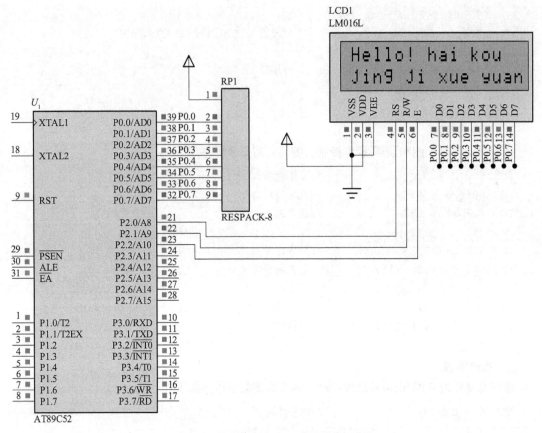

图6-21　单片机与LCD1602模块的接口电路

6.4.7　LCD1602 模块显示字符串举例

例 6-6：单片机与 LCD1602 模块的接口电路如图 6-21，编写程序以显示字符串"Hello! hai kou jing ji xue yuan"。

分析：80C51 的 P2.0～P2.2 分别连接 LCD1602 的 RS、R/W、E 端，通过使 RS=0 或 1 选择命令寄存器或数据寄存器；通过使 R/W=1 或 0 选择读操作或写操作；使 E 由高电平跳变到低电平，LCD1602 执行命令；P0 口连接 LCD1602 的双向数据线，写入和读取数据。

实现程序如下：

```c
#include <reg52.h>

sbit RS=P2^0;        //寄存器选择位，将 RS 位定义为 P2.0 引脚
sbit RW=P2^1;        //读写选择位，将 R/W 位定义为 P2.1 引脚
sbit E=P2^2;         //使能位，将 E 定义为 P2.2 引脚

unsigned char code Disp1[]={"Hello! hai kou "};
unsigned char code Disp2[]={"jing ji xue yuan"};

void Lcd1602_Delay1ms(unsigned char c)        //延时 1ms，误差 0μs
```

```
{
    unsigned char a,b;
    for (; c>0; c--)
    {
        for (b=199;b>0;b--)
        {
            for(a=1;a>0;a--);
        }
    }

}


void LcdWriteCom(unsigned char com)        //写入命令
{
    E=0;                                   //使能
    RS=0;                                  //选择发送命令
    RW=0;                                  //选择写入
    P0=com;                                //放入命令
    Lcd1602_Delay1ms(1);                   //等待数据稳定
    E=1;                                   //写入时序
    Lcd1602_Delay1ms(5);                   //保持时间
    E=0;
}


void LcdWriteData(unsigned char dat)       //写入数据
{
    E=0;                                   //使能清 0
    RS=1;                                  //选择输入数据
    RW=0;                                  //选择写入数据
    P0= dat;                               //写入数据
    Lcd1602_Delay1ms(1);
    E=1;                                   //写入时序
    Lcd1602_Delay1ms(5);                   //保持时间
    E=0;
}
    void LcdInit()                         //LCD 初始化子程序
{
    LcdWriteCom(0x38);                     //开显示功能
    LcdWriteCom(0x0c);                     //开显示功能,不显示光标
    LcdWriteCom(0x06);                     //写 1 个指针加 1
    LcdWriteCom(0x01);                     //清屏
    LcdWriteCom(0x80);                     //设置数据指针起点
}


void main(void)
{
```

```
unsigned char i;
LcdInit();
for(i=0;i<16;i++)                          //第1行
{
    LcdWriteData(Disp1[i]);
}
LcdWriteCom(0x80+0x40);                     //第2行
for(i=0;i<16;i++)
{
    LcdWriteData(Disp2[i]);
}
while(1);
}
```

6.5 蜂鸣器接口

蜂鸣器按结构主要分为电磁式蜂鸣器和压电式蜂鸣器两种类型。电磁式蜂鸣器由振荡器、电磁线圈、磁铁、振动膜片及外壳等组成。接通电源后，振荡器产生的音频信号电流在电磁的相互作用下，周期性地振动发声。压电式蜂鸣器主要由多谐振荡器、压电蜂鸣片、阻抗匹配器、共鸣箱及外壳等组成，其中多谐振荡器由晶体管或集成电路组成。当接通电源后（1.5～15V 直流工作电压），多谐振荡器起振，输出 1.5kHz～2.5kHz 的音频信号，阻抗匹配器推动压电蜂鸣片发声。

蜂鸣器按是否带有信号源又分为有源蜂鸣器和无源蜂鸣器两种类型。有源蜂鸣器只需要在其供电端加上额定直流电压，其内部的振荡器就可以产生固定频率的信号，驱动蜂鸣器发出声音。无源蜂鸣器可以理解成与喇叭一样，需要在其供电端加上高低不断变化的电信号才可以驱动蜂鸣器发出声音。可以通过编写程序，控制连接端口不断地设置为高电平→低电平→高电平……这样蜂鸣器就可以不断地通电、断电，从而发出声音。而通电、断电的时间不同，相当于振荡周期不同，因此又可以得到不同频率的声音。蜂鸣器外观如图 6-22 所示。

图6-22 蜂鸣器外观

6.5.1 蜂鸣器驱动电路

有源蜂鸣器和无源蜂鸣器的驱动电路相同，只是驱动程序不同。晶体管驱动电路和达林顿阵列驱动电路如图 6-23 所示。

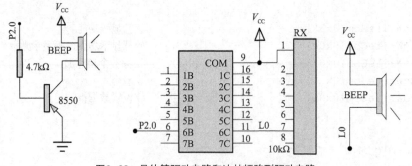

图6-23 晶体管驱动电路和达林顿阵列驱动电路

6.5.2　蜂鸣器发声举例

例 6-7：蜂鸣器声光报警，接口电路如图 6-24 所示。蜂鸣器响 500ms，P2.0 发光二极管点亮；蜂鸣器停 500ms，P2.0 发光二极管熄灭；蜂鸣器不停地一响一停，发光二极管也不停地一亮一灭，间隔为 500ms，进而形成报警效果。

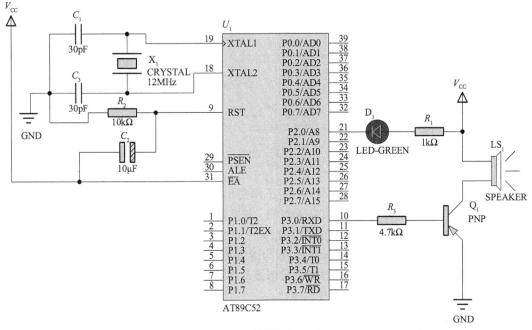

图6-24　蜂鸣器接口电路

分析：P3.0 口接蜂鸣器，送入方波使其发声，方波频率不同，声响也不同，我们可以尝试改变频率。

实现程序如下：

```
#include<reg52.h>
#define uint unsigned int
    sbit BEEP=P3^0;
    sbit led=P2^0;
void d622us(void)
    {
        uint i=62;
        while(i--);
    }
void main(void)
{
    uint j;
    while(1)
    {
        for(j=800;j>0;j--)              //0.625*800=500ms
```

```
        {
            BEEP=~BEEP;                    //取反，形成方波
            led=0;                         //点亮
            d622us();                      //延时 625μs
        }
        for(j=800;j>0;j--)                 //静音 500ms
        {
            BEEP=1;                        //关闭蜂鸣器
            led=1;                         //熄灭
            d622us();
        }
    }
}
```

6.6 继电器接口

单片机是一个弱电器件，一般情况下它们工作在 5V 甚至更低电压下，驱动电流在 mA 级以下。要把它用于一些大功率场合，比如控制电机，显然是不行的。因此要有一个环节来衔接，这个环节就是所谓的"功率驱动"。继电器驱动就是一个典型的、简单的功率驱动。在这里，继电器驱动有两个意思：一是对继电器进行驱动，因为继电器本身对于单片机来说就是一个功率器件；二是用继电器去驱动其他负载，比如继电器可以驱动中间继电器，可以直接驱动接触器。因此继电器驱动就是单片机与其他大功率负载的接口。

6.6.1 继电器工作原理

电磁式继电器一般由铁芯、线圈、衔铁、触点簧片等组成。只要在线圈两端加上一定的电压，线圈中就会流过一定的电流，从而产生电磁效应，衔铁就会在电磁力的吸引下克服返回弹簧的拉力吸向铁芯，从而带动衔铁的动触点与静触点（常开触点）吸合。当线圈断电后，电磁的吸力也随之消失，衔铁就会在弹簧的反作用力下返回原来的位置，使动触点与原来的静触点（常闭触点）吸合。这样吸合、释放，从而达到了在电路中导通、切断的目的。图 6-25 所示为继电器的外观与引脚。

图6-25 继电器的外观与引脚

对于继电器的常开触点、常闭触点，可以这样来区分：继电器线圈未通电时处于断开状态的静触点称为常开触点，而处于接通状态的静触点称为常闭触点。1、2 脚是继电器的电源部分，3

脚是控制端，4 脚是常开端，5 脚是常闭端。

6.6.2　继电器接口电路

因为继电器稳定吸合时，线圈的工作电流已超出单片机 I/O 接口的驱动能力，所以可使用晶体管 Q_1 来驱动继电器，如图 6-26 所示。因为继电器线圈是电感性负载，所以在驱动电路中还要加相应的保护二极管。也可以用 ULN2003A 驱动继电器，如图 6-27 所示。

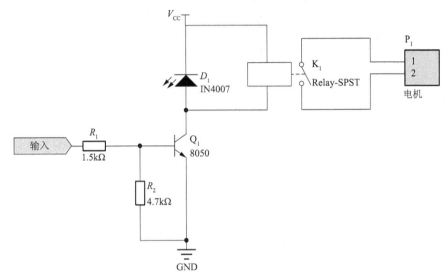

图6-26　晶体管驱动继电器接口电路

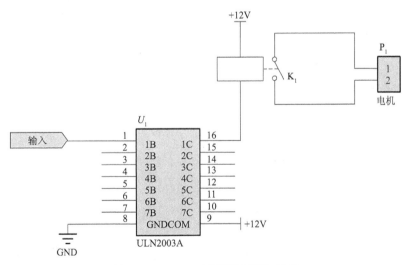

图6-27　ULN2003A驱动继电器接口电路

6.6.3　继电器举例

例 6-8：用单片机控制继电器实现电灯的开、关；按键按下时灯被点亮，再按下时灯熄灭。单片机与继电器接口电路如图 6-28 所示。

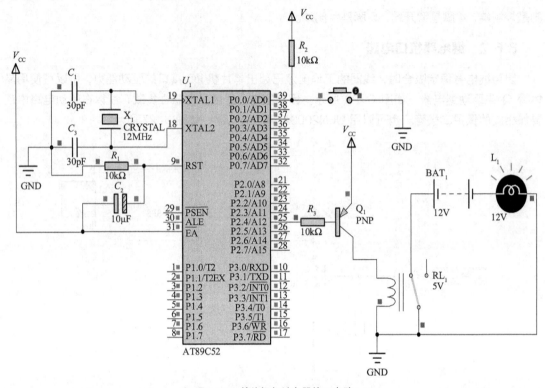

图6-28 单片机与继电器接口电路

实现程序如下：

```
#include<reg52.h>
#define uchar unsigned char
#define uint unsigned int
sbit K1=P0^0;
sbit RELAY=P2^4;                    //位定义
void DelayMS(uint ms)
{
uchar t;
while(ms--)for(t=0;t<120;t++);
}
//主程序
void main()
{
P1=0xff;
RELAY=1;
while(1)
  {
    if(K1==0)
   {
    while(K1==0);
    RELAY=~RELAY;              //取反控制开和关
```

```
        DelayMS(20);
    }
  }
}
```

6.7 独立按键接口

在单片机应用系统中，通常用按键开关和拨动开关作为简单的输入设备。按键开关主要用于进行某项工作的开始和结束，而拨动开关则主要用于工作状态的预置和设定。它们的外观及符号如图 6-29 所示。

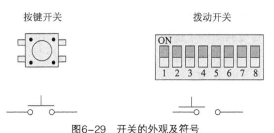

图6-29 开关的外观及符号

6.7.1 独立按键工作原理

机械式按键按下或释放时，由于机械弹性作用的影响，通常伴随一定时间的触点机械抖动，然后其触点才会稳定下来。键操作和键抖动如图 6-30 所示，抖动时间的长短与开关的机械特性有关，一般为 5ms ~ 10ms。

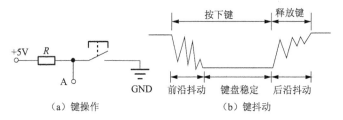

图6-30 键操作和键抖动

在触点抖动期间检测按键的通与断状态，可能导致判断出错，即按键一次按下或释放被错误地认为是多次操作，这种情况是不允许出现的。为了避免按键的触点机械抖动导致的检测误判，必须采取消抖措施。这可从硬件、软件两方面予以考虑。当按键数目较少时，可采用硬件消抖，而当按键数目较多时，可采用软件消抖。在硬件上可通过在按键输出端加 R-S 触发器(双稳态触发器)、单稳态触发器或滤波器来构成消抖电路，如图 6-31 所示。图 6-31（a）所示为一种由 R-S 触发器构成的消抖电路，触发器一旦翻转，触点抖动即不会对其产生任何影响。

软件上采取的措施是：在检测到有按键按下时，执行一个 10ms 左右（具体时间应根据所使用的按键进行调整）的延时程序，再确认该键的电平是否仍保持闭合状态。若仍保持闭合状态，则确认该键处于闭合状态。同理，在检测到该键被释放后，也应采用相同的方法进行确认，从而可消除抖动的影响。

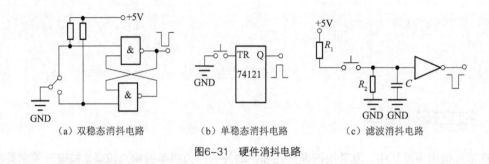

（a）双稳态消抖电路　　　　（b）单稳态消抖电路　　　　（c）滤波消抖电路

图6-31　硬件消抖电路

6.7.2　独立按键接口电路

独立按键的特点：一键一线，相互独立，每个按键各接一条 I/O 接口线，通过检测 I/O 输入线的电平状态，可以很容易地判断哪个按键被按下。如图 6-32 所示，上拉电阻保证按键被释放时输入线上有稳定的高电平。当某一按键按下时，对应的输入线就变成了低电平，与其他按键相连的输入线仍为高电平，只须读入 I/O 输入线的状态，判别哪一条 I/O 输入线为低电平，就很容易识别出哪个按键被按下。

独立按键的优点：电路简单，各条输入线独立，识别按键号的软件编写简单。独立键盘适用于按键数目较少的场合。独立按键的缺点：在按键数目较多的场合，要占用较多的 I/O 接口线。其接口电路如图 6-32 所示。

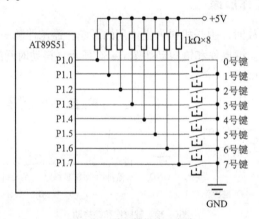

图6-32　独立按键接口电路

6.7.3　独立按键控制 LED 举例

例 6-9：$K_1 \sim K_4$ 分组控制 LED。每次按下 K_1 时递增点亮一个 LED，全亮时再次按下则再次循环开始，按下 K_2 后点亮上面 4 个 LED，按下 K_3 后点亮下面 4 个 LED，按下 K_4 后关闭所有 LED。独立按键控制 LED 接口电路如图 6-33 所示。

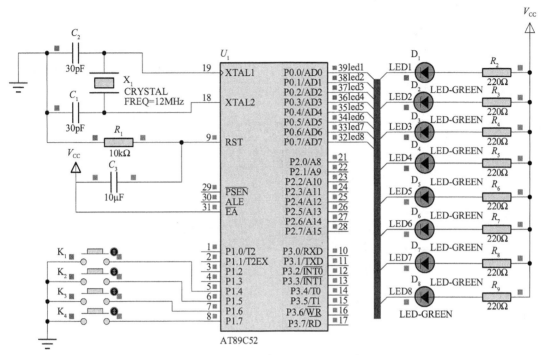

图6-33 独立按键控制LED接口电路

实现程序如下:

```c
#include<reg52.h>
#define uchar unsigned char
#define uint unsigned int
void delayms(uint x)                    //延时
{
    uchar i;
    while(x--)
    for(i=0;i<120;i++);
}
void main()
{
    uchar k,t,key_state;
    P0=0xff;                            //I/O 接口读入信号时先写 1
    P1=0xff;
    while(1)
    {
        t=P1;
        if(t!=0xff)                     //消抖
        {
            delayms(10);
            if(t!=P1)continue;
            key_state=~t>>4;            //取得 4 位键值
```

```
            k=0;
            while(key_state!=0)
            {
                k++;                            //检查 1 所在的位置，累加获取按键号 k
                key_state>>=1;
            }
            switch(k)
            {
            case 1:if(P0==0x00)P0=0xff;   //递增点亮 LED
                P0<<=1;
                delayms(200);
                break;
            case 2:P0=0xf0;break;         //点亮上面 4 个 LED
            case 3:P0=0x0f;break;         //点亮下面 4 个 LED
            case 4:P0=0xff;               //关闭所有 LED
            }
        }
    }
}
```

6.8 矩阵键盘接口

矩阵键盘适用于按键较多的场合。矩阵键盘采用行列式结构，按键设置在行列的交叉点上。其特点是：①占用 I/O 接口线较少；②软件结构较复杂。

6.8.1 矩阵键盘接口电路

由于按键跨接在行线和列线上，如图 6-34 所示，按键按下时，行线与列线发生短路，所在行线与列线接通。

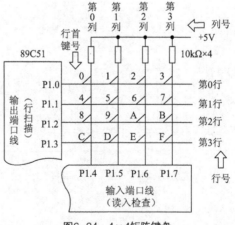

图6-34 4×4矩阵键盘

6.8.2　逐行扫描法读取矩阵键盘键值

为了编程的需要，行线与列线更准确的名称是扫描线和回读线。为了读取确定的值，回读线被定义在有上拉电阻的线上。

1. 判断键盘中有无按键按下

由单片机 I/O 接口向键盘送入（输出）全扫描字，然后读取（输入）列线状态来实现判断。方法：向扫描线（图 6-34 中的水平线）输出全扫描字 00H，把全部行线置为低电平，然后将回读线的电平状态读入累加器 A 中。如果有按键按下，则总会有一根列线电平被拉至低电平，从而使列输入不全为 1。

2. 判断键盘中哪一个按键被按下

通过将扫描线逐行置低电平后，检查回读线的输入状态。方法：依次给扫描线送入低电平，然后检查所有回读线的输入状态，称为行扫描。如果全为 1，则所按下的按键不在此行；如果不全为 1，则所按下的按键必在此行，而且是在与低电平列线的交点上。

3. 行扫描法识别按键位置的原理

将第 0 行变为低电平，其余行为高电平时，输出编码为 1110。然后读取列的电平，判断第 0 行是否有按键按下。在第 0 行上若有某按键按下，则相应的列被拉到低电平，表示第 0 行和此列相交的位置上有按键按下。若没有任何一条列线为低电平，则说明第 0 行上无按键按下。

将第 1 行变为低电平，其余行为高电平时，输出编码为 1101。然后通过输入口读取各列的电平，检测其中是否有变为低电平的列线。若有按键按下，则判断哪一列有按键按下，并确定按键位置。

将第 2 行变为低电平，其余行为高电平时，输出编码为 1011。判断是否有哪一列的按键按下的方法同上。

将第 3 行变为低电平，其余行为高电平时，输出编码为 0111。判断是否有哪一列的按键按下的方法同上。

4. 按键的位置码及键值的译码过程

按键扫描的工作过程如下：

（1）判断键盘中是否有按键按下；

（2）进行行扫描，判断是否有按键按下，若有按键按下，则调用延时子程序进行消抖；

（3）读取按键的位置码；

（4）将按键的位置码转换为键值（键的顺序号）0，1，2，…，F。

6.8.3　线反转法读取矩阵键盘键值

线反转法按键识别的依据是键号与键值的关系。对于某一个按下的按键，如 2 号键，先使列线输出全为 "0"，读行线，结果为 E0H；再使行线输出全为 "0"，读列线，结果为 0BH。将 2 次读到的结果拼成一个字节，即 EBH，该值称为键值。键号与键值的对应关系如图 6-35 所示。

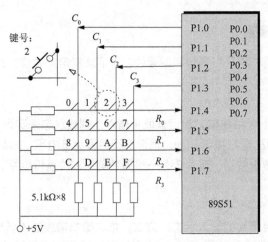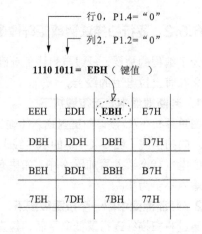

图6-35　键号与键值的对应关系

6.8.4　矩阵键盘控制数码管举例

例 6-10：用一个数码管显示矩阵键盘的键值，程序开始运行时显示"－"，实现按下 K_0～K_{15} 键，在数码管上对应显示 0～F。键盘接口电路如图 6-36 所示。

分析：数码管显示由 P0 口控制，当按下 4×4 矩阵键盘中的某一按键时，数码管上显示对应键号。例如，1 号键按下时，数码管显示"1"；14 号键按下时，数码管显示"E"等。

实现程序如下：

```
#include<reg52.h>
#define uchar unsigned char
#define uint unsigned int
unsigned char table[]={0xC0,0xF9,0xA4,0xB0,0x99,0x92,0x82,0xF8,0x80,0x90,0x88,
0x83,0xC6,0xA1,0x86,0x8E,0xBF};                  //共阳极数码管字型码

void delay(void)                                 //延时
{
    unsigned char i,j;
    for(i=0;i<20;i++)
    for(j=0;j<250;j++);
}

void display(unsigned char i)                    //显示函数
{
    P2=0x7f;
    P0=table[i];                                 //显示 i 参数传来的字型码
}

void keyscan(void)                               //按键扫描函数
{
    unsigned char temp;
    //扫描第 1 行
```

```
P2=0xfe;
temp=P2;
temp&=0xf0;
if(temp!=0xf0)                              //消抖
{
    delay();
    P2=0xfe;
    temp=P2;
    temp&=0xf0;
    if(temp!=0xf0)
    {
        switch(temp)                        //判断第 1 行键值并显示
        {
            case(0xe0):display(0);break;
            case(0xd0):display(1);break;
            case(0xb0):display(2);break;
            case(0x70):display(3);break;
        }
    }
}
//扫描第 2 行
P2=0xfd;
temp=P2;
temp&=0xf0;
if(temp!=0xf0)
{
    delay();
    P2=0xfd;
    temp=P2;
    temp&=0xf0;
    if(temp!=0xf0)
    {
        switch(temp)                        //判断第 2 行键值并显示
        {
            case(0xe0):display(4);break;
            case(0xd0):display(5);break;
            case(0xb0):display(6);break;
            case(0x70):display(7);break;
        }
    }
}
//扫描第三行
P2=0xfb;
temp=P2;
temp&=0xf0;
if(temp!=0xf0)
```

```
{
    delay();
    P2=0xfb;
    temp=P2;
    temp&=0xf0;
    if(temp!=0xf0)
    {
        switch(temp)                         //判断第 3 行键值并显示
        {
            case(0xe0):display(8);break;
            case(0xd0):display(9);break;
            case(0xb0):display(10);break;
            case(0x70):display(11);break;
        }
    }
}
//扫描第 4 行
P2=0xf7;
temp=P2;
temp&=0xf0;
if(temp!=0xf0)
{
    delay();
    P2=0xf7;
    temp=P2;
    temp&=0xf0;
    if(temp!=0xf0)
    {
        switch(temp)                         //判断第 4 行键值并显示
        {
            case(0xe0):display(12);break;
            case(0xd0):display(13);break;
            case(0xb0):display(14);break;
            case(0x70):display(15);break;
        }
    }
}
}
void main(void)                              //主函数
{
    display(16);
    while(1)
    {
        keyscan();                           //按键扫描函数
    }
}
```

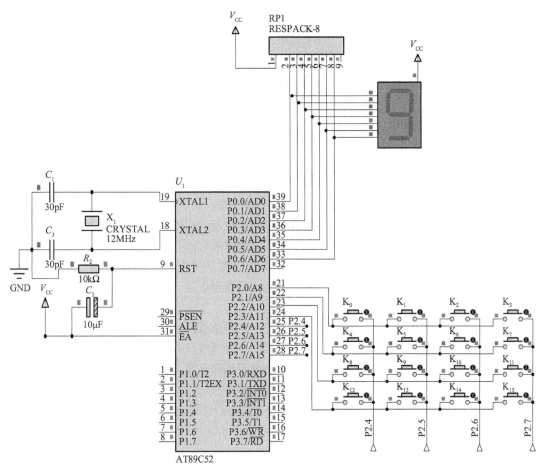

图6-36　键盘接口电路

本章小结

简单的输出设备有 LED、LED 数码管及蜂鸣器等。当使用单片机进行驱动时，一方面要考虑 I/O 接口线的负载能力，另一方面还要注意 P0 口上拉电阻的配置。

键盘中的按键在按下或释放时会产生"抖动"，"抖动"会造成对单片机的干扰。消除抖动可采用硬件的方法，也可采用软件的方法，其中软件消抖的方法是使用延时并多次进行检测。

独立按键具有电路简单、程序实现容易的优点，但要占用较多的 I/O 接口；矩阵键盘的电路和程序稍复杂，但可以使用较少的 I/O 接口控制较多的按键。

LED 数码管在静态显示不更新时不占用 CPU，但实现多位显示的电路较复杂；动态显示虽在显示时要占用 CPU，但电路简单，容易实现，一般是通过扫描的方式来实现的。

LCD 是单片机应用系统的一种常用人机接口形式，其优点是体积小、重量轻、功耗低。LCD 主要用于显示数字、字母、简单图形符号及少量自定义符号。

练习与思考题 6

1. 8 段共阳极 LED 显示字符 "C"，段码应为（　　　）。
   A. 39H　　　　　　B. 93H　　　　　　C. 6CH　　　　　　D. C6H

2. 51 单片机应用系统在需要扩展外部存储器或其他接口芯片时，（　　）可作为低 8 位地址总线使用。
   A. P0 口　　　　　B. P1 口　　　　　C. P2 口　　　　　D. P0 口和 P2 口

3. 在 AT89C51 单片机的 4 个并行口中，需要外接上拉电阻的是（　　　）。
   A. P1 口　　　　　B. P0 口　　　　　C. P3 口　　　　　D. P2 口

4. 在单片机应用系统中，LED 数码管显示电路的显示方式通常有（　　）显示。
   A. 静态　　　　　B. 动态　　　　　C. 静态和动态　　　　　D. 查询

5. 某一单片机应用系统需要扩展 10 个功能键，通常采用（　　）方式更好。
   A. 独立键盘　　　B. 动态键盘　　　C. 矩阵键盘　　　　　D. 静态键盘

6. LED 数码管显示若采用动态显示形式，则须（　　　）。
   A. 将各位数码管的位选线并联　　　B. 将各位数码管的段选线并联
   C. 将位选线用一个 6 位输出口控制　　D. 将段选线用一个 6 位输出口控制

7. 何谓静态显示？何谓动态显示？LED 静态显示和动态显示各有什么优缺点？

8. 为什么要消除键盘的机械抖动？可采用哪些方法？

9. 独立按键和矩阵键盘各有什么优缺点？分别用在什么场合？

10. 说明识别矩阵键盘按键按下的原理。

11. 简述 LCD1602 模块的基本组成。

12. 编写一个循环显示灯的程序。有 8 个 LED，每次某个灯闪烁 10 次后，转到下一个灯闪烁 10 次，循环不止。

13. 设计一个 4 位数码管显示电路，使 "8" 从右到左显示一遍。

14. 某控制系统有 2 个开关（分别是 K_1 和 K_2），1 个数码管，当按下 K_1 时数码管数值加 1，当按下 K_2 时数码管数值减 1。试画出单片机与外围设备的连接图并编程实现该功能。

15. 编写一个智能闹钟的单片机应用程序，使其实现时间输入设置、时间日历显示以及液晶显示。

16. 在 8×8 点阵上滚动显示 "I ♥ U"。

17. 简述如何用 "列扫描法" 和 "线反转法" 设计一个 3×3 的键盘。

18. 简述如何设计一个计时器，以实现使用 LED 数码管显示时间，仅显示分、秒即可。

19. 简述如何设计一个键盘/LED 显示电路，实现由 LED 来显示通过键盘输入的数据，要求该电路具有清除功能。

20. 简述如何设计一个 LCD 显示电路，以使其可以通过程序来实现汉字显示功能。

模块 4

单片机外部扩展 I/O 接口

7 Chapter

第 7 章
80C51 单片机的中断系统及
定时器/计数器

中断系统在计算机系统中起着十分重要的作用，中断是 CPU 与 I/O 设备间数据交换的一种控制方式。80C51 单片机有 5 个中断源、2 个优先级，具备完善的中断系统。定时器/计数器是 80C51 单片机内部的功能部件，对单片机应用系统具有重要的使用价值，在工业检测与控制领域得到了广泛应用。

学习目标	（1）理解中断的基本概念； （2）理解 80C51 中断系统的结构和工作原理； （3）理解 80C51 定时器/计数器的结构和工作原理； （4）掌握 80C51 中断的应用； （5）掌握 80C51 定时器/计数器的应用。
重点内容	（1）中断的概念； （2）80C51 中断系统的使用方法及应用； （3）80C51 定时器/计数器的使用方法及应用。
目标技能	（1）中断系统的程序设计； （2）定时器/计数器的程序设计； （3）中断与定时器/计数器在生产、生活中的应用。
模块应用	（1）中断适用于突发状况的处理； （2）定时器/计数器适用于准确计数、精确定时，例如生产自动化、家用电器定时功能、串行通信波特率的产生等。

7.1　80C51 单片机的中断系统

7.1.1　中断系统概述

中断系统是使 CPU 能对单片机外部或内部随机发生的事件进行实时处理而设置的。在单片机中，为了实现中断功能而配置的软件和硬件称为中断系统。中断技术是现代计算机系统中十分重要的技术。最初，中断技术的引入只是为了解决快速 CPU 与慢速外围设备之间传递数据的矛盾。如果不采用中断技术，CPU 对外部或内部事件的处理通常只能采用程序查询方式，即 CPU 不断地查询是否有事件发生。显然采用程序查询方式，CPU 将不能再执行别的事情，大部分时间处于等待的状态。而单片机具有实时处理事件的功能，能对内部或外部发生的事件进行及时的处理，这主要是因为单片机具有中断功能。

当 CPU 正在处理某件事情的时候，例如 CPU 正在运行某程序 A，外部或内部发生了某一事件 B，如某一引脚上的电平发生了变化（一个脉冲沿的跳变）或计数器发生计数溢出，请求 CPU 迅速去处理。此时，CPU 会暂时中断当前的工作，转去处理突发的事件 B，中断服务处理程序处理完该事件后，返回到原来被中断的地方（断点），继续完成原来未完成的工作，这个过程称为中断。中断过程如图 7-1 所示。

处理事件的过程，称为 CPU 的中断响应。

对事件的整个处理过程，称为中断服务（或中断处理）。

实现中断功能的部件称为中断系统，产生中断的请求源称为中断源。

中断源向 CPU 提出的处理请求，称为中断请求。

处理完中断事件后，回到原来被中断的地方（断点），称为中断返回。

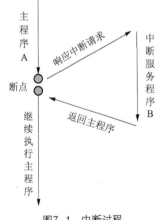

图7-1　中断过程

中断技术不仅解决了快速 CPU 与慢速 I/O 设备之间的数据传输问题，还具备以下优点。

（1）分时操作。CPU 与外围设备可并行工作，互不干扰。

（2）实时响应。CPU 能够及时处理应用系统的随机事件，从而使系统的实时性大大增强。

（3）可靠性高。CPU 具有处理设备故障及掉电等突发事件的能力，从而提高系统可靠性。

其实，中断与子程序调用过程虽然属于两个完全不同的概念，但它们也有不少相似之处。例如，两者都需要保护断点（下一条指令地址）、保护现场、跳至子程序或中断服务程序、恢复现场、恢复断点（返回主程序）。两者都可实现嵌套，即正在执行的子程序再调用另一个子程序，或正在处理的中断程序又被另一个中断请求所中断。两者的根本区别主要表现在以下几个方面。

（1）调用子程序过程发生的时间是已知和固定的，而中断过程发生的时间一般是随机的；也可以理解为调用子程序是设计者事先安排好的，而执行中断服务程序则是由系统工作环境随机决定的。

（2）子程序完全为主程序服务，两者属于主从关系，而中断服务程序与主程序一般是无关的，不存在谁为谁服务的问题，两者是平行关系。

（3）主程序调用子程序过程完全属于软件处理过程，不需要专门的硬件电路，而中断服务系统是一个软硬件结合的系统，需要专门的硬件电路才能完成中断服务的过程。

（4）子程序嵌套可实现若干级，嵌套的级数受计算机内存所开辟的堆栈的大小限制，而中断嵌套的级数主要由中断的优先级数来决定，一般不会很大。

7.1.2　80C51 中断系统的结构

根据前文的介绍，80C51 单片机基本型中断系统有 5 个中断源和 2 个中断优先级，增强型中断系统有 6 个中断源和 2 个中断优先级，可以实现二级中断服务的嵌套。

80C51 单片机的中断系统由中断请求标志位（在各中断的控制寄存器中进行设置）、中断允许控制寄存器 IE、中断优先级控制寄存器 IP 以及内部硬件查询电路组成，如图 7-2 所示，反映了 80C51 单片机中断系统的功能和控制情况。在相关中断的控制寄存器中进行中断请求的设置，由芯片内部特殊功能寄存器中的中断允许控制寄存器 IE 控制 CPU 是否响应中断请求，由中断优先级控制寄存器 IP 安排各中断源的优先级，当同一优先级内各中断同时提出中断请求时，由内部查询逻辑确定对它们的响应次序。

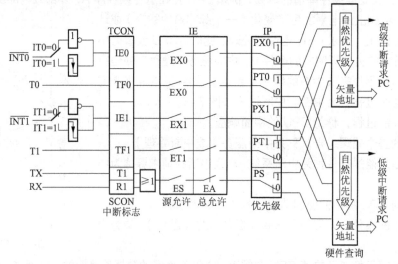

图7-2　80C51中断系统结构

7.1.3　80C51 的中断源

基本型 80C51 单片机的 5 个中断源分为 3 类：外部中断、定时器/计数器中断、串行口中断。

1. 外部中断

（1）$\overline{\text{INT0}}$（P3.2），外部中断 0 请求信号输入引脚，低电平或脉冲下降沿有效，可由 IT0 选择。当 CPU 检测到 P3.2 引脚上出现有效的中断信号时，中断标志 IE0 置 1，向 CPU 申请中断。

（2）$\overline{\text{INT1}}$（P3.3），外部中断 1 请求信号输入引脚，低电平或脉冲下降沿有效，可由 IT1 选择。当 CPU 检测到 P3.3 引脚上出现有效的中断信号时，中断标志 IE1 置 1，向 CPU 申请中断。

在脉冲下降沿触发方式下，CPU 在每个机器周期采样 P3.2/P3.3 引脚的输入电平。若在相继的两次采样中，前一个机器周期采样到高电平，后一个机器周期采样到低电平，即采样到一个下降沿，则认为有中断请求。

在电平触发方式下，CPU 会在每个机器周期采样 P3.2/P3.3 引脚的输入电平。若采样到低电平，则认为有中断请求。

2. 定时器/计数器中断

（1）T0（P3.4），定时器/计数器 0 溢出中断请求，中断请求标志为 TF0，外部计数器脉冲由 P3.4 引脚输入。当 T0 发生溢出时，置位 TF0，并向 CPU 申请中断。

（2）T1（P3.5），定时器/计数器 1 溢出中断请求，中断请求标志为 TF1，外部计数器脉冲由 P3.5 引脚输入。当 T1 发生溢出时，置位 TF1，并向 CPU 申请中断。

（3）T2（P1.0），51 系列增强型单片机增加了定时器/计数器 2 溢出中断请求，外部计数器脉冲由 P1.0 引脚输入。若 P1.0 作为 I/O 接口，再用 T2 计数就不行了，不过将其用于定时还是可以的。

T0/T1 作为定时器使用时，其计数脉冲取自内部定时脉冲，当作为计数器使用时，其计数脉冲取自 T0/T1 引脚。启动 T0/T1 后，每到一个机器周期或在 T0/T1 引脚上检测到一个脉冲信号，计数器加 1。当计数器的值由全 1 变成全 0 时，向 CPU 申请中断。

3. 串行口中断

（1）RXD（P3.0），串行口接收数据中断请求，中断请求标志为 RI，当串行口完成一帧数据的接收时，向 CPU 申请中断。

（2）TXD（P3.1），串行口发送数据中断请求，中断请求标志为 TI，当串行口完成一帧数据的发送时，向 CPU 申请中断。

定时器/计数器中断与串行口中断都属于内部中断。每一个中断源都对应由一个中断请求标志来反应中断请求的状态，这些标志位分布于特殊功能寄存器 TCON 和 SCON 中。

7.1.4　80C51 的中断请求

在中断系统中，使用哪种中断和哪种触发方式，需要定时器/计数器控制寄存器 TCON 和串行口控制寄存器 SCON 的相应标志位来决定。TCON 和 SCON 属于 80C51 单片机中的特殊功能寄存器，对应的字节地址分别为 88H 和 98H，对其中的标志位可以进行位寻址。

1. 定时器/计数器控制寄存器 TCON

TCON 是定时器/计数器控制寄存器，其中各位定义包含两个定时器/计数器的溢出中断请求标志及外部中断 $\overline{\text{INT0}}$ 和 $\overline{\text{INT1}}$ 的中断请求标志，还包含 T0、T1 的启停标志和外部中断的触发方式选择标志。与中断有关的 TCON 位定义如表 7-1 所示。

表 7-1　TCON 位定义

TCON	D7	D6	D5	D4	D3	D2	D1	D0
88H	TF1	TR1	TF0	TR0	IE1	IT1	IE0	IT0

（1）IEx——Interrupt External，外部中断请求标志位。

IE0（D1）：外部中断 $\overline{\text{INT0}}$ 中断请求标志位。当 IE0=1 时，表示 $\overline{\text{INT0}}$ 向 CPU 请求中断。

IE1（D3）：外部中断 $\overline{\text{INT1}}$ 中断请求标志位。当 IE1=1 时，表示 $\overline{\text{INT1}}$ 向 CPU 请求中断。

（2）ITx——Interrupt Trigger，外部中断触发方式控制位。外部中断有两种触发方式，即电平触发方式和边沿触发方式，可通过设置 IT0、IT1 实现。

IT0（D0），外部中断 $\overline{\text{INT0}}$ 触发方式控制位。①当 IT0=0 时，$\overline{\text{INT0}}$ 为电平触发方式，CPU

在每个机器周期的 S5P2（中断响应时间部分有详解）采样$\overline{\text{INT0}}$引脚电平。当采样到低电平时，置 IE0=1 表示$\overline{\text{INT0}}$向 CPU 请求中断，采样到高电平时，将 IE0 清 0。注意：在电平触发方式下，CPU 响应中断时，不能自动清除 IE0 标志。也就是说，IE0 状态完全由$\overline{\text{INT0}}$状态决定，即必须撤销$\overline{\text{INT0}}$引脚上的低电平信号，使$\overline{\text{INT0}}$=1，才能使 IE0=0。②当 IT0=1 时，$\overline{\text{INT0}}$为边沿触发方式（下降沿有效），CPU 在每个机器周期的 S5P2 采样$\overline{\text{INT0}}$引脚电平。如果在连续的两个机器周期检测到$\overline{\text{INT0}}$引脚由高电平变为低电平，即第一个周期采样到$\overline{\text{INT0}}$=1，第二个周期采样到$\overline{\text{INT0}}$=0，则置 IE0=1，表示$\overline{\text{INT0}}$向 CPU 请求中断。在边沿触发方式下，CPU 响应中断时，能由硬件自动清除 IE0 标志。注意：为保证 CPU 能够检测到负跳变，$\overline{\text{INT0}}$的高低电平时间至少应保持 1 个机器周期。

IT1（D2）：外部中断$\overline{\text{INT1}}$触发方式控制位。其操作功能与 IT0 相同。

（3）TRx——Timer Start / Stop，定时器/计数器启/停标志位。

TR0（D4）用于定时器 T0 的启/停。

TR1（D6）用于定时器 T1 的启/停，具体的用法将在后文中加以描述。

（4）TFx——Timer Flowing，定时器/计数器溢出中断请求标志位。

TF0（D5）：定时器/计数器 T0 溢出中断请求标志位。在 T0 启动后就开始由定时器/计数器初值进行加 1 计数，直到最高位产生溢出，由硬件置位 TF0，向 CPU 发出中断请求。当 CPU 响应中断时，TF0 由硬件自动清 0。

TF1（D7）：定时器/计数器 T1 溢出中断请求标志位。其操作功能与 TF0 相同。

2. 串行口控制寄存器 SCON

SCON 是串行口控制寄存器，本小节主要介绍与中断有关的低两位 TI 和 RI，SCON 位定义如表 7-2 所示。

表 7-2 SCON 位定义

SCON	D7	D6	D5	D4	D3	D2	D1	D0
98H	—	—	—	—	—	—	TI	RI

（1）TI（D1）——Transfer Interrupt，串行口发送中断标志位。当 CPU 将一个待发送的数据写入串行口发送缓冲器时，就启动发送过程。每发送完一帧数据时，CPU 内的硬件自动置位 TI=1。当 CPU 响应中断时，不能由硬件自动清除 TI，TI 必须由软件来清除。

（2）RI（D0）——Receive Interrupt，串行口接收中断标志位。当 CPU 允许串行口接收数据时，每接收完一帧数据，就由硬件置位 RI=1。同样 RI 必须由软件清除。

单片机复位后，TCON 和 SCON 的各位清 0。另外，所有能产生中断的标志位均可以通过软件来置 1 或清 0，其和通过硬件来置 1 或清 0 的效果相同。

7.1.5 80C51 的中断控制

中断是可控制的，可以通过软件的设置来实现对中断功能的控制。IE 为中断允许控制寄存器，用来实现对中断的开放或禁止；IP 为中断优先级控制寄存器，用来实现各个中断优先级的响应管理。

1. 中断允许控制寄存器 IE

80C51 单片机中并没有专门的开中断和关中断指令，中断的开放和关闭是通过中断允许控制寄存器 IE 进行两级控制的。这些中断允许控制位集成在中断允许控制寄存器 IE 中，IE 的状态可通过程序由软件设定。当某位设定为 1 时，相应的中断源允许中断；当某位设定为 0 时，相应的中断源屏蔽中断。CPU 复位时，IE 各位清 0，禁止所有中断。IE 位定义如表 7-3 所示。

表 7-3 IE 位定义

IE	D7	D6	D5	D4	D3	D2	D1	D0
A8H	EA	X	ET2	ES	ET1	EX1	ET0	EX0

IE 各位的功能如下。

（1）EA（D7）：CPU 中断允许（总允许）位。EA=0，禁止所有中断；EA=1，允许系统中断，意味着所有中断源的中断信号的前向通道被打开，这是中断通道的第 1 级控制，它涉及所有的中断源，被称为总中断或全局中断控制位。

（2）X（D6）：系统保留位。不可用，习惯对其清 0。

（3）ET2（D5）：定时器/计数器 T2 的溢出中断允许控制位。只应用于 52 系列以上的机型。ET2=0，禁止 T2 中断，ET2=1，允许 T2 中断。

（4）ES（D4）：串行口中断允许控制位。ES=0，禁止串行口中断；ES=1，允许串行口中断。

（5）ET1（D3）：T1 溢出中断允许控制位。ET1=0，禁止 T1 中断；ET1=1，允许 T1 中断。

（6）EX1（D2）：外部中断 1 中断允许控制位。EX1=0，禁止 $\overline{INT0}$ 中断；EX1=1，允许 $\overline{INT0}$ 中断。

（7）ET0（D1）：T0 溢出中断允许控制位。ET0=0，禁止 T0 中断；ET0=1，允许 T0 中断。

（8）EX0（D0）：外部中断 0 中断允许控制位。EX0=0，禁止 $\overline{INT1}$ 中断；EX0=1，允许 $\overline{INT1}$ 中断。

明确了中断、开放和禁止所对应的寄存器各位的含义后，现通过举例编程来对它们加以说明。

例 7-1： 请通过 C51 编程来实现 CPU 允许 T0 中断和外部中断 0 中断，禁止其他中断。

解： 可以通过两种编程方式来实现。

① 通过位操作指令编程实现如下：

```
EA=1;
ET0=1;
EX0=1;
```

② 通过字节操作指令编程实现如下：

```
IE=0x83;
```

方式 1 中的每条语句意义明确，可读性好，但占用机器周期较多；方式 2 的优缺点正好与方式 1 相反。一般来说，对中断系统的设置属于程序的初始化部分内容，程序可读性优于程序节约的时间，因此方式 1 更常用。

2. 中断优先级控制寄存器 IP

80C51 单片机有两个中断优先级，可以实现二级中断服务嵌套。每个中断源的中断优先级都可由程序来设定，由中断优先级寄存器 IP 统一管理。某位设定为 1，则相应的中断源为高优先级中断；设定为0，则相应的中断源为低优先级中断。

IP位定义如表7-4所示。

表7-4　IP位定义

IP	D7	D6	D5	D4	D3	D2	D1	D0
B8H	X	X	PT2	PS	PT1	PX1	PT0	PX0

IP各位的功能如下。

（1）PX0（D0）：外部中断$\overline{INT0}$优先级设定位。PX0=1，外部中断0为高优先级，否则为低优先级。

（2）PT0（D1）：定时器/计数器0（T0）优先级设定位。PT0=1，T0为高优先级，否则为低优先级。

（3）PX1（D2）：外部中断$\overline{INT1}$优先级设定位。PX1=1，外部中断1为高优先级，否则为低优先级。

（4）PT1（D3）：定时器/计数器1（T1）优先级设定位。PT1=1，T1为高优先级，否则为低优先级。

（5）PS（D4）：串行口优先级设定位。PS=1，串行口为高优先级，否则为低优先级。

（6）PT2（D5）：定时器/计数器2（T2）优先级设定位。仅适用于52系列单片机。PT2=1，T2为高优先级，否则为低优先级。

（7）X（D6、D7）：保留位。

单片机复位时，IP各位清0，各中断源同为低优先级中断。IP也是可以进行字节寻址和位寻址的特殊功能寄存器。中断系统的执行是由程序控制实现的，可通过程序来设置上述两个寄存器的开关中断和每个中断源的优先级。

当同一优先级中的中断请求不止一个时，则存在中断优先级排队的问题。中断优先级的排队由中断系统硬件确定的自然优先级形成。中断源中断服务程序入口地址及优先级顺序如表7-5所示。

表7-5　中断源中断服务程序入口地址及优先级顺序

中断源	中断标志	中断服务程序入口地址	优先级顺序
外部中断0（$\overline{INT0}$）	IE0	0003H	最高
定时器/计数器0（T0）	TF0	000BH	第2
外部中断1（$\overline{INT1}$）	IE1	0013H	第3
定时器/计数器1（T1）	TF1	001BH	第4
串行口	RI或TI	0023H	第5
定时器/计数器2（T2）	TF2	002BH	最低

中断嵌套：80C51单片机有两级中断优先级，可实现两级中断嵌套，如图7-3所示。只有在执行低级中断程序时出现高级中断请求，才会有两级中断嵌套。

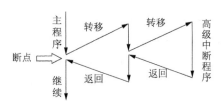

图7-3　80C51单片机的两级中断嵌套

80C51 单片机的中断优先级的中断原则：

（1）CPU 同时接收到几个中断请求时，首先响应优先级最高的中断请求；

（2）正在进行的中断过程不能被新的同级或低优先级的中断请求所中断；

（3）正在进行的低优先级中断服务能被高优先级中断请求所中断。

为实现上面 3 条原则，中断系统内部设有两个用户不能寻址的优先级状态触发器，其中一个置 1 表示正在响应高优先级的中断，将阻止后来所有的中断请求；另一个置 1 时表示正在响应低优先级中断，将阻止后来所有的低优先级中断请求。

例 7-2：设 IP=06H，如果 5 个中断同时产生，那么中断响应的次序是怎样的呢？

解：IP=00000110B，对应 PT0=1，定时器/计数器 0（T0）优先级设定位；PX1=1，外部中断$\overline{INT1}$优先级设定位。

两个中断源为同级中断，在同级中断中按照自然优先级顺序 T0>$\overline{INT1}$。

在剩下的 3 个中断源$\overline{INT0}$、T1、PS 中，按照低优先级中同级中断以自然优先级顺序为准，则$\overline{INT0}$> T1>PS。

结果为 T0>$\overline{INT1}$>$\overline{INT0}$> T1>PS。

7.2　80C51 单片机的中断服务

单片机在运行时，并不是任何时刻都会响应中断请求，而是在响应中断的条件被满足之后才会进行响应。

7.2.1　中断响应的条件和时间

1．中断响应条件

中断响应就是 CPU 对中断源所提出的中断请求进行处理的过程。中断响应的基本条件如图 7-4 所示，只有同时满足了图中所示 3 个条件，CPU 才有可能响应中断。

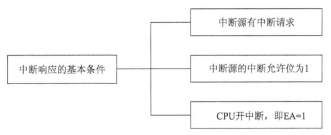

图7-4　中断响应的基本条件

在 CPU 执行程序过程中，在每个机器周期的 S5P2 期间，中断系统对各个中断源进行采样，所得采样值在下一个机器周期内按优先级和内部顺序被依次查询。如果某个中断标志位在上一个机器周期的 S5P2 时被置 1，那么它将于现在的查询周期中及时被发现。接着 CPU 便执行一条由中断系统提供的调用指令，进入相应的中断服务程序。但是，如果处于下列情况之一时，则 CPU 将不响应中断。

（1）当有新的中断源提出中断请求时，若这个中断与系统正在处理的中断同级或是更低级，系统将不会中止正在处理的中断请求。

（2）当前所查询的机器周期不是正执行指令的最后一个机器周期。单片机有单周期、双周期、四周期指令，如果当前执行的指令是单周期指令，则在本周期完毕时将响应中断；如果当前执行的指令是双周期或四周期指令，则要等到最后一个机器周期执行完毕才能响应中断。

（3）正在执行的指令为 RET、RETI（返回和中断返回）指令或任何访问 IE 或 IP 的指令。即只有在这些指令后面至少再执行一条指令时才能接受中断请求。

若由于上述条件的限制使某些中断请求未得到响应，则当这些条件消失而该中断标志位不再有效时，该中断将不被响应。也就是说，中断标志位曾经有效，但未获响应，查询过程将在下一个机器周期重新进行。

2. 中断响应时间

从中断源提出中断请求，到 CPU 满足中断响应条件而响应中断，需要经历一定的时间。图 7-5 所示为某一中断的响应时序。

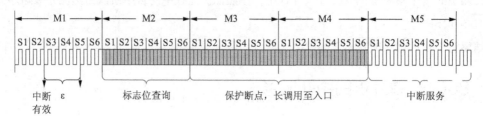

图7-5　某一中断的响应时序

S5P2：80C51 单片机的一个机器周期由 12 个时钟周期组成。图 7-5 中的 M1、M2、M3、M4、M5 为机器周期，每个机器周期分成 6 个状态周期，即 S1~S6，每个状态周期由 2 个时钟周期组成，即 P1、P2，而 S5P2 为每个机器周期的第 5 个状态周期的第 2 个时钟周期。

在提出中断请求后，若在 M1 周期的 S5P2 前某一中断生效，则在 S5P2 期间该中断请求将会被锁存到相应的标志位中。下一个机器周期 M2 刚好是某指令的最后一个机器周期，而且该指令不是返回、中断返回或访问 IE、IP 类指令，于是后面的 M3、M4 机器周期便可以执行中断调用指令，在 M5 周期进入中断服务程序。可见，80C51 单片机的中断响应时间从中断请求标志位置 1 到进入中断服务程序，至少需要 3 个完整的机器周期。其中中断控制系统对各中断标志的查询需要 1 个机器周期，若响应条件具备，CPU 执行中断系统提供的相应向量地址到调用中断指令，这个过程要占用两个机器周期。另外，如果中断响应受阻，就要增加等待周期；若同级或高级中断正在进行，则所需要的附加等待时间取决于正在执行的中断服务程序的长短，等待时间不确定；若无同级或高级中断正在进行，则所需附加等待时间为 3~5 个机器周期。这是因为：若查询周期不是正在执行指令的最后机器周期，则附加等待时间不超过 3 个机器周期，而最长指令 MUL（乘法）和 DIV（除法）也只有 4 个机器周期。

如果在查询周期内刚好可以返回指令或访问 IE、IP 指令，而这类指令之后又跟有 MUL 和 DIV，则由此引起的附加等待时间不会超过 5 个机器周期（1 个机器周期用于响应正在执行的指令，另外 4 个机器周期用于执行乘、除运算）。

因此，对于没有嵌套的单级中断，响应时间为 3~8 个机器周期。中断响应时间反映了单片机对事件的响应速度，是应用系统实时性的重要参数。对利用 C 语言开发的系统来说，中断响应时间比汇编系统的要长，因为利用 C 语言开发的系统在中断服务程序中要通过大量的指令来进行现场保护，占用了一定量的机器周期。

7.2.2　中断响应过程及中断服务

1. 中断响应过程

中断响应的主要过程是由硬件自动生成一条长调用指令 LCALL addr16，这里的 addr16 是程序存储器中相应中断服务程序的入口地址。各中断服务程序的入口地址如表 7-5 所示。

中断响应分以下 3 步完成：

（1）将相应中断源的优先级状态触发器置 1，阻止后续同级或低级中断进行请求；

（2）执行 LCALL 指令，将 IC 的内容压入堆栈并保存，再将对应的中断服务程序的入口地址送入 IC；

（3）执行中断服务程序。

中断响应的前两步通过中断系统内部自动完成，中断服务程序须通过用户编写程序来实现。

2. 中断服务

不同中断源的中断服务方法也是不一样的，但是所有中断服务的流程一般包含以下几个部分。

（1）现场保护。

中断服务程序可以理解为一种服务，即通过执行事先编写好的某个特定程序来处理中断。若想让系统在处理完中断后继续执行原来的程序，系统就不能破坏原来程序的寄存器状态。要求中断服务程序完成的第一项工作就是将这些寄存器的数据备份，保存被中断的程序的中间结果，这一过程称为现场保护，且一般通过堆栈来完成现场保护。在 80C51 单片机中，由于只有两级中断，也可以采取改变寄存器组的方式来实现寄存器内容的保护。

在现场保护和现场恢复的过程中，如果请求被中断，则数据可能会出错或丢失。为了避免以上情况的发生，应禁止总中断，以屏蔽其他中断，待操作完成后再开放总中断。

（2）中断服务。

中断服务程序从入口地址开始执行，直到返回为止，这个过程称为中断服务。

（3）现场恢复。

中断请求处理完毕后，首先要恢复现场，然后返回断点处继续执行原来被中断的程序。如果执行中断服务程序时没有有效地进行现场保护和现场恢复，则将使程序紊乱，甚至程序"跑飞"，进而使系统无法正常工作。

（4）中断返回。

执行完中断服务程序后要返回原来被中断的程序并继续执行。在 80C51 单片机中，中断返回通过指令 RETI 来实现。该指令除了要将栈顶的内容弹入 IC 以外，还要为对应的中断优先级状态触发器服务，以提醒中断系统中断服务已结束。

注 意

不能用 RET 指令代替 RETI 指令，虽然 RET 指令也能控制 IC 返回到断点，但 RET 指令没有清 0 中断优先级状态触发器的功能，而中断控制系统会认为中断仍在继续，造成与其同级的中断请求将不被响应。因此，所有中断服务程序结束时必须使用 RETI 指令来执行。

7.2.3 外部中断触发方式的选择

前文所提外部中断的触发有两种方式：边沿触发方式和电平触发方式。

1. 边沿触发方式

若外部中断的触发方式为边沿触发方式，则外部中断会请求触发器锁存外部中断引脚上输入的负跳变。即使 CPU 暂时不能响应中断，中断请求标志也不会丢失。如果连续采样两次，一个机器周期采样外部中断输入为高，下一个机器周期采样为低，则中断请求触发器置 1，直到 CPU 响应后才清 0。这样不会丢失中断，但输入的负脉冲宽度至少要保持 12 个时钟周期（若晶振频率为 12MHz，则为 1μs）才能被采样到。边沿触发方式适合以负脉冲形式输入的外部中断请求。如 ADC0809 转换结束标志信号 EOC 为正脉冲，经反相后其可作为 80C51 的 $\overline{INT0}$ 中断输入。

2. 电平触发方式

若外部中断的触发方式为电平触发方式，则外部中断请求触发器的状态会随着 CPU 在各个机器周期采样到的外部中断引脚电平的变化而变化，这提高了 CPU 响应外部中断请求的速度。当外部中断源采用电平触发方式时，在中断服务程序返回之前，外部中断请求必须无效（为高电平），否则 CPU 在返回主程序后会再次响应中断。电平触发方式适合外部中断以低电平输入且在中断服务程序中能清除外部中断的中断源的情况。如并行口芯片 8255 的中断请求引脚在接受读或写操作后即被复位，因此将它作为电平触发方式的中断较方便。

7.2.4 中断请求的撤销

CPU 响应某中断请求后，在中断返回前，应该撤销该中断请求，否则会引起另一次中断。不同的中断源对中断请求的撤销方法是不一样的。

1. 定时器溢出中断请求的撤销

CPU 在响应中断请求后，硬件会自动清除中断请求标志位 TF0 或 TF1。

2. 串行口中断请求的撤销

在 CPU 响应中断请求后，硬件不能清除中断请求标志位 TI 和 RI，而要由软件来清除相应的标志位。

3. 外部中断请求的撤销

当外部中断请求为边沿触发方式时，CPU 响应中断请求后，硬件会自动清除中断请求标志位 IE0 或 IE1。当外部中断为电平触发方式时，CPU 响应中断请求后，硬件会自动清除中断请求标志位 IE0 或 IE1，但由于加到 $\overline{INT0}$ 或 $\overline{INT1}$ 引脚的外部中断请求信号并未撤销，中断请求标志位 IE0 或 IE1 会再次被置 1，因此在 CPU 响应中断后应立即撤销 $\overline{INT0}$ 或 $\overline{INT1}$ 引脚上的低电平。一般采用加一个 D 触发器和几条指令的方法来解决这个问题，如图 7-6 所示。

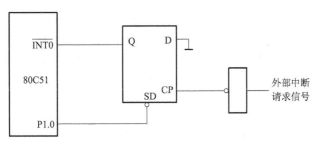

图7-6　触发时外部中断请求撤销电路

7.3　80C51 单片机中断应用程序举例

7.3.1　中断服务程序的编写

中断系统要正常运转，必须由相应的软件配合来完成。设计中断程序需要弄清楚以下几个问题。

1. 中断服务程序设计的任务

中断服务程序设计需要考虑的基本任务如下。

（1）设置中断允许控制寄存器 IE，允许相应的中断源中断。

（2）设置中断优先级控制寄存器 IP，确定并分配所使用的中断源的优先级。

（3）若是外部中断源，则要设置中断请求的触发方式 IT0 或 IT1，决定采用电平触发方式还是边沿触发方式。

（4）编写中断服务程序，处理中断请求。

前 3 条一般放在主程序的初始化程序段中。当用 C51 编写中断服务程序时，80C51 单片机中 6 个中断源服务程序的入口地址是用关键字 interrupt 加一个 0～5 的代码组成的，如表 7-6 所示。

表 7-6　80C51 单片机中 6 个中断源服务程序代码

中断源	中断源服务程序代码
外部中断 0	0
定时器/计数器 T0 中断	1
外部中断 1	2
定时器/计数器 T1 中断	3
串行口中断	4
定时器/计数器 T2 中断	5

2. 中断服务程序设计的格式

80C51 单片机的中断是两级控制，在主程序中，要总中断允许，即令 EA=1，然后还要相应的子中断允许。在中断服务程序部分，要正确书写关键字 interrupt 和中断代码。中断服务程序的名字可任意设定，但应符合 C51 语法要求。具体格式如下：

```
void main(void)
{
```

```
        EA=1;                              //开中断
        EX0=1;                             //允许外部中断 0 中断
        IT0=1;                             //外部中断 0 边沿触发
        ET0=1;                             //允许定时器/计数器 T0 中断
        ……
    }
    void ex0_isr(void) interrupt 0         //外部中断 0 中断服务程序
    {
        ……                                //外部中断 0 处理程序
    }
    void T0_int(void) interrupt 1          //T0 中断服务程序
    {
        ……                                //T0 处理程序
    }
```

7.3.2 外部中断源应用举例

1. 单外部中断源举例

例 7-3：通过外部中断 1 控制流水灯的流向。

分析：图 7-7 所示为采用 Proteus 仿真软件设计的仿真原理图，主芯片为 AT89S52，通过按键 AN2 给 $\overline{INT1}$ 引脚提供一个中断触发信号；L1 是流水灯的共阴极端。P21 通过反相驱动芯片 ULN2003A 输出 L1，即当 P21=1 时，L1=0，LED 被点亮。

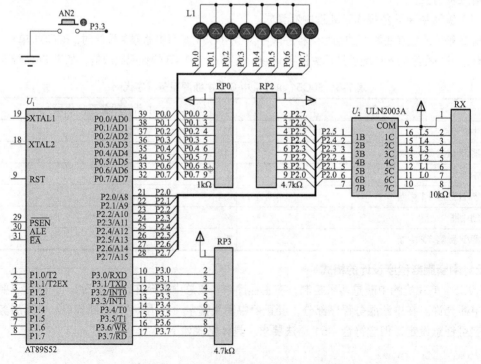

图7-7 外部中断1控制流水灯流向的仿真原理图

部分程序如下：

```
......                              //部分头文件
uchar Flag=0, ScanCode=0x01;
void DelayMs(uint n)               //延时子函数，晶振频率12MHz，延时1ms
{
    ......
}
void main(void)                    //主程序
{
    P2=0x02;                       //使 P21=1
    IE=0x84;                       //开放中断 EA=1, EX1=1
    IT1=1;                         //中断请求方式为边沿触发方式
    while(1)
    {
        if(Flag==0)
        {
            ScanCode=_crol_(ScanCode,1);
            P0=ScanCode;
        }                          //Flag=0 时，流水灯从左往右被点亮
        else
        {
            ScanCode=_cror_(ScanCode,1) ;
            P0=ScanCode;
        }                          //Flag=1 时，流水灯从右往左被点亮
        DelayMs(500);              //每盏灯被点亮的时间间隔为500ms
    }
}
void Ex0()interrupt 2             //外部中断1中断服务程序
{
    Flag=~Flag;
}
```

2. 双外部中断源举例

例 7-4：如图 7-8 所示，编写程序实现系统上电后，数码管显示"P"。按 S0 键则数码管进行加计数，按 S1 键则数码管进行减计数。计数值显示在数码管上。

分析：图 7-8 所示为采用 Proteus 仿真软件设计的仿真原理图，其中 S₀键作为外部中断 0 输入，S₁键作为外部中断 1 输入，系统连接 4 位一体的数码管，在第 4 个数码管上显示相应的数字。两个外部中断请求都采用边沿触发方式，单片机的 P0 作为段选信号的输入端，P2 口作为位选信号的输入端，ULN2003A 为反相驱动芯片。

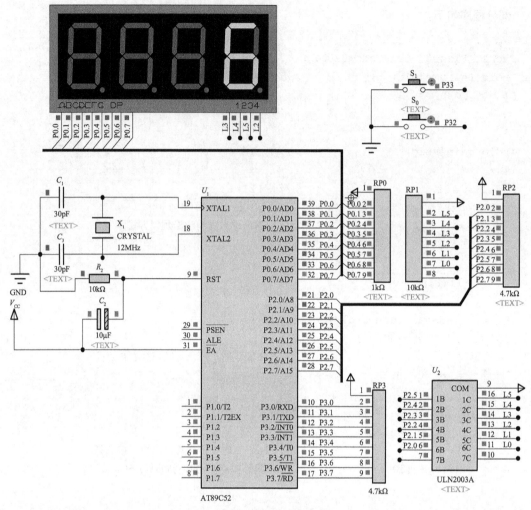

图7-8　双外部中断控制计数值的加减

程序如下：

```
......
uchar sum;
bit flag0,flag1;
uchar code segcode[]={0xc0,0xf9,0xa4,0xb0,0x99,0x92,0x82,0xf8,0x80,
                0x90,0x88,0x83,0xc6,0xa1,0x86,0x8e,0x8c,0x7f};
                            //共阳极数码管，0～F 数值段码，P 段码
void DelayMs(uint n)            //延时子函数，晶振频率 12MHz，延时 1ms
{
    ......
}
void main(void)
{
    P2=0xfb;                    //选择第 4 位数码管显示
    P0=0x8c;                    //初始状态数码管显示"P"
```

```
    IE=0x85;                      //选择双外部中断源INT0、INT1
    IT0=1;                        //外部中断0选择边沿触发方式
    IT1=1;                        //外部中断1选择边沿触发方式
      while(1)
      {
          if(flag0){
              if(sum>15)sum=0;
              P0=segcode[sum];
              sum++;
              }                   //flag0=1时，数值加1，大于F时重新从0开始加1
          if(flag1){
              if(sum==255)sum=15;
              P0=segcode[sum] ;
              sum--;
              }                   //flag1=1时，数值减1，小于0时重新从F开始减1
          DelayMs(500);           //延时500ms
      }
}
void Ex0isr()interrupt 0         //外部中断0中断服务程序
{
    if(!flag0) flag0=1;
    else flag0=0;
}
void Ex1isr()interrupt 2         //外部中断1中断服务程序
{
    if(!flag1) flag1=1;
    else flag1=0;
}
```

3. 外部中断的工业应用举例

例7-5：某工业监测系统要对温度、压力和酸碱度进行监测，中断源和80C51单片机的连接如图7-9所示，当出现某参数超限时，进入相应的中断服务程序处理。

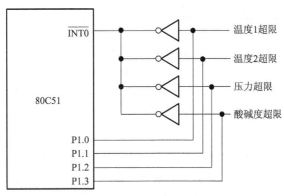

图7-9 温度、压力和酸碱度监测

分析：监测系统通过外部中断$\overline{INT0}$与 80C51 单片机连接，所有的信号通过"或"的关系连接在$\overline{INT0}$（P3.2）口。当任一参数超限时，系统都会进入$\overline{INT0}$中断。这些信号同时还接在 P1口的相应位，以便在$\overline{INT0}$中查询哪个信号超限。

程序如下：

```c
#include <reg51.h>                      //包含 80C51 单片机寄存器定义的头文件
sbit P10=P^0;
sbit P11=P^1;
sbit P12=P^2;
sbit P13=P^3;
void int00( );                          //温度 1 超限处理
void int01( );                          //温度 2 超限处理
void int02( );                          //压力超限处理
void int03( );                          //酸碱度超限处理
void main(void)                         //主程序，开外部中断 0
   {
       EA=1;
       EX0=1;
       while(1);
   }
void int0_int(void) interrupt 0         //中断服务程序
   {
       If (P10==1)  int00( );
       else if (P11==1)  int01( );
       else if (P12==1)  int02( );
       else if (P13==1)  int03( );
   }
```

当要处理的外部中断源的数目较多而其响应速度又要求很高时，采用软件查询的方法进行中断优先级排队常常不能满足时间上的要求。这时采用硬件对外部中断源进行优先级排队，即可避免这个问题。常用的硬件排队电路有 74LS148 优先级编码器，具体方法可参考相关书籍。

7.4 80C51 的定时器/计数器

在单片机的应用系统中，常常会出现定时控制的需求，如定时输出、定时检测、定时调温、定时扫描等；也需要经常对外部的事件进行计数。80C51 基本型单片机的内部集成了两个 16 位的可编程定时器/计数器 T0、T1，它们既可以工作于定时模式，也可以工作于对外部事件的计数模式。除此之外，T1 还可以被作为串行口波特率发生器。

要实现定时的功能，可以采用以下 3 种方法来实现。

（1）软件定时：让 CPU 循环执行一段程序，通过执行的指令和循环的次数来实现软件定时，如经常在 C51 编程时使用的延时子函数。软件定时不占用硬件资源，但是会占用 CPU 时间，降低 CPU 的利用率，同时定时的时间不会完全准确。

（2）硬件定时：采用时基电路定时，例如 555 定时器电路，外接必要的电子元器件，即可构成硬件定时电路。此方法容易实现，改变相关的电阻、电容值即可在一定范围内改变定时值。但是硬件电路一旦连接好，定时值和定时范围将固定，不能通过软件来进行控制和修改，且硬件电路实现定时功能成本相对较高。

（3）采用可编程芯片来定时：这种定时芯片为可编程芯片，定时时间及范围很容易通过软件来确定和修改，功能强大，使用灵活。典型的可编程定时芯片如 Intel 8253 和 Intel 8254。

80C51 单片机具有定时器/计数器功能，可以通过对单片机进行编程来实现定时时间的修改及其范围的控制。

7.4.1　定时器/计数器的结构和工作原理

1. 定时器/计数器的结构

图 7-10 所示为定时器/计数器的结构。

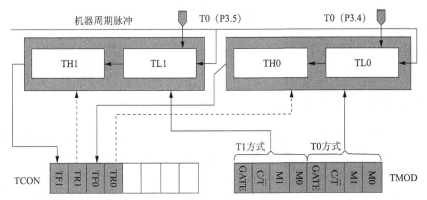

图7-10　定时器/计数器的结构

两个 16 位的定时器/计数器 T0 和 T1，分别由 8 位计数器 TH0、TL0 和 TH1、TL1 构成，它们都是以加 "1" 的方式来完成计数的，实质上是加 1 计数器。特殊功能寄存器 TMOD 控制定时器/计数器的工作方式，TCON 控制定时器/计数器的启动与运行并记录 T0、T1 的溢出标志。通过对 TH0、TL0 和 TH1、TL1 的初始化编程可以预置 T0、T1 的计数初值。通过对 TMOD 和 TCON 的初始化编程可以分别设定方式字和控制字，从而确定定时器/计数器的工作方式和 T0、T1 的计数方式。

2. 定时器/计数器的工作原理

作为定时器/计数器的加 1 计数器，输入的计数脉冲有两个来源，一个是由系统内部的时钟振荡器输出经 12 分频后送来的脉冲，另一个是从 T0 和 T1 引脚输入的外部脉冲。每接收一个脉冲，计数器加 1。当计数器被加到为全 1 时，再输入一个脉冲使计数器归 0，且计数器的溢出会使 TCON 中的 TF0 或 TF1 置 1，进而向 CPU 发出中断请求。

（1）定时器。

当设置为定时器工作方式时，输入信号为内部振荡信号，在每个机器周期内定时器的硬件计数电路进行一次加 1 运算，因此，定时器也是对机器周期的计数。每个机器周期又等于 12 个振荡周期，所以定时器的计数速率为振荡频率的 1/12。若单片机的晶振频率为 12MHz，则计数周期为 1μs。如果定时器/计数器溢出，则标志着定时时间已到。

（2）计数器。

当设置为计数器工作方式时，输入信号来自外部引脚 T0（P3.4）、T1（P3.5）上的计数脉冲，每输入一个脉冲，计数器 TH0、TL0 或 TH1、TL1 进行一次加 1 运算。在实际工作中，计数器由计数脉冲的下降沿触发，即 CPU 在每个机器周期的 S5P2 期间对外部输入 T0、T1 进行采样。若在一个机器周期中采样值为高电平，而在下一个机器周期中采样值为低电平，则在紧跟着的下一个机器周期的 S3P1 期间计数值加 1，完成一次计数操作。完成一次外部输入脉冲的有效跳变至少要花费 2 个机器周期，即 24 个振荡周期，因此最大计数频率为振荡频率的 1/24。当晶振频率为 12MHz 时，最高计数频率不超过 0.5MHz，即计数脉冲的周期要大于 2μs。为了确保计数脉冲不被丢失，脉冲的高、低电平应分别保持一个机器周期以上，如图 7-11 所示，T_{cy} 为机器周期。

80C51 单片机无论是工作在定时模式还是计数模式，定时器/计数器 T0、T1 在对内部时钟或外部脉冲计数时，均不占用 CPU 的时间，除非产生溢出才可能中断 CPU 的当前操作。因此，定时器/计数器是单片机内部效率较高且工作灵活的部件。

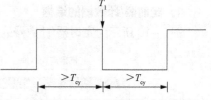

图7-11　计数器计数时对计数脉冲的基本要求

7.4.2　定时器/计数器的控制

80C51 单片机定时器/计数器的工作由两个特殊功能寄存器控制：TMOD 用于工作方式的设置，TCON 用于控制外部中断以及定时器/计数器的启动和中断请求。

1.　工作方式寄存器 TMOD

工作方式寄存器 TMOD 用于设置定时器/计数器的工作方式，低 4 位用于 T0 的设置，高 4 位用于 T1 的设置，如表 7-7 所示。

表 7-7　TMOD 位定义

TMOD	D7	D6	D5	D4	D3	D2	D1	D0
89H	GATE	C/$\overline{T}$	M1	M0	GATE	C/$\overline{T}$	M1	M0

TMOD 各位的功能如下。

（1）GATE：门控位。

当 GATE=1 时，计数器受外部中断信号 $\overline{INTx}$ 控制（x=0 或 1；$\overline{INT0}$ 控制 T0 计数，$\overline{INT1}$ 控制 T1 计数），且当运行控制位 TR0（或 TR1）为"1"时开始计数，为"0"时停止计数。当 GATE=0 时，外部中断信号 $\overline{INTx}$ 不参与控制，此时只要运行控制位 TR0（或 TR1）为"1"，计数器就开始计数，而无须关注外部中断信号 $\overline{INTx}$ 的电平高低。

（2）C/$\overline{T}$：计数器方式/定时器方式选择位。

当 C/$\overline{T}$=0 时，为定时器模式，其计数器输入为晶振脉冲的 12 分频，是对机器周期的计数。当 C/$\overline{T}$=1 时，为计数器模式，计数器的输入来自 T0（P3.4）或 T1（P3.5）端的外部脉冲。

（3）M1 和 M0：工作方式设置位。

定时器/计数器有 4 种工作方式，由 M1M0 设置，如表 7-8 所示。

表 7-8　定时器/计数器工作方式选择

M1	M0	工作方式	说明
0	0	方式 0	13 位定时器/计数器
0	1	方式 1	16 位定时器/计数器
1	0	方式 2	8 位可自动重装载定时器/计数器
1	1	方式 3	T0 分为两个独立的 8 位定时器/计数器，T1 在此方式下停止计数

低 4 位与高 4 位各位的功能相同，当单片机复位时，TMOD=00H。

2. 控制寄存器 TCON

TCON 的低 4 位用于控制外部中断，在前文已有介绍。TCON 的高 4 位用于控制定时器/计数器的启动和中断请求，如表 7-9 所示。

表 7-9　TCON 高 4 位定义

TCON	D7	D6	D5	D4	D3	D2	D1	D0
88H	TF1	TR1	TF0	TR0				

（1）TR0（D4）：用于定时器/计数器 T0 的运行控制。TR0 置 1 时，定时器/计数器 T0 开始工作；TR0 清 0 时，定时器/计数器 T0 停止工作。TR0 由软件置 1 或清 0，因此使用软件可控制定时器/计数器的启动与停止。

（2）TR1（D6）：用于定时器/计数器 T1 的运行控制，其功能与 TR0 同。

（3）TF0（D5）：定时器/计数器 T0 溢出中断请求标志位。在定时器/计数器 T0 计数溢出时由硬件自动置 TF0 为 1。CPU 响应中断后 TF0 由硬件自动清 0。当 T0 工作时，CPU 可随时查询 TF0 的状态，因此 TF0 可用作查询测试的标志。TF0 也可以用软件置 1 或清 0，与硬件置 1 或清 0 的效果一样。

（4）TF1（D7）：定时器/计数器 T1 溢出中断请求标志位，其操作功能与 TF0 的相同。

 注意

复位后 TMOD、TCON 的各位均清 0。

7.4.3　定时器/计数器的工作方式

80C51 单片机的定时器/计数器 T0 有 4 种工作方式，分别是方式 0、1、2、3，T1 有 3 种工作方式，分别是方式 0、1、2。T0 和 T1 除了工作过程中所使用的寄存器、控制位与标志位不同外，其他的工作方式基本一致。下面以定时器/计数器 T0 为例进行说明。

1. 工作方式 0

当工作方式寄存器 TMOD 中的 M1M0=00 时，定时器/计数器工作于工作方式 0，按 13 位长度工作。分别由 TL0 的低 5 位（TL0 的高 3 位未用）和 TH0 的 8 位构成 13 位计数器，图 7-12 所示为定时器/计数器 T0 在工作方式 0 下的逻辑结构。

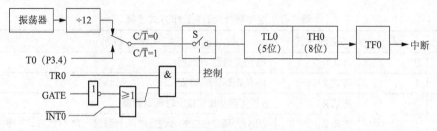

图7-12　定时器/计数器T0在工作方式0下的逻辑结构

在图 7-12 中，$C/\overline{T}$ 为 TMOD 中的控制位，当 $C/\overline{T}$=0 时，单片机工作于定时模式，计数器的输入信号为晶振脉冲的 12 分频，即以机器周期为单位进行计数；当 $C/\overline{T}$=1 时，单片机工作于计数模式，计数器的输入信号为外部引脚 T0（P3.4）。TR0 为定时器/计数器 T0 的启/停控制位，GATE 为定时器/计数器的门控位，用来释放或封锁 $\overline{INT0}$ 引脚信号，当 GATE=1 且 TR0=1 时，计数器的启动受 $\overline{INT0}$ 的控制，此时只有当 $\overline{INT0}$ 为高电平时，计数器才开始计数，当 $\overline{INT0}$ 为低电平时，停止计数。利用这一功能可以检测 $\overline{INT0}$ 引脚上正脉冲的宽度。当定时器/计数器 T0 按照工作方式 0 工作时，计数器的输入信号作用于 TL0 的低 5 位；当 TL0 低 5 位计满产生溢出时，向 TH0 的最低位进位；当 13 位计数器计满产生溢出时，13 位计数器全部清 0，并使 TF0 置 1，向 CPU 发出中断请求。若 T0 继续按照工作方式 0 工作，则应该给 13 位计数器重新赋予计数初值或定时常数。

计数初值或定时常数的计算方法如下。

（1）定时模式（$C/\overline{T}$=0）。在定时模式中，应先计算计数个数，计算公式为：

$$N = t/T_{CY} \tag{7-1}$$

其中 N 为计数个数，T_{CY} 为机器周期，t 为定时时间。

根据计数个数求出送入 TH0、TL0 中的计数初值，计数初值 X 的计算公式为：

$$X = 2^{13} - t/T_{CY} \tag{7-2}$$

例 7-6：设计数个数为 2，求计数初值。

公式法计算：X=8192-2=8190=1FFEH。

求补法计算：对 0 0000 0000 0010B 取反并加 1 得

1 1111 1111 1110B(1FFEH)

（2）计数模式（$C/\overline{T}$=1）。

$$X = 2^{13} - N \tag{7-3}$$

其中 N 为计数次数，X 为计数初值。

 注意

工作方式 0 采用 13 位计数器是为了与早期的产品兼容，计数初值的高 8 位和低 5 位的确定比较麻烦，因此在实际应用中经常用 16 位的工作方式 1 来取代之。T1 在工作方式 0 下的功能与 T0 相同，只须将相关寄存器中 T0 的控制位换成 T1 的控制位即可。

2. 工作方式 1

当工作方式寄存器 TMOD 中 M1M0=01 时，定时器/计数器工作于工作方式 1，按 16 位长度工作。由 8 位 TL0 和 8 位 TH0 构成 16 位计数器。图 7-13 所示为定时器/计数器 T0 在工作方式 1 下的逻辑结构。

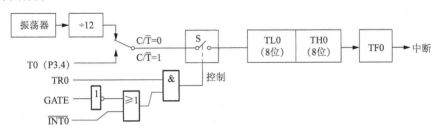

图7-13　定时器/计数器T0在工作方式1下的逻辑结构

工作方式 1 的电路结构和操作方法与工作方式 0 基本相同，它们的差别仅在于不同的计数位数。

计数初值或定时常数的计算方法如下。

（1）定时模式（ $C/\overline{T}=0$ ）。

工作方式 1 的计数位数是 16 位，TL0 作为低 8 位，TH0 作为高 8 位，组成了 16 位加 1 计数器。计数初值 X 的计算公式为：

$$X=2^{16}-N \tag{7-4}$$

N 值根据式（7-1）进行计算。可见，当计数个数为 1 时，初值为 65535；当计数为 65536 时，初值 X 为 0。即初值范围为 65535~0，计数范围为 1~65536。

例 7-7：若要求定时器 T0 工作于工作方式 1，定时时间为 1ms，则当晶振频率为 6MHz 时，送入 TH0 和 TL0 的计数初值各为多少？

解：由于晶振频率为 6MHz，机器周期 $T_{CY}=\dfrac{1}{6\times10^6}\times12=2\times10^{-6}\text{s}=2\mu\text{s}$ ，因此

$$N=\frac{t}{T_{CY}}=\frac{1\times10^{-3}}{2\times10^{-6}}=500$$

$$X=2^{16}-N=65536-500=65036=0\text{FE0CH}$$

即 TH0=0FEH，TL0=0CH。

可以利用以下 2 条 C51 语句来完成：

```
TL0=0x0c ;                //或 TL0=(65536-500)%256，余数为计数初值的低字节
TH0=0xfe ;                //或 TH0=(65536-500)/256，商为计数初值的高字节
```

（2）计数模式（ $C/\overline{T}=1$ ）。

初值的计算公式同式（7-4）。该方式下 T1 的功能和运算情况与 T0 的相同。

3. 工作方式 2

当工作方式寄存器 TMOD 中 M1M0=10 时，定时器/计数器工作于工作方式 2，此时其变为可自动重装载计数初值的 8 位计数器。在工作方式 2 下，TL0 被定义为计数器，TH0 被定义为赋值寄存器，此时，定时器/计数器 T0 的逻辑结构如图 7-14 所示。

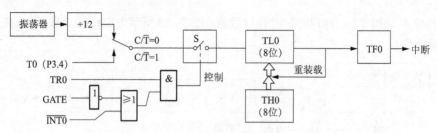

图7-14　定时器/计数器T0在工作方式2下的逻辑结构

当计数器 TL0 计满产生溢出时，不仅使溢出标志位 TF0 置 1（若中断开放，则向 CPU 发出中断请求），同时还自动打开 TH0 与 TL0 之间的三态门，使 TH0 的内容重新装入 TL0 中，并继续计数操作。TH0 的内容可通过编程预置，重新装载后其内容不变。因而用户可省去重新装入计数初值的程序，简化了定时时间的计算，可产生精确的定时时间。计数个数 N 与计数初值的关系如下：

$$X=2^8-N \qquad\qquad (7-5)$$

在定时模式下时，N 的计算见式（7-1）。当计数个数为 1 时，初值 X 为 255；当计数个数为 256 时，初值 X 为 0。即初值范围为 255～0，计数范围为 1～256。

　注意

由于工作方式 2 省去了用户软件重装载初值的程序，因此定时器/计数器比较适合用作较精确的脉冲信号发生器。该方式下 T1 的功能和运算情况与 T0 的相同。

4. 工作方式 3

当工作方式寄存器 TMOD 中 M1M0=11 时，定时器/计数器工作于工作方式 3，内部控制逻辑将 TL0 和 TH0 配置成两个相互独立的 8 位计数器。在该方式下，定时器/计数器 T0 的逻辑结构如图 7-15 所示。

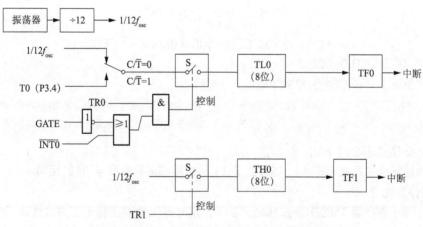

图7-15　定时器/计数器T0在工作方式3下的逻辑结构

其中 TL0 使用了自身的一些控制位（$C/\overline{T}$、GATE、TR0、$\overline{INT0}$、TF0），其工作方式类似于工作方式 0 和 1，既可用于计数，也可用于定时。但此时 TH0 只可用于定时，即只能对机器周期进行计数，它借用了定时器/计数器 T1 的控制位 TR1 和 TF1，因此，TH0 控制了定时器 T1

的中断，而 T1 只能用在不需要任何中断控制的情况下。

工作方式 3 只适合于定时器 T0，使其增加一个 8 位定时器。若定时器 T1 选择工作方式 3，则 T1 将停止工作，即 TR1=0。当定时器/计数器 T0 选择工作方式 3，定时器 T1 仍可工作在工作方式 0、1、2，用在任何不需要中断控制的场合。

在单片机的串行通信应用中，T1 常作为串行口波特率发生器，且工作在工作方式 2，这时将 T0 设置为工作方式 3，可以使单片机的定时器/计数器资源得到充分的利用。

7.4.4　最大定时时间的计算

在 80C51 单片机中，CPU 的工作频率一般有 3 种情况，分别是 12MHz、6MHz、11.0592MHz，即机器周期分别为 1μs、2μs、1.085μs。T0 和 T1 主要有 3 种工作方式，当定时器/计数器分别工作于这 3 种工作方式时，如何来计算每个定时器/计数器的最大定时时间？下面以 T0 为例进行说明。

（1）工作方式 0。

当 $f_{osc} = 12$MHz 时，

$$X = 2^{13} - N = 2^{13} - \frac{t}{T_{CY}} = 8192 - \frac{t}{1\mu s} \geq 0$$

$t \leq 8192 \times 1\mu s$，即 $t_{max} = 8192\mu s \approx 8.19$ms

当 $f_{osc} = 6$MHz 时，

$$X = 2^{13} - N = 2^{13} - \frac{t}{T_{CY}} = 8192 - \frac{t}{2\mu s} \geq 0$$

$t \leq 8192 \times 2\mu s$，即 $t_{max} = 16384\mu s \approx 16.38$ms

当 $f_{osc} = 11.0592$MHz 时，

$$X = 2^{13} - N = 2^{13} - \frac{t}{T_{CY}} = 8192 - \frac{t}{1.085\mu s} \geq 0$$

$t \leq 8192 \times 1.085\mu s$，即 $t_{max} \approx 8888\mu s \approx 8.89$ms

（2）工作方式 1：计算方法与工作方式 0 相同。

当 $f_{osc} = 12$MHz 时，

$$X = 2^{16} - N = 2^{16} - \frac{t}{T_{CY}} = 65536 - \frac{t}{1\mu s} \geq 0$$

$t \leq 65536 \times 1\mu s$，即 $t_{max} = 65536\mu s \approx 65.54$ms。

当 $f_{osc} = 6$MHz 时，$t \leq 65536 \times 2\mu s$，即 $t_{max} = 131072\mu s \approx 131.07$ms。

当 $f_{osc} = 11.0592$MHz 时，$t \leq 65536 \times 1.085\mu s$，即 $t_{max} \approx 71106\mu s \approx 71.11$ms。

（3）工作方式 2：计算方法与工作方式 0 相同。

当 $f_{osc} = 12$MHz 时，

$$X = 2^8 - N = 2^8 - \frac{t}{T_{CY}} = 256 - \frac{t}{1\mu s} \geqslant 0$$

$t \leqslant 256 \times 1\mu s$，即 $t_{max} = 256\mu s \approx 0.26ms$。

当 $f_{osc} = 6MHz$ 时，$t \leqslant 256 \times 2\mu s$，即 $t_{max} = 512\mu s \approx 0.51ms$。

当 $f_{osc} = 11.0592MHz$ 时，$t \leqslant 256 \times 1.085\mu s$，即 $t_{max} \approx 278\mu s \approx 0.28ms$。

例 7-8：若当前单片机的工作频率为 12MHz，需要定时器/计数器 0 产生 50ms 定时，请确定工作方式和计数初值。

分析：单片机的机器周期=12/工作频率=1μs。

方式 0：13 位定时器的最大定时时间间隔为 8.19ms。

方式 1：16 位定时器的最大定时时间间隔为 65.54ms。

方式 2：8 位定时器的最大定时时间间隔为 256μs。

由于需要定时时间为 50ms，因此必须选择工作方式 1 进行定时。

设计数器初值为 x，定时时间为 t，同时机器周期为 1μs，即

$$N = \frac{t}{T_{cy}} = \frac{50 \times 10^{-3}}{1 \times 10^{-6}} = 50000$$

$$x = 2^{16} - N = 65536 - 50000 = 15536 = 3CB0H$$

即 TH0=3CH，TL0=0B0H。

7.5 80C52 的定时器/计数器 T2

80C52 单片机中增加了一个功能较强的 16 位的定时器/计数器 T2，它不仅可用于定时或外部事件的计数，而且具有自动重装载和捕捉能力。T2 在单片机中的中断入口矢量地址为 002BH，与 T2 有关的外部引脚为 P1.0，为外部计数脉冲输入端，P1.1 为外部控制端 T2EX。

7.5.1 T2 的相关控制寄存器

1. 工作方式寄存器 T2MOD

T2MOD 的后两位用来对 T2 进行定时设置和计数方向控制，表 7-10 所示为其位定义。

表 7-10 T2MOD 位定义

T2MOD	D7	D6	D5	D4	D3	D2	D1	D0
C9H	—	—	—	—	—	—	T2OE	DCEN

T2OE：输出允许位。当 T2OE=1 时，允许定时时钟从 P1.0 输出（仅对 80C54/80C58 有效）。

DCEN：计数方向控制使能位。当 DCEN=1 时，计数方向与 P1.1 有关，P1.1=1，T2 作为减 1 计数器；P1.1=0，T2 作为加 1 计数器。T2MOD 的其他位为无效位。

T2MOD 的复位值为 xxxxxx00B。

2. 控制寄存器 T2CON

T2CON 为 T2 的控制寄存器，控制 T2 工作方式等的选择和定义，表 7-11 所示为其位定义。

表 7-11　T2CON 位定义

T2CON	D7	D6	D5	D4	D3	D2	D1	D0
C8H	TF2	EXF2	RCLK	TCLK	EXEN2	TR2	C/$\overline{\text{T2}}$	CP/$\overline{\text{RL2}}$

TF2：T2 的溢出标志位。当 TF2=1 时，向 CPU 申请中断。当 T2 作为波特率发生器时，TF2 不能为 0，它与 TF0、TF1 不同，不能通过硬件自动清 0，必须通过软件来清 0。

EXF2：T2 外部中断标志位。在捕捉和自动重装载方式下，当 EXEN2=1，且在 T2EX 引脚（P1.1）上出现负跳变时，使 EXF2=1，向 CPU 申请中断。当 CPU 响应中断后，必须通过软件来对该位进行清 0。

RCLK：串行口接收数据波特率发生器的选择位。RCLK=1，选择 T2 作为串行数据接收波特率发生器；RCLK=0，选择 T1 作为串行数据接收波特率发生器。

TCLK：串行口发送数据波特率发生器的选择位。TCLK=1，选择 T2 作为串行数据发送波特率发生器；TCLK=0，选择 T1 作为串行数据发送波特率发生器。

EXEN2：外部触发使能端。EXEN2=1，允许外部信号触发捕捉或重装载功能；EXEN2=0，禁止外部信号触发捕捉或重装载功能。

TR2：T2 的运行控制位。TR2=1，启动 T2；TR2=0，关闭 T2。

C/$\overline{\text{T2}}$：T2 定时计数方式的选择位。C/$\overline{\text{T2}}$=1，T2 工作在计数模式；C/$\overline{\text{T2}}$=0，T2 工作在定时模式。

CP/$\overline{\text{RL2}}$：T2 捕捉或重装载功能的选择位。CP/$\overline{\text{RL2}}$=1，选择捕捉方式，这时若 EXEN2=1 且 T2EX 端发生负跳变，则发生捕捉；CP/$\overline{\text{RL2}}$=0，选择重装载方式，这时若 EXEN2=1 且 T2EX 端发生负跳变，则会引发自动重装载操作。当 RCLK=1、TCLK=1 时，CP/$\overline{\text{RL2}}$ 不起作用。

3. 数据寄存器 TH2、TL2

两个 8 位寄存器构成 16 位计数器，可供 CPU 以字节方式进行读/写。

4. 捕捉寄存器 RCAP2H、RCAP2L

用于捕捉计数器 TH2、TL2 的计数状态或预置计数初值。

7.5.2　T2 的工作方式

T2 的工作方式主要包括捕捉、自动重装载、波特率发生器和可编程时钟输出 4 种方式，由 T2CON 中的 RCLK+TCLK 位、TR2 位、CP/$\overline{\text{RL2}}$ 位以及 T2MOD 中的 T2OE 位来选择，具体工作方式的选择如表 7-12 所示。

表 7-12　定时器/计数器 T2 的工作方式选择

RCLK+TCLK	CP/$\overline{\text{RL2}}$	TR2	T2OE	工作方式
0	1	1	0	捕捉方式
0	0	1	0	自动重装载方式
1	X	1	0	波特率发生器方式
0	0	1	1	可编程时钟输出方式
X	X	0	0	关闭

1. 捕捉方式

当 $\overline{CP/RL2}$ =1，TR2=1，且 RCLK=TCLK=0 时，T2 工作于捕捉方式。该方式下会自动将计数器 TH2 和 TL2 中的数据读入 RCAP2H 和 RCAP2L。定时器/计数器 T2 的捕捉方式原理结构如图 7-16 所示。

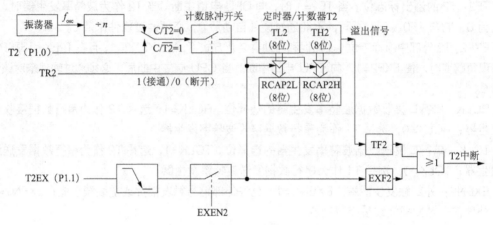

图7-16　定时器/计数器T2的捕捉方式原理结构

当 f_{osc}=12MHz 时，n=12；当 f_{osc}=6MHz 时，n=6。

（1）当 EXEN2=0 时，为普通的定时/计数方式。

T2 为 16 位定时器/计数器，由 $C/\overline{T2}$ 决定其作为计数器还是定时器。若 $C/\overline{T2}$=0，则作为定时器，其计数输入为振荡脉冲的 12 分频；若 $C/\overline{T2}$=1，则作为计数器，以 T2 的外部输入引脚（P1.0）上的输入脉冲作为计数脉冲。溢出时 TF2 置位，向 CPU 申请中断。

（2）当 EXEN2=1 时，为捕捉方式。

T2 在完成普通定时/计数功能的同时，还增加了捕捉功能。在 T2EX（P1.1）的电平发生有效负跳变时，会把 TH2 和 TL2 的内容锁入捕捉寄存器 RCAP2H 和 RCAP2L，并使 TF2 置位，向 CPU 申请中断。

 注意

计数溢出和外部触发信号均可引起中断，但只有外部触发信号可引起捕捉动作。

2. 自动重装载方式

当 $\overline{CP/RL2}$ =0，TR2=1，且 RCLK=TCLK=0 时，T2 工作于自动重装载方式。定时器/计数器 T2 的自动重装载方式原理结构如图 7-17 所示。

（1）DCEN=0 时（采用默认的加计数）的计数和触发重装载。

EXEN2=0，加计数溢出事件使 RCAP2H 和 RCAP2L 的值重装载到 TH2 和 TL2 中，并使 TF2 置位，向 CPU 申请中断。

EXEN2=1，T2EX（P1.1）引脚电平发生负跳变也会使 RCAP2H 和 RCAP2L 的值重装载到 TH2 和 TL2 中，并使 EXF2 置位，向 CPU 申请中断。

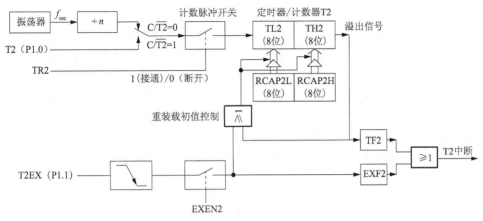

图7-17　定时器/计数器T2的自动重装载方式原理结构

 注 意

> 当 EXEN2=1 时，加计数溢出和外部触发信号均可引起重装载和中断。

（2）DCEN=1 时（计数方向可选）的计数重装载。

DCEN=1，T2EX（P1.1）引脚电平为方向控制。当 P1.1=0 时，T2 为减计数，当 TH2 和 TL2 与 RCAP2H 和 RCAP2L 的值对应相等时，计数器溢出，并使 TH2 和 TL2 为 FFH；当 P1.1=1 时，T2 为加计数，溢出时 TH2 和 TL2 自动重装载为 RCAP2H 和 RCAP2L 的值。这两种溢出都使 TF2 置位，并向 CPU 申请中断。

 注 意

> 当 DCEN=1 时，外部引脚用作方向控制，外部信号不再用来触发中断。T2CON 为 0x04 且当 f_{osc}= 12MHz 时，重装载定时时间可达 65ms（T0 与 T1 仅为 $250\mu s$）。

3. 波特率发生器方式

当 RCLK=1 和 TCLK=1 时，T2 用作波特率发生器，波特率计算方法如式（7-6）所示。定时器/计数器 T2 的波特率发生器方式原理结构如图 7-18 所示。

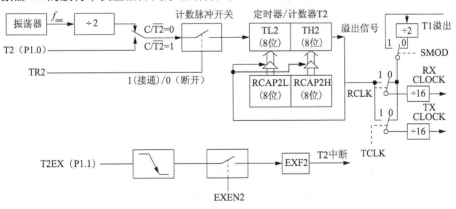

图7-18　定时器/计数器T2的波特率发生器方式原理结构

$$波特率=T2 \text{ 溢出率}/16 \tag{7-6}$$

T2 波特率发生器方式与自动重装载方式类似，16 位常数值是由 RCAP2H 和 RCAP2L 装入的，而捕捉寄存器的初值是由软件置入的。T2 的溢出率是由 T2 的工作方式确定的，而 T2 可以用作定时器或计数器。最典型的应用是把 T2 设置为定时器，即置 $C/\overline{T2}=0$，这时，T2 的输入计数脉冲为振荡频率的 2 分频信号。当 TH2 计数溢出时，溢出信号控制将 RCAP2H 和 RCAP2L 寄存器中的初值重新装入 TL2 和 TH2 中，并从此初值开始重新计数。由于 T2 的溢出率是严格不变的，因而使串行口工作方式 1、工作方式 3（见第 8 章）的波特率非常稳定，即

$$波特率=振荡频率/\{32 \times [65536-(\text{RCAP2H、RCAP2L})]\} \tag{7-7}$$

波特率发生器只有在 RCLK 及 TCLK 为 1 时才有效，此时 TH2 的溢出不会将 TF2 置位。因此，当 T2 工作于波特率发生器方式时可以不禁止中断。如果 EXEN2=1，T2EX 引脚的电平发生负跳变，则其可以作为一个外部中断信号使用。

当 T2 工作于波特率发生器方式时，TR2=1，不允许对 TL2 和 TH2 进行读/写操作，对 RCAP2H 和 RCAP2L 可以读但不可以写，因为此时若对 RCAP2H 和 RCAP2L 进行写操作，会改变寄存器内的常数值，使波特率发生变化。只有当 T2 停止计数后（TR2=0），才可以对 RCAP2H 和 RCAP2L 进行读/写操作。

 注 意

当 T2 作为波特率发生器，且晶振频率为 11.0592MHz 时，如果要求的波特率为 9600MHz，则 T2 的初值为 FFDCH，T2CON 可以设为 0x30。

4. 可编程时钟输出方式

当 T2CON 中的 $C/\overline{T2}=0$，T2MOD 中的 T2OE=1 时，定时器可以通过编程在 P1.0 输出占空比为 50%的时钟脉冲。此时定时器/计数器 T2 的可编程时钟输出方式原理结构如图 7-19 所示。

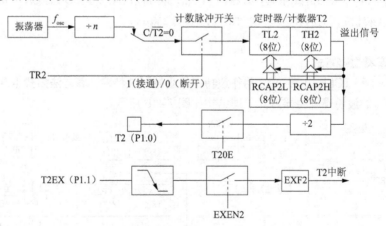

图7-19　定时器/计数器T2的可编程时钟输出方式原理结构

时钟输出频率为：

$$波特率=振荡频率/\{4 \times [65536-(\text{RCAP2H、RCAP2L})]\} \tag{7-8}$$

当作为时钟输出时，TH2 的溢出不会产生中断，这种情况与波特率发生器方式类似。定时器

T2 作为时钟发生器，同时也可以作为波特率发生器，只是波特率和时钟频率不能分别设定（因为二者都使用 RCAP2H 和 RCAP2L ）。

例 7-9：使用定时器/计数器 T2 通过 C51 程序实现 1s 的精确定时，设晶振频率为 12MHz。

分析：要实现 1s 的精确定时，可以先定时 50ms，再中断 20 次，程序如下。

```
……
sbit led=P0^0;
void Timer2( ) interrupt 5          //调用定时器 T2，自动重装载方式
{
    static uchar i=0;               //定义静态变量 i
    TF2=0;                          //定时器 T2 的中断标志位要软件清 0
    i++;                            //计数标志自动加 1
    if(i==20)                       //判断是否到 1s
    {
        i=0;                        //将静态变量清 0
        Led=~led;                   //led 位求反
    }
}
void main( )
{
    EA=1;                           //开总中断
    ET2=1;                          //开定时器 T2 中断
    TR2=1;                          //开启定时器 T2，并设置为自动重装载方式
    RCAP2H=(65536-50000)/256;       //重装载计数器赋初值
    RCAP2L=(65536-50000)%256;
    While(1);
}
```

7.6　定时器/计数器综合应用举例

7.6.1　定时器/计数器的初始化步骤

80C51 的定时器/计数器是可编程的,定时器/计数器的应用通常是利用其产生周期性的波形，如产生周期性的定时，定时时间到则对输出端进行相应的处理等；再如产生周期性的方波，定时时间到则对输出端取反一次即可。在进行定时/计数之前，要先通过软件对它进行初始化，初始化过程如下：

（1）根据要求选择工作方式，确定 T0、T1 的方式控制字，写入方式控制寄存器 TMOD；

（2）根据要求计算定时器/计数器的计数初值，并将其写入初值寄存器 TH0、TL0 或 TH1、TL1；

（3）根据需要开放定时器/计数器中断，即对 IE 进行赋值，后面须编写中断服务程序；

（4）设置定时器/计数器控制寄存器 TCON 的值，启动定时器/计数器使其开始工作，即让TR0、TR1 置位；

（5）等待定时器/计数器时间，时间到则执行中断服务程序。如用查询处理，则编写查询程序以判断溢出标志，若溢出标志等于 1，则进行相应的处理。

7.6.2 计数器应用举例

例 7-10：利用仿真软件 Proteus 和 Keil µVision4 联合仿真实现定时器/计数器的计数功能。计数脉冲由 T0（P3.4）引脚输入，由虚拟信号发生器（VSM Signal Generator）提供。当计满 12 个脉冲后，P1.0 引脚输出一个低电平（LED 亮，开机时 P1.0 引脚为高电平），延时 50ms 后 P1.0 引脚恢复为高电平。

分析：用 T0 完成计数，从 P1.0 引脚输出控制信号，电路仿真如图 7-20 所示。

（1）计数个数为 12，则 T0 可选择工作方式 2，控制字 TMOD 的配置为：M1M0=10，GATE=0，$C/\bar{T}=1$，方式控制字为 06H。

（2）计数初值 X：$N=12$，$X=2^8-N=244=$F4H，即将 F4H 送入 TH0 和 TL0 中。

（3）部分程序如下：

```
......
sbit outpin=P1^0;                    //输出引脚定义
void delay()                         //延时 50ms
{
    uint i;
    for(i=0;i<30000;i++);
}
void main()
{
    TMOD=0x06;                       //8 位自动重装载方式，T0 计数
    TH0=0xf4;                        //初值赋值
    TL0=0xf4;
    outpin=1;
    TR0=1;                           //启动计数
    for(;;)
    {
        for(;;)
        {
            if(TF0)
            {
                TF0=0;
                break;
            }
            outpin=0;
            delay();
            outpin=1;
        }
    }
}
```

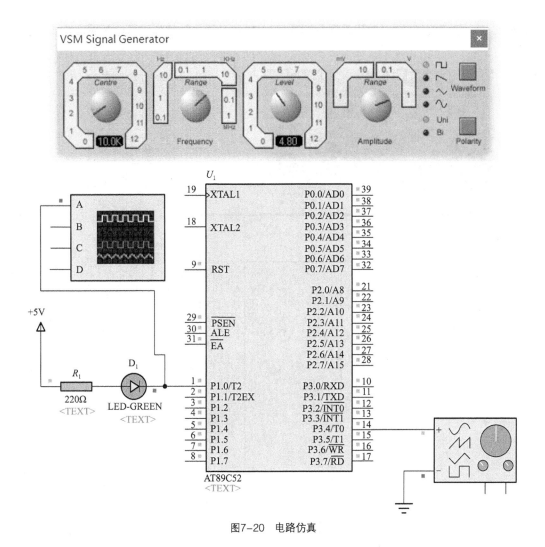

图7-20 电路仿真

例7-11：有一条包装流水线，产品每计数12瓶发出一个包装控制信号，包装流水线示意如图7-21所示。试编写程序以完成这一计数任务，用T0完成计数，用P1.0发出控制信号。

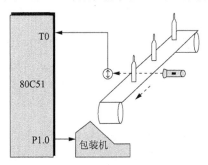

图7-21 包装流水线示意

分析：采用Proteus仿真原理图来模拟该包装流水线的包装过程。系统上电后，数码管显示"P"，采用T0连接按键中断，按键按下一次，代表检测到1瓶产品。当计数满12时，从P1.0

引脚输出一个包装信号，同时数码管显示的数值加 1。包装流水线模拟仿真电路原理图如图 7-22 所示。

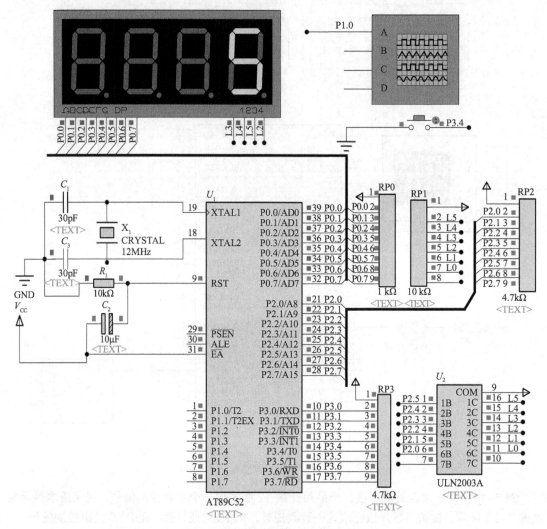

图7-22　包装流水线模拟仿真电路原理图

（1）T0 工作在计数方式 2，控制字 TMOD 配置为 M1M0=10，GATE=0，C/$\overline{T}$=1，方式控制字为 06H。

（2）计数初值 X：N=12，$X=2^8-N$=244=F4H，即将 F4H 送入 TH0 和 TL0 中。

（3）部分程序如下：

```
……
uchar flag,counter=0;
sbit P10=P1^0;
uchar code segcode[]={0xc0,0xf9,0xa4,0xb0,0x99,0x92,0x82,0xf8,0x80,0x90,0x88,
0x83, 0xc6,0xa1,0x86,0x8e,0x8c,0x7f};        //数码管段码定义
void delayms(uint n)                       //工作频率 12MHz，延时 1ms 程序
```

```
{
    uchar j;
    while(n--)
    {
        for(j=0;j<123;j++);
    }
}
void main(void)
{
    TMOD=0x06;                          //8 位自动重装载方式，T0 计数
    TH0=0xf4;
    TL0=0xf4;
    P2=0xfb;
    P0=0x8c;
    IE=0x82;                            //开放中断
    TR0=1;                              //启动计数
    while(1)
    {
        if(flag==1)
        {
            flag=0;
            P10=0 ;
            P0=segcode[counter];
            delayms(20);
            P10=1;
        }
    }
}

void c0isr()interrupt 1               //T0 中断子程序
{
    flag=1;
    counter++;
    if(counter==13) counter=0;
}
```

7.6.3　定时器应用举例

1. 定时时间较小时（使用 12MHz 的晶振时，小于 65ms）

例 7-12：利用定时器/计数器 T0 的工作方式 1，产生 10ms 的定时，并使 P2.7 引脚输出周期为 20ms 的方波，采用中断方式，设系统的晶振频率为 12MHz。

分析：80C51 单片机内部定时器/计数器 T0 产生周期为 20ms 的方波，采用虚拟示波器检测 P2.7 引脚输出的波形，其仿真原理图和仿真波形如图 7-23 所示。

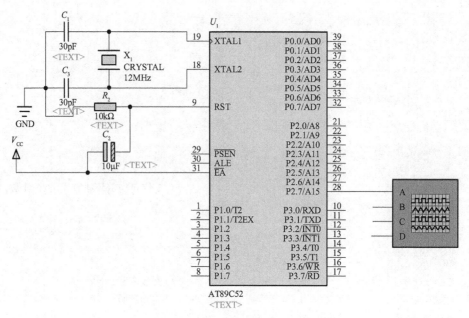

（a）仿真原理图

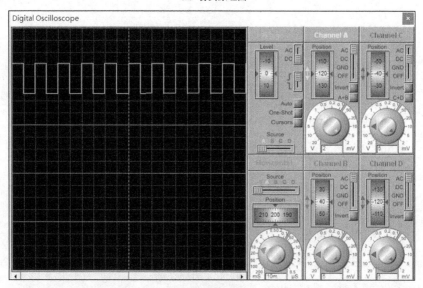

（b）仿真波形

图7-23　T0产生周期为20ms方波的仿真原理图和仿真波形

（1）T0 工作在定时器方式 1，控制字 TMOD 配置为 M1M0=01，GATE=0，C/$\overline{\text{T}}$=0，方式控制字为 01H。

（2）计算计数初值 X。

$$N = \frac{t}{T_{cy}} = \frac{10 \times 10^{-3}}{1 \times 10^{-6}} = 10000$$

$$X = 2^{16} - N = 65536 - 10000 = 55536 = 0D8F0H$$

即 TH0=0D8H，TL0=0F0H。

（3）实现程序如下：

```
……
sbit P27=P2^7;
void main(void)
{
    TMOD=0x01;
    TL0 =0xF0;
    TH0 =0xD8;
    IE = 0x82;
    TR0 =1;
    while(1);
}
void T0Isr() interrupt 1
{
    P27 =~P27;
    TL0 =0xF0;
    TH0 =0xD8;
}
```

2. 定时时间较大时（使用 12MHz 的晶振时，大于 65ms）

例 7-13：利用定时器/计数器 T0 使 P2.7 引脚输出周期为 1s 的方波，设系统的晶振频率为 12MHz。

实现方法：一是采用 1 个定时器定时一定的间隔（如 20ms），然后用软件进行计数；二是采用 2 个定时器级联，其中一个定时器用来产生周期信号（如周期为 20ms），然后将该信号送入另一个定时器的外部脉冲输入端进行脉冲计数。

分析：输出波形的周期是 1s，即定时时间为 500ms，仿真原理图与图 7-23（a）相同，输出波形如图 7-24 所示。

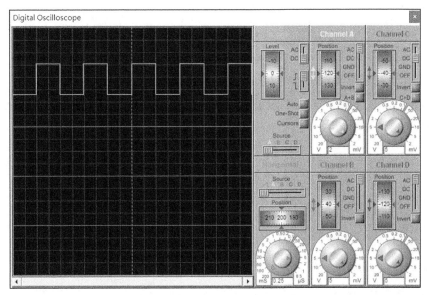

图7-24　输出周期为1s方波的仿真波形

采用方法 1，先利用定时器定时 20ms，然后通过软件计数 25 次。

（1）T0 工作在定时器方式 1，控制字 TMOD 配置为 M1M0=01，GATE=0，C/$\overline{T}$=0，方式控制字为 01H。

（2）计算计数初值 X。

$$N = \frac{t}{T_{cy}} = \frac{20 \times 10^{-3}}{1 \times 10^{-6}} = 20000$$

$$X = 2^{16} - N = 65536 - 20000 = 45536 = 0B1E0H$$

即 TH0=0B1H，TL0=0E0H。

（3）部分实现程序如下：

```
……
sbit P27=P2^7;
void main(void)
{
    TMOD=0x01;
    TL0=0xE0;
    TH0=0xB1;
    IE=0x82;
    TR0=1;
    while(1);
}
void T0Isr() interrupt 1
{
    static uchar Counter;
    Counter++;
    if(Counter==25)
    {
        P27=~P27;
        Counter=0;
    }
    TL0=0xE0;
    TH0=0xB1;
}
```

采用方法 2，T0 定时 20ms，然后用 T1 计数 T0 的中断次数 25 次。

（1）T0 工作在定时器方式 1，控制字 TMOD 配置为 M1M0=01，GATE=0，C/$\overline{T}$=0；T1 工作在计数器方式 2，控制字 TMOD 配置为 M1M0=10，GATE=0，C/$\overline{T}$=1；方式控制字为 61H。

（2）计算 T0 初值 X_0：

$$N = \frac{t}{T_{cy}} = \frac{20 \times 10^{-3}}{1 \times 10^{-6}} = 20000$$

$$X_0 = 2^{16} - N = 65536 - 20000 = 45536 = 0B1E0H$$

即 TH0=0B1H，TL0=0E0H。

计算 T1 初值 X_1：

$$X_1 = 2^8 - N = 256 - 25 = 231 = 0E7H$$

即 TH0=TL0=0E7H。

（3）部分实现程序如下：

```
……
sbit P27=P2^7;
sbit P35=P3^5;
void main(void)
{
    TMOD=0x61;
    TH0=0xb1;
    TL0=0xe0;
    TH1=0xe7;
    TL1=0xe7;
    EA=1;
    ET0=1;
    ET1=1;
    TR0=1;
    TR1=1;
    while(1);
}
void T0Isr() interrupt 1
{
    P35=!P35;
    TL0=0xe0;
    TH0=0xb1;
}
void C1Isr() interrupt 3
{
    P27=!P27;
}
```

3. 不规则波形输出

例 7-14：利用定时器/计数器 T0 从 P2.7 输出周期为 1s、脉宽为 20ms 的正脉冲信号，设系统的晶振频率为 12MHz，试设计实现程序。

分析：输出波形的周期为 1s，其中包含 20ms 的正脉冲信号，仿真原理图与图 7-23（a）相同，仿真波形如图 7-25 所示。

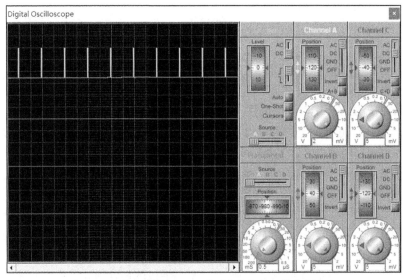

图7-25　输出周期为1s、正脉冲宽度为20ms的仿真波形

（1）T0 工作在定时器方式 1，控制字 TMOD 配置为 M1M0=01，GATE=0，C/$\overline{\text{T}}$=0，方式控制字为 01H。

（2）计算计数初值 X。

$$N = \frac{t}{T_{cy}} = \frac{20 \times 10^{-3}}{1 \times 10^{-6}} = 20000$$

$$X = 2^{16} - N = 65536 - 20000 = 45536 = 0\text{B1E0H}$$

即 TH0=0B1H，TL0=0E0H。

（3）部分实现程序如下：

```
……
uchar  x;
sbit P27=P2^7;
void InitTimer0(void)
{
    TMOD = 0x01;                          //T0 定时.
    TH0 = (65536 - 20000) / 256;         //0xB1;
    TL0 = (65536 - 20000) % 256;         //0xE0;
    EA = 1;
    ET0 = 1;
    TR0 = 1;
}
void main(void)
{
    InitTimer0();
    x = 0;
    while(1);
}
void Timer0Interrupt(void) interrupt 1
{
    TH0 = (65536 - 20000) / 256;
    TL0 = (65536 - 20000) % 256;
    x++;                                  //每 20ms 加 1
    if (x >= 50) x = 0;                   //加到 50 就归 0
    if (x == 0)   P27 = 1;                //在 x=0 的 20ms 内，输出 1
    else          P27 = 0;                //在其他时间，输出 0
}
```

4. 单定时器产生多个定时时间间隔

利用一个定时器，也可以采用软件计数的方法产生多个定时时间间隔。这样可以有效地利用定时器/计数器资源，同时可以方便地完成时间触发的多任务调度工作。

例 7-15：设 80C51 单片机的时钟频率是 12MHz，用定时器/计数器 T0 控制 P1.0、P1.1 端的两个 LED（D_1 与 D_2）按不同的周期显示，其中 D_1 的闪烁周期为 200ms，D_2 的闪烁周期为 800ms。

分析：通过定时器/计数器 T0 产生两个定时时间间隔，分别是 D_1 的闪烁周期为 200ms，则定时时间间隔为 100ms；D_2 闪烁周期为 800ms，则定时时间间隔为 400ms，仿真原理图及仿真波形如图 7-26 所示。先采用定时器定时 25ms，然后通过软件分别计数 4 次、16 次的方法来实

现 D_1、D_2 的定时时间间隔。

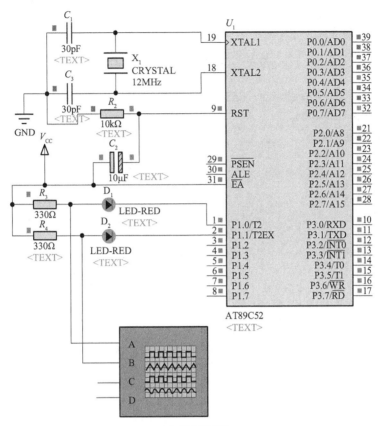

（a）仿真原理图

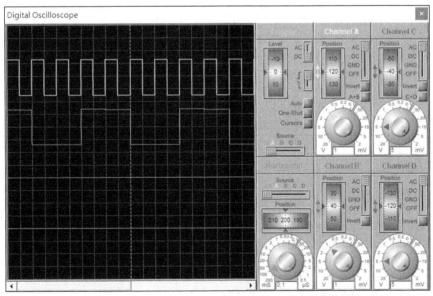

（b）仿真波形

图7-26　单定时器产生两个定时时间间隔的仿真原理图和仿真波形

（1）T0 工作在定时器方式 1，控制字 TMOD 配置为 M1M0=01，GATE=0，C/$\overline{\text{T}}$=0，方式控制字为 01H。

（2）计算计数初值 X。

$$N = \frac{t}{T_{CY}} = \frac{25 \times 10^{-3}}{1 \times 10^{-6}} = 25000$$

$$X = 2^{16} - N = 65536 - 25000 = 40536 = 9E58H$$

即 TH0=9EH，TL0=58H。

（3）部分实现程序如下：

```
......
sbit D1=P1^0;
sbit D2=P1^1;
uchar cnt1;
uchar cnt2;
void main(void)
{
    TMOD=0x01;                         //将 T0 初始化
    TL0 =(65536-25000)%256;
    TH0 =(65536-25000)/256;
    IE = 0x82;
    TR0 =1;
    while(1);
}
void T0Isr() interrupt 1
{
    cnt1++;
    cnt2++;
    if(cnt1==4)                        //若累计满 4 次，即计时满 100ms
    {
        D1=~D1;                        //按位取反操作，将 P1.0 引脚输出电平取反
        cnt1=0;                        //将 cnt1 清 0，重新从 0 开始计数
    }
    if(cnt2==16)                       //若累计满 16 次，即计时满 400ms
    {
        D2=~D2;                        //按位取反操作，将 P1.1 引脚输出电平取反
        cnt2=0;                        //将 cnt2 清 0，重新从 0 开始计数
    }
    TH0=(65536-25000)/256;             //定时器 T0 的高 8 位重新赋初值
    TL0=(65536-25000)%256;             //定时器 T0 的低 8 位重新赋初值
}
```

7.6.4　定时器/计数器门控位应用举例

例 7-16：测量$\overline{\text{INT0}}$引脚上出现的正脉冲宽度，并将结果（以机器周期的形式）存放在变量

high 和 low 两个单元中。

　　分析:被测信号与计数的关系如图 7-27 所示,将 T0 设置为方式 1 的定时方式,且 GATE=1, 计数器初值为 0,将 TR0 置 1。当 $\overline{INT0}$ 引脚上出现高电平时,加 1 计数器开始对机器周期进行计数;当 $\overline{INT0}$ 引脚上出现低电平时,停止计数,然后读取 TH0、TL0 的值。

图7-27　被测信号与计数的关系

　　部分实现程序如下:

```
……
uint Count;
uchar High,Low;
sbit P32=P3^2;
void main(void)
{
    while(1)
    {
        TMOD=0x09;
        TL0=0;
        TH0=0;
        while(P32);
        TR0=1;
        while(!P32);
        while(P32);
        TR0=0;
        Low=TL0;
        High=TH0;
        Count=TH0;
        Count<<=8;
        Count|=TL0;
    }
}
```

7.6.5　定时器/计数器综合应用举例

　　例 7-17: 利用定时器/计数器 T0 产生 9.9s 的计时设计。开始时,显示"00",第 1 次按下按键后开始计时,第 2 次按下按键后,停止计时,第 3 次按下按键后,计时归 0。

　　分析:时间的显示采用 4 位一体的共阴极数码管,其中 3、4 两个数码管显示秒表计数,中断控制由 $\overline{INT0}$ 连接按键输入,其仿真原理图如图 7-28 所示。

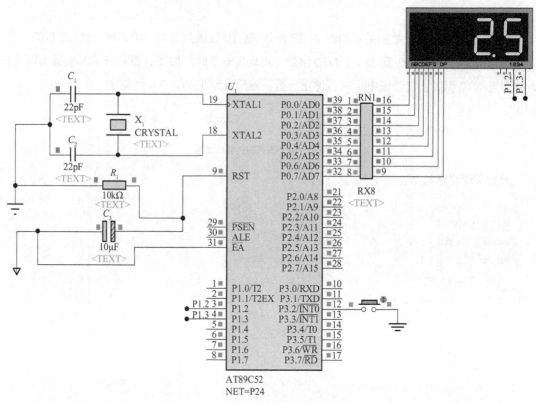

图7-28　T0产生9.9s计时设计仿真原理图

实现程序如下：

```c
#include<reg52.h>
unsigned char code table[]={0x3f,0x06,0x5b,0x4f,0x66,0x6d,0x7d,0x07,0x7f,
                    0x6f,};              //共阴极数码管显示
unsigned char sec;                        //定义计数值，每过0.1s，sec加1
unsigned char keycnt=1;                   //键值判断
unsigned int  tcnt;                       //中断次数计数器
sbit gewei=P1^3;                          //个位选通定义
sbit shiwei=P1^2;                         //十位选通定义
sbit INT_0=P3^2;                          //按键定义位

void Delay(unsigned int tc)               //延时子程序
{
    while(tc!=0)
    {
        unsigned int i;
        for(i=0;i<100;i++);
        tc--;
    }
}
void LED( )                               //显示函数
```

```
{
    shiwei=0;
    P0=table[sec/10]|0x80;              //十位加上小数点
    Delay(5);
    shiwei=1;
    gewei=0;
    P0=table[sec%10];
    Delay(5);
    gewei=1;
}

void KEY( )                             //按键扫描程序
{
    unsigned char i,j;
    if(INT_0==0)
    {
        for(i=20;i>0;i--)               //延时去干扰
        for(j=248;j>0;j--);
        if(INT_0==0)
        {
            switch(keycnt)              //按下次数判断
            {
                case 1:                 //第 1 次按下
                TH0=0x06;               //对 TH0、TL0 赋初值
                TL0=0x06;
                TR0=1;                  //开始定时
                keycnt=2;               //为第 2 次做准备
                break;
                case 2:                 //第 2 次按下
                TR0=0;                  //定时结束
                keycnt=3;               //为第 3 次按下做准备
                break;
                case 3:                 //第 3 次按下
                keycnt=1;               //重新开始判断键值
                sec=0;                  //计数重新从 0 开始
                break;
            }
            while(INT_0==0);
        }
    }
}

void t0(void) interrupt 1 using 0       //定时中断服务函数
{
    tcnt++;                             //每过 250μs，tcnt 加 1
    if(tcnt==400)                       //计满 400 次（0.1s）时
```

```c
    {
        tcnt=0;                          //重新再计
        sec++;
        if(sec==100)                     //定时 10s，再从 0 开始计时
        {
            sec=0;
        }
    }
}

void main(void)
{
    TMOD=0x02;                           //定时器工作在方式 2 的自动重装载方式下
    ET0=1;                               //允许 T0 产生中断
    EA=1;                                //开总中断
    sec=0;
    while(1)
    {
        KEY( );
        LED( );
    }
}
```

本章小结

80C51 单片机的中断系统提供了 5 个中断源，分别为外部中断源INT0 和INT1，定时器/计数器 T0、T1 溢出中断，串行口的接收和发送中断，而 80C52 单片机还增加了定时器/计数器 T2 中断。

5 个中断源的中断请求是由定时器/计数器控制寄存器 TCON 和串行控制寄存器 SCON 中的相关标志位来设置的。当某一中断源提出中断请求时，系统硬件将自动置位 TCON 中的相关位，同时 TCON 中的 ITx 位可以设置外部中断的触发方式；而 CPU 对中断源的开放和禁止是由中断允许控制寄存器 IE 中的相关位来决定的。这 5 个中断源有 2 个优先级，由中断优先级控制寄存器 IP 进行设定，而同一优先级别的中断优先级由系统硬件确定的自然优先级顺序来进行排队。

单片机的定时器/计数器 T0 和 T1，实质上是 16 位的加 1 计数器，即两个 16 位的寄存器对 TH0、TL0 和 TH1、TL1。定时器/计数器的启/停由 TCON 中的 TRx 位来控制（软件控制），或由 INT0、INT1引脚输入的外部信号来控制（硬件控制）。每个定时器/计数器都可以通过 TMOD 中的 C/T̄ 而被设定为定时模式或计数模式，它们都有 4 种工作方式，由 TMOD 中的 M1M0 设定。每种方式计算的定时、计数的初值不一样，计数初值是存放在 TH0、TL0 和 TH1、TL1 中的。80C52 单片机的 T2 也有 4 种工作方式，即捕捉方式、自动重装载方式、波特率发生器方式和可编程时钟输出方式，由 T2MOD 和 T2CON 中的相关位决定。

单片机中断的应用主要有单外部中断源和双外部中断源的使用，而定时器/计数器的应用主要包括计数器的应用、定时器的应用、不规则脉冲信号和单定时器多定时时间间隔的产生和应用。

练习与思考题 7

1. 80C51 有几个中断源？各中断标志位的意义是什么？CPU 响应各中断时，中断入口地址是什么？

2. 简述调用子程序和执行中断服务程序的异同点。

3. 80C51 单片机中断的自然优先级顺序是什么？如何提高某一中断源的优先级别。

4. 串行中断只有一个中断向量，在中断服务程序中如何区分其是发送中断还是接收中断？

5. 多个中断源共用一个电路向 CPU 申请中断时，如何在中断服务程序中对它们进行区分？

6. 根据定时器/计数器 T0 的方式 1 逻辑结构，分析当门控位 GATE 取不同值时启动定时器的工作过程。

7. 简述定时器/计数器的控制寄存器 TCON 中各位的作用？

8. 简述定时器/计数器 T0、T1 的初始化过程。

9. 当定时器/计数器 T0 工作于方式 3 时，定时器/计数器 T1 可以工作在何种方式下？如何控制 T1 的开启和关闭？

10. 当遇到"使用一个定时器无法满足定时需求"这一问题时，有几种解决方法？

11. 已知单片机应用系统的晶振频率为 6MHz，若要求定时值为 10ms 时，则定时器 T0 工作在方式 1 时，定时器 T0 对应的初值是多少？TMOD 的值是多少？TH0 和 TL0 的值又是多少？

12. 使用 AT89C51 单片机的定时器 T0，并且假设其工作于方式 2，请编程实现在 P1.0 口输出周期为 400μs，占空比为 10：1 的脉冲。

13. 利用 AT89C51 的 P1 口控制 8 个 LED，相邻的 4 个 LED 为一组，并使 2 组每隔 0.5s 交替发亮一次，周尔复始。试编写实现程序。

14. 要求从 P1.1 引脚输出 1000Hz 的方波，晶振频率为 12MHz。试编写实现程序。

15. 利用定时器/计数器 T1 定时中断控制，使 P1.7 引脚驱动 LED 亮 1s 灭 1s 地闪烁（输出脉冲周期为 2s），设时钟频率为 12MHz。

16. 利用定时器/计数器 T0 产生定时时钟，由 P1 口控制 8 个指示灯。编写程序以实现 8 个指示灯依次闪烁，闪烁频率为 1 次/s（即亮 1s 后熄灭并点亮下一个 LED）。

17. 已知 80C51 单片机的工作频率为 12MHz，采用定时器/计数器 T1 定时，试编写程序以实现 P1.0 和 P1.1 引脚分别输出周期为 2ms 和 500μs 的方波。

18. 定时器/计数器 T0 已预置为 156，且选定为方式 2 的计数方式，T0 输入周期为 1ms 的脉冲，此时 T0 的实际用途是什么？在什么情况下计数器 T0 溢出？

19. 编程实现 P1.0 输出 PWM 信号，即脉冲频率为 2kHz、占空比为 7：10 的矩形波，晶振频率为 12MHz。

20. 两只开关分别接入 P3.0 和 P3.1，在开关信号的 4 种不同组合所对应的逻辑状态下，使 P1.0 分别输出频率为 0.5kHz、1kHz、2kHz、4kHz 的方波，晶振频率为 12MHz。

8 Chapter

第 8 章
80C51 单片机的串行通信

80C51 单片机有 1 个可编程的全双工串行（通信）口。本章介绍 80C51 单片机串行口的结构和工作方式，以及在各种工作方式下的应用编程。

学习目标	（1）了解计算机串行通信的基本概念； （2）了解 80C51 单片机串行口的结构； （3）掌握 80C51 单片机串行口的工作方式； （4）熟悉 80C51 单片机串行口各种工作方式下程序的编写方法。
重点内容	（1）80C51 单片机串行口接收和发送数据的实现方法； （2）80C51 单片机串行通信的格式规定； （3）80C51 单片机串行通信的程序设计思想。
目标技能	（1）采用 80C51 单片机串行口实现数据的接收； （2）采用 80C51 单片机串行口实现串并转换或并串转换。
模块应用	（1）单片机与计算机之间的通信； （2）单片机与单片机之间的通信； （3）并口的扩展应用。

8.1　串行通信基础

通信是信息的交换。计算机通信是计算机技术和通信技术的结合，可完成计算机与外围设备、计算机与计算机之间的信息交换。通信有并行通信和串行通信两种方式。在多机系统以及现代测控系统中，信息的交换多采用串行通信方式。

并行通信通常是将数据字节的各位用多条数据线同时进行传送，如图 8-1 所示。

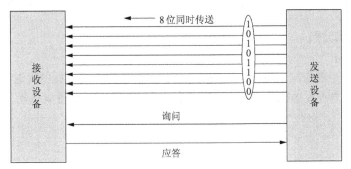

图8-1　并行通信示意

并行通信的特点：控制简单、传输速度快；但传输线较多，长距离传送时成本高且接收方的各位同时接收存在困难。

8.1.1　串行通信的基本概念

串行通信是将数据字节分成一位一位的形式，在一条传输线上顺次传送，如图 8-2 所示。

图8-2　串行通信示意

串行通信的特点：传输线少，长距离传送时成本低，且可以利用电话网等现成的设备，但数据的传送控制比并行通信复杂。

1．串行通信的传输方向

串行通信依据数据传输方向及时间关系可分为：单工、半双工和全双工，如图 8-3 所示。

（1）单工。

单工是指数据传输仅能沿一个方向进行，不能实现反向传输，如遥控器。

（2）半双工。

半双工是指数据传输可以沿两个方向进行，但需要分时进行，如对讲机。

（3）全双工。

全双工是指数据可以同时进行双向传输，如手机。

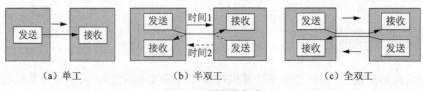

　　（a）单工　　　　　　　　（b）半双工　　　　　　　（c）全双工

图8-3　3种传输方式

80C51 单片机有一个全双工串行口，即 P3.0 和 P3.1 可复用为串行口。TXD（P3.1）是发送端，单片机就是从这个引脚发送串行信号的；RXD（P3.0）是接收端，从外界接收串行信号，送入单片机进行处理。

2. 串行通信的分类

（1）异步通信。

异步通信是指通信的发送与接收设备使用各自的时钟来控制数据的发送和接收，如图 8-4 所示。为使通信双方收发协调，要求发送设备和接收设备的时钟尽可能一致。

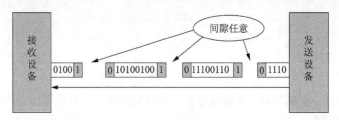

图8-4　异步通信示意

异步通信是以字符（构成的帧）为单位进行传输的，字符与字符之间的间隙（时间间隔）是任意的，但每个字符中的各位是在固定的时间传送的，即字符之间不一定有"位间隔"的整数倍的关系，但同一字符内的各位之间的距离均为"位间隔"的整数倍。异步通信的数据格式如图 8-5 所示。

图8-5　异步通信的数据格式

在异步通信时，对字符必须规定一定的格式，以便接收方判别何时有字符送入及何时是一个新的字符的开始。一个字符由以下 5 部分组成。

● 起始位：0。

● 数据位：5 位、6 位、7 位或 8 位，低位在前。

● 奇偶校验位：只占一位，可以是奇校验、偶校验、无校验。此位也可作为地址/数据帧标志。

● 停止位：1，可以是 1 位或 2 位。

● 空闲位：线路在不传送数据时应保持为 1。

帧：从起始位开始到停止位结束的全部内容称为一个字符帧（简称帧）。帧是一个字符的完整通信格式。

异步通信的特点：不要求收发双方的时钟严格一致，实现容易，设备开销较小，但每个字符要附加 2~3 位用于起止位，各帧之间还有间隔，因此传输效率不高。

（2）同步通信。

同步通信是按数据块传送的，把传送的数据或字符顺序按从低位到高位连接起来，组成数据块。在数据块前面加上特殊的同步字符（一般约定为 1~2 个字符），作为数据块的起始符号，使发送端与接收端取得同步。一旦检测到约定同步字符，就按顺序连续地接收数据。在同步通信时，数据或字符之间不允许有间隔。如果发送的数据块之间有间隔，则可发送同步字符填充。

在同步通信时，要建立发送时钟对接收方时钟的直接控制，使双方达到完全同步，如图 8-6 所示。此时，传输数据的位之间的距离均为"位间隔"的整数倍，同时传送的字符间不留间隙，既保持位同步关系，也保持字符同步关系。发送方对接收方的同步可以通过两种方法实现。

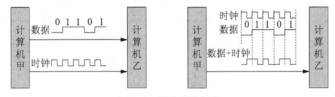

图8-6　同步通信示意

同步通信的特点：同步通信传送速度较快，但不适用于发送数据量少且间隔较长的场合。

8.1.2　串行通信的接口标准

1. RS-232C 接口

RS-232C 接口是美国电子工业协会（Electronic Industries Alliance，EIA）于 1969 年修订的标准。RS-232C 接口定义了数据终端设备（Data Terminal Equipment，DTE）与数据通信设备（Data Communication Equipment，DCE）之间的物理接口标准。

（1）机械特性。

RS-232C 接口规定使用 25 针连接器，连接器的尺寸及每个引脚的排列位置都有明确的定义。一般的应用中不一定用到 RS-232C 接口的全部信号线，这时通常采用 DB9（9 针）连接器替代 DB25（25 针）连接器，如图 8-7 所示。

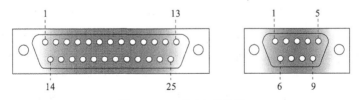

图8-7　DB25和DB9连接器

（2）功能特性（2、3、5 这 3 个引脚）。

RS-232C 接口的主要信号线的功能定义如表 8-1 所示。表中第 1 列括号外的数字表示 25 针串行口的引脚序号，括号内的数字表示 9 针串行口的引脚序号。

表 8-1　RS-232C 接口主要信号线的功能定义

引脚序号	信号线名称	功能	信号方向
1	PGND	保护接地	
2（3）	TXD	发送数据（串行输出）	DTE→DCE
3（2）	RXD	接收数据（串行输入）	DTE←DCE
4（7）	RTS	请求发送	DTE→DCE
5（8）	CTS	允许发送	DTE←DCE
6（6）	DSR	DCE 就绪（数据建立就绪）	DTE←DCE
7（5）	SGND	信号接地	
8（1）	DCD	载波检测	DTE←DCE
20（4）	DTR	DTE 就绪（数据终端准备就绪）	DTE→DCE
22（9）	RI	振铃指示	DTE←DCE

（3）电气特性。

RS-232C 接口采用负逻辑电平，规定−3～−25V 为逻辑"1"，+3～+25V 为逻辑"0"，−3～+3V 为未定义区。TTL 电平规定 2～5V 为逻辑"1"，0～+0.8V 为逻辑"0"，+0.8～+2V 为未定义区。由于 RS-232C 接口的逻辑电平与 TTL 电平不兼容，通常为了能够与计算机接口或终端的 TTL 器件连接，必须在 RS-232C 接口与 TTL 电路之间进行电平和逻辑关系的变换。十分常用的芯片是 MAX232，使用+5V 电源即可同时实现 TTL 电平与 RS-232C 电平的双向转换，如图 8-8 所示。

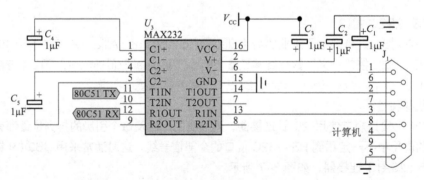

图8-8　TTL电平与RS-232C接口电平的转换电路

RS-232C 接口的发送方和接收方之间的信号线采用多芯信号线，要求多芯信号线的总负载电容不能超过 2500pF。通常 RS-232C 接口的传输距离为几十米，传输速率小于 20kbit/s。

（4）过程特性。

过程特性规定了信号之间的时序关系，以便正确地接收和发送数据。若通信双方都具备 RS-232C 接口，则它们可以直通连接，不必考虑电平转换，而单片机与普通计算机的 RS-232C 接口的连接，则需要考虑电平转换问题。远程 RS-232C 接口通信需要调制解调器（Modem），而近程 RS-232C 接口通信（<15m）则可以不用调制解调器，其连接如图 8-9 所示。

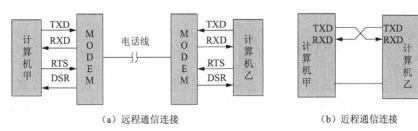

（a）远程通信连接　　　　　　　　（b）近程通信连接

图8-9　RS-232C接口通信连接

（5）采用 RS-232C 接口存在的问题。

● 传输距离短，传输速率低。

RS-232C 接口受电容允许值的约束，使用时传输距离一般不要超过 15m（线路条件好时也不超过几十米），最高传输速率为 20kbit/s。

● 有电平偏移。

RS-232C 接口要求收发双方共地。通信距离较大时，收发双方的地电位差别较大，在信号地上将有比较大的地电流并且会产生压降。

● 抗干扰能力差。

RS-232C 接口在电平转换时采用单端输入/输出，在传输过程中，干扰和噪声混在正常的信号中。为了提高信噪比，RS-232C 接口不得不采用比较大的电压摆幅。

2. RS-485 接口

RS-485 是 RS-422A 的变型：RS-422A 用于全双工通信，而 RS-485 则用于半双工通信，RS-485 接口示意如图 8-10 所示。RS-485 是一种多发送器标准，在通信线路上最多可以使用 32 对差分驱动器/接收器。如果在一个网络中连接的设备超过 32 个，则可以使用中继器。

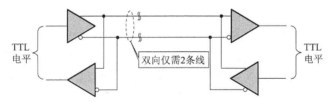

图8-10　RS-485接口示意

RS-485 接口的信号传输采用两线间的电压来表示逻辑 1 和逻辑 0。由于发送方需要 2 条传输线，接收方也需要 2 条传输线，传输线采用差动信道，因此它的干扰抑制性极好。又因为它的阻抗低，无接地问题，所以传输距离可达 1200m，传输速率可达 1Mbit/s，300m 以下无须接电阻。

RS-485 接口是一点对多点的通信接口，一般采用双绞线的结构。普通的计算机一般不带 RS-485 接口，因此要使用 RS-232C/RS-485 转换器。单片机可以通过芯片 MAX485 来完成 TTL/RS-485 的电平转换。在计算机和单片机组成的 RS-485 通信系统中，下位机由单片机应用系统组成，上位机为普通的计算机，负责监视下位机的运行状态，并对其状态信息进行集中处理，以图文方式显示下位机的工作状态以及工业现场被控设备的工作状况。系统中各节点（包括上位机）的识别是通过设置不同的地址来实现的。

8.2 80C51 单片机的串行口

80C51 单片机具有一个采用通用异步接收/发送器工作方式的全双工串行口，引脚 RXD 和 TXD 与外界进行数据传输，通常可以同时发送和接收数据。利用这个接口，单片机可以很方便地与其他计算机或带串行口的外围设备（如串行打印机、CRT 终端等）实现双机、多机通信。

8.2.1 80C51 单片机串行口的结构和工作原理

1. 80C51 串行口的结构

80C51 串行口结构如图 8-11 所示。

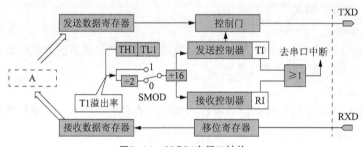

图8-11　80C51串行口结构

80C51单片机串行口主要由发送数据寄存器、发送控制器、控制门、接收数据寄存器、接收控制器、移位寄存器等组成。

2. 80C51 单片机串行口的工作原理

发送数据寄存器和接收数据寄存器是两个物理上独立的接收、发送缓冲器，它们占用同一地址 99H，可同时接收和发送数据（全双工）。接收缓冲器是双缓冲结构，只能读取，不能写入。在接收缓冲器之前还有移位寄存器，从而构成了串行接收的双缓冲结构，以避免在数据接收过程中出现帧重叠错误。发送缓冲器，只能写入，不能读取，因为发送时 CPU 是主动的，所以不会产生帧重叠错误。定时器 T1 作为串行通信的波特率发生器，T1 溢出率先经过 2 分频（也可不分频），再经过 16 分频作为串行发送或接收的移位时钟。

发送数据时，执行一条向发送缓冲器写入数据的指令，把数据写入串行口数据发送缓冲器，就启动了发送过程。在发送时钟的控制下，先发送一个低电平的起始位，接着把发送缓冲器的数据按低位在前、高位在后的顺序发送，最后发送一个高电平的停止位。一个字节发送完毕，数据发送缓冲器标志 TI 置位。

接收数据时，当串行口控制寄存器中的 REN 位为 1，即串行口允许接收数据时，接收器开始工作。如果接收到有效数据，则把接收的数据放到接收缓冲器。一个字节接收完毕，数据接收缓冲器标志 RI 置位。

8.2.2 80C51 单片机串行口的控制寄存器

1. 串行口控制寄存器（SCON）

SCON 是一个特殊功能寄存器，可用于设定串行口的工作方式、接收/发送控制以及设置状态标志。SCON 已在头文件<reg51.h>中定义，它的每一位都有一个大写的名称，如表 8-2 所示，即可以通过位名称进行位寻址，也可以以字节形式访问。

表 8-2　SCON 的位定义

SCON	D7	D6	D5	D4	D3	D2	D1	D0
98H	SM0	SM1	SM2	REN	TB8	RB8	TI	RI

表 8-2 中，SM0 和 SM1 为工作方式选择位，可选择 4 种工作方式，具体如表 8-3 所示。

表 8-3　串行口的工作方式

SM0	SM1	工作方式	说明	波特率
0	0	0	同移位寄存器	$f_{osc}/12$
0	1	1	10 位异步收发器（8 位数据）	可变
1	0	2	11 位异步收发器（9 位数据）	$f_{osc}/64$ 或 $f_{osc}/32$
1	1	3	11 位异步收发器（9 位数据）	可变

（1）SM2：多机通信控制位，主要用于工作方式 2 和工作方式 3。

● 当 SM2=1 时，只有接收到第 9 位数据（RB8）为 1，RI 才会置 1（此时 RB8 具有控制 RI 激活的功能，进而在中断服务中可将数据从缓冲器中读取）。

● 当 SM2=0 时，收到字符 RI 置 1，使收到的数据进入缓冲器（此时 RB8 不具有控制 RI 激活的功能）。通过控制 SM2，可以实现多机通信。

（2）REN：允许串行接收位。若软件设置 REN=1，则启动串行口接收数据；若软件设置 REN=0，则禁止接收。

（3）TB8：在工作方式 2 或工作方式 3 中，TB8 是发送数据的第 9 位，可以用软件规定其作用。其也可作为数据的奇偶校验位，或在多机通信中作为地址帧/数据帧的标志位。

在工作方式 0 和工作方式 1 中，该位未用，默认为 0。

（4）RB8：在工作方式 2 或工作方式 3 中，RB8 是接收到数据的第 9 位，作为奇偶校验位或地址帧/数据帧的标志位。在工作方式 1 中，若 SM2=0，则 RB8 是接收到的停止位。

（5）TI：发送中断标志位。在工作方式 0 中，当串行发送第 8 位数据结束时，或在其他方式中串行发送停止位开始时，由内部硬件使 TI 置 1，并向 CPU 发送中断请求。在中断服务程序中，必须用软件将其清 0，以取消此中断请求。

（6）RI：接收中断标志位。在工作方式 0 中，当串行接收第 8 位数据结束时，或在其他方式中串行接收停止位中间时，由内部硬件使 RI 置 1，并向 CPU 发送中断请求。在中断服务程序中，也必须用软件将其清 0，以取消此中断请求。

2. 电源控制寄存器（PCON）

PCON 的位定义如表 8-4 所示，其中只有一位（即 SMOD）与串行口工作有关。

表 8-4　PCON 的位定义

PCON	D7	D6	D5	D4	D3	D2	D1	D0
97H	SMOD	—	—	—	—	—	—	—

SMOD：波特率倍增位。当 SMOD=1 时，工作方式 1、工作方式 2、工作方式 3 的波特率

提高一倍。当系统复位或上电时，SMOD=0，同时 PCON 清 0。

PCON 寄存器不能进行位寻址，若要波特率加倍，则有 SMOD=1，即 PCON=80H。

由于 80C51 单片机的工作频率常为 6MHz 或 12MHz，相对较低，若要获得较高的通信速率，则有 SMOD=1。在满足系统要求的情况下，通信频率选择低频，可以降低功耗，减少发热，有利于系统稳定。

3. 串行中断

前文讲过中断，SCON 中的 TI、RI 为串行中断请求标志位。IE 中的 EA、ES 为串行中断允许控制位，而 IP 中的 PS 串行中断为优先级设置位。

8.2.3　80C51 单片机串行口的工作方式

1. 工作方式 0

采用工作方式 0 时，串行口与同步移位寄存器的输入/输出方式有关，主要用于扩展并行输入口或并行输出口。数据由 RXD（P3.0）引脚输入，同步移位脉冲由 TXD（P3.1）引脚输出。发送和接收均为 8 位数据，低位在先，高位在后，波特率固定为 $f_{osc}/12$。工作方式 0 的输出、输入时序如图 8-12、图 8-13 所示。

（1）工作方式 0 输出。

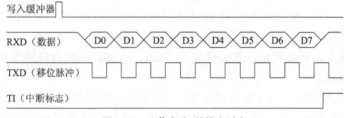

图8-12　工作方式0的输出时序

（2）工作方式 0 输入。

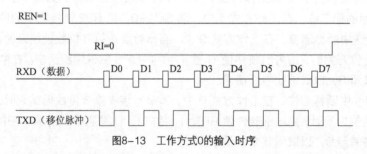

图8-13　工作方式0的输入时序

（3）工作方式 0 接收和发送电路。

工作方式 0 输出时，可外接串行输入、并行输出的同步移位寄存器（如 74LS164、CD4094）。利用串行口完成串并转换，其接口逻辑如图 8-14（a）所示，TXD 引脚输出的移位脉冲将 RXD 引脚输出的数据逐位移入 74LS164；工作方式 0 输入时，串行口外接并行输入、串行输出的同步移位寄存器（如 74LS165），其接口逻辑如图 8-14（b）所示，74LS165 的 S/$\overline{\text{L}}$ 引脚的下降沿装入并行数据，该引脚高电平启动并向单片机移入并行数据。

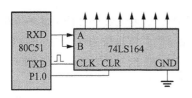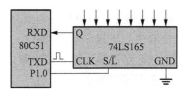

（a）串入并出（先送出低位）　　　　　（b）并入串出（先接收高位）

图8-14　工作方式0串并转换和并串转换

2. 工作方式1

工作方式 1 是 10 位数据的异步通信。TXD 为数据发送引脚，RXD 为数据接收引脚，串行口工作方式 1 的帧格式如图 8-15 所示，其中包含 1 位起始位，8 位数据位，1 位停止位。

图8-15　串行口工作方式1的帧格式

（1）工作方式 1 输出。

串行口发送数据时，由 CPU 执行一条数据写入发送缓冲器的指令开始，随后在串行口由硬件自动加入起始位和停止位，构成一个完整的帧，然后在移位脉冲的作用下，由 TXD 端串行输出。一个字符帧发送完后，使 TXD 输出线维持在 1 状态下，并将 SCON 寄存器的 TI 位置 1，通知 CPU 可以接着发送下一个字符，如图 8-16 所示。

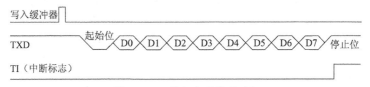

图8-16　工作方式1的发送时序

（2）工作方式 1 输入。

串行口接收数据时，SCON 的 REN 位应处于允许接收状态，即 REN=1。在此前提下，串行口采样 RXD 端，当采样到从 1 到 0 的状态跳变时，就认为已接收到起始位。随后在移位脉冲的控制下，把接收到的数据位移入接收寄存器中。直到停止位到来之后置位中断标志位 RI，通知 CPU 从缓冲器取走接收到的字符，如图 8-17 所示。

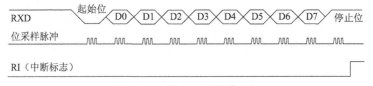

图8-17　工作方式1的接收时序

用软件置 REN 为 1 时，接收器以所选择波特率的 16 倍速率采样 RXD 引脚电平，若检测到 RXD 引脚输入电平发生负跳变，则说明起始位有效，将其移入移位寄存器，并开始接收这一帧信息的其余位。接收过程中，数据从移位寄存器右侧移入，起始位移至移位寄存器最左侧时，控制电路进行最后一次移位。当 RI=0，且 SM2=0（或接收到的停止位为 1）时，将接收到的 9 位数据的前 8 位数据装入接收缓冲器，第 9 位（停止位）进入 RB8，并置 RI=1，向 CPU 请求中断。

3. 工作方式 2 和工作方式 3

采用工作方式 2 或工作方式 3 时，串行口为 11 位数据的异步通信口。TXD 为数据发送引脚，RXD 为数据接收引脚。传送一帧数据的格式如图 8-18 所示。

图8-18　串行口工作方式2和工作方式3的帧格式

采用工作方式 2 和工作方式 3 时，起始位 1 位，数据位 9 位（含 1 位附加的第 9 位，发送时为 SCON 中的 TB8，接收时为 RB8），停止位 1 位，一帧数据共 11 位。工作方式 2 的波特率固定为晶振频率的 1/64 或 1/32，工作方式 3 的波特率由定时器 T1 的溢出率决定。

（1）工作方式 2 和工作方式 3 输出。

发送开始时，先把起始位 0 输出到 TXD 引脚，然后发送移位寄存器的输出位 D0 到 TXD 引脚。每一个移位脉冲都使移位寄存器的各位右移 1 位，并由 TXD 引脚输出。

第一次移位时，停止位"1"移入移位寄存器的第 9 位，以后每次移位，左侧都移入 0。当停止位移至输出位时，左侧其余位全为 0，检测电路检测到这一条件时，使控制电路进行最后一次移位，并置 TI=1，向 CPU 请求中断。工作方式 2 和工作方式 3 的发送时序如图 8-19 所示。

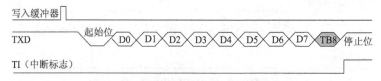

图8-19　工作方式2和工作方式3的发送时序

（2）工作方式 2 和工作方式 3 输入。

接收时，数据从右侧移入移位寄存器，在起始位 0 移到最左侧时，控制电路进行最后一次移位。当 RI=0，且 SM2=0（或接收到的第 9 位数据为 1）时，接收到的数据装入接收缓冲器和 RB8（接收数据的第 9 位），置 RI=1，向 CPU 请求中断。如果条件不满足，则数据丢失，且不置位 RI，继续搜索 RXD 引脚的负跳变。工作方式 2 和工作方式 3 的接收时序如图 8-20 所示。

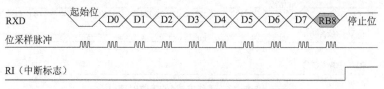

图8-20　工作方式2和工作方式3的接收时序

8.2.4　80C51 单片机串行口的波特率确定与初始化步骤

1. 串行口的波特率确定

串行口的 4 种工作方式对应 3 种波特率。由于输入的移位时钟的来源不同,因此各种方式的波特率计算公式也不同:

工作方式 0 的波特率 $= f_{osc}/12$;

工作方式 2 的波特率 $= (2^{SMOD}/64) \times f_{osc}$;

工作方式 1 的波特率 $= (2^{SMOD}/32) \times (T1$ 溢出率$)$;

工作方式 3 的波特率 $= (2^{SMOD}/32) \times (T1$ 溢出率$)$。

当定时器 1 作为波特率发生器时,通常选用可自动重装载初值模式(工作方式 2)。在工作方式 2 中,TL1 作为计数器,而自动装入的初值放在 TH1 中,假设计数初值为 x,则每 "$256-x$" 个机器周期,定时器 T1 就会产生一次溢出。这时溢出率取决于 TH1 中的计数值:

T1 溢出率=溢出周期的倒数;

溢出周期$=(256-TH1) \times 12/f_{osc}$,其中 $12/f_{osc}$ 表示一个机器周期。

因此,工作方式 1 和工作方式 3 的波特率:

$Baud=(2^{SMOD} \times f_{osc})/\{32 \times 12 \times (256-TH1)\}$。

一般不太关注波特率的计算,而是会关注选用的波特率(传输速度)并反算定时器 1(自动重装载方式)的初值(TH1)。通过推导上面的公式,得到 TH1 的公式:$TH1=256-(f_{osc} \times 2^{SMOD})/(12 \times 32 \times Baud)$。

在单片机的应用中,常用的晶振频率为 12MHz 和 11.0592MHz。因此,选用的波特率也相对固定。串行口工作方式及波特率与定时器 1 的参数关系如表 8-5 所示。

表 8-5　串行口工作方式及波特率与定时器 1 的参数关系

串行口工作方式及 波特率/（bit·s^{-1}）		f_{osc}/MHz	SMOD	定时器 1		
				C/$\overline{T}$	工作方式	初值
工作方式 1 和 工作方式 3	62500	12	1	0	2	FFH
	19200	11.0592	1	0	2	FDH
	9600	11.0592	0	0	2	FDH
	4800	11.0592	0	0	2	FAH
	2400	11.0592	0	0	2	F4H
	1200	11.0592	0	0	2	E8H

2. 串行口的初始化步骤

串行口工作之前,应对其编程进行初始化设置,主要是设置产生波特率的定时器 1、串行口控制和中断控制。

具体步骤如下:

(1)确定 T1 的工作方式(编程 TMOD);

(2)计算 T1 的初值,装载 TH1、TL1;

(3)启动 T1(编程 TCON 中的 TR1 位);

（4）确定串行口控制（编程 SCON）;

（5）串行口在中断方式工作时，要进行中断设置（编程 IE、IP）。

8.3 80C51 单片机串行口的应用

8.3.1 80C51 单片机串行口的并行 I/O 接口扩展

1. 串入并出

用 8 位串入并出移位寄存器 74LS164 进行并行 I/O 接口的扩展。

例 8-1：通过 80C51 单片机串行口实现 8 个 LED 的显示。

分析：图 8-21 所示为采用 Proteus 仿真软件设计的仿真原理图，主芯片为 AT89C52。串行数据由 RXD 发送给串并转换芯片 74LS164，TXD 则用于输出移位时钟脉冲 74LS164 将串行输入的 1 字节转换为并行数据，并将转换的数据通过 8 个 LED 显示出来。本例串行口工作在工作方式 0，即移位寄存器 I/O 方式。

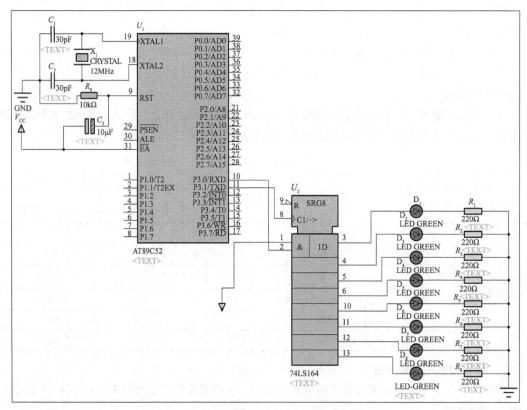

图8-21　利用工作方式0扩展并行I/O接口的仿真原理图

部分程序如下：

```
#include<reg51.h>
#include<intrins.h>
#define uchar unsigned char
#define uint unsigned int
```

```
//延时子程序
void DelayMS(uint ms)
{
    uchar i;
    while(ms--) for(i=0;i<120;i++);
}
//主程序
void main()
{
    uchar c=0x80;
    SCON=0x00;                    //串行口工作方式 0，即移位寄存器 I/O 方式
    TI=1;
    while(1)
    {
        c=_cror_(c,1);
        SBUF=c;
        while(TI==0);             //等待发送结束
        TI=0;                     //TI 软件置位
        DelayMS(400);
    }
}
```

2. 并入串出

用 8 位并入串出移位寄存器 74LS165 进行并行 I/O 接口的扩展。

例 8-2： 通过 80C51 单片机串行口实现拨码开关控制 8 个 LED 显示。

分析： 图 8-22 所示为采用 Proteus 仿真软件设计的仿真原理图，主芯片为 AT89C51。切换连接到并串转换芯片 74LS165 的拨码开关，该芯片将并行数据以串行方式发送到 AT89C51 的 RXD 引脚，移位脉冲由 TXD 提供，显示在 P0 口。

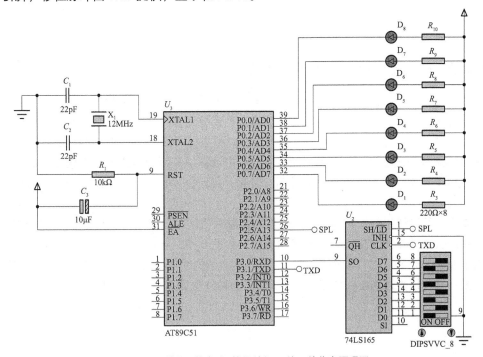

图8-22　利用工作方式0扩展并行I/O接口的仿真原理图

部分程序如下：

```c
#include<reg51.h>
#include<intrins.h>
#include<stdio.h>
#define uchar unsigned char
#define uint unsigned int
sbit SPL=P2^5;                    //shift/load 引脚的定义
//延时子程序
void DelayMS(uint ms)
{
    uchar i;
    while(ms--) for(i=0;i<120;i++);
}
//主程序
void main()
{
    SCON=0x10;                    //串行口工作方式 0，允许串行口接收
    while(1)
    {
        SPL=0;                    //置位，读入并行输入口的 8 位数据
        SPL=1;                    //移位，并口输入被封锁，串行转换开始
        while(RI==0);             //未接收 1 字节时等待
        RI=0;                     //RI 软件置位
        P0=SBUF;                  //接收到的数据显示在 P0 口，显示拨码开关的值
        DelayMS(20);
    }
}
```

8.3.2　单片机与计算机间的串行通信

近年来，在智能仪器仪表检测、数据采集、嵌入式自动控制等场合，应用单片机作为核心控制部件越来越普遍。但当需要处理较复杂的数据或要对多个采集的数据进行综合处理以及进行集散控制时，单片机的算术运算和逻辑运算能力都显得不足，这时往往需要借助计算机系统。将单片机采集的数据通过串行口传送给计算机，由计算机高级语言或数据库语言对数据进行处理，或者实现计算机对远端单片机的控制。因此，实现单片机与计算机之间的远程通信更具有实际意义。

计算机串行口使用的是 RS-232C 标准，因此单片机的串行口要由 TTL 电平转换成 RS-232C 电平。单片机通过 MAX232 芯片与计算机连接，如图 8-23 所示。

由于 MAX232 的 OUT 与 IN 引脚与 9 针连接器接的线形式有两种，因此产生了两种不同的连接形式：一种是直通连接，如图 8-24 所示；一种是交叉连接，如图 8-25 所示。

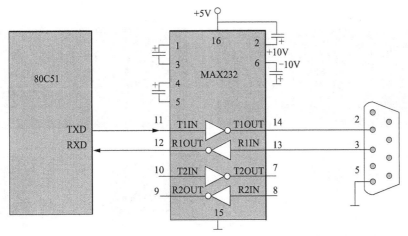

图8-23　单片机通过MAX232芯片与计算机连接

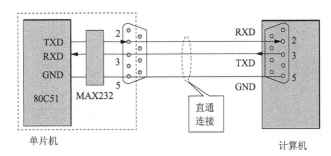

图8-24　单片机与计算机的直通连接

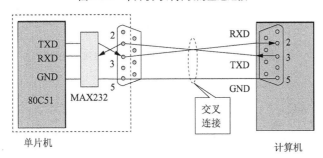

图8-25　单片机与计算机的交叉连接

例 8-3：单片机通过串行口的 TXD 引脚向计算机串行发送 8 个字节的数据。

分析：单片机向计算机发送数据的 Proteus 仿真原理图如图 8-26 所示。要求单片机通过串行口的 TXD 引脚向计算机串行发送 8 个字节的数据。本例中使用了两个串行口虚拟终端，用于观察串行口线上出现的串行传输数据。运行程序，单击鼠标右键，在弹出的菜单中选择"Virtual Terminal"选项，即可弹出两个虚拟终端窗口 VT1 与 VT2，并显示出串行口发出的数据流。VT1 窗口显示的数据表示了单片机发送给计算机的数据，VT2 显示的数据表示由计算机经 RS-232C 串行口模型 COMPIM 接收到的数据。由于使用了串行口模型 COMPIM，省去了计算机的模型，解决了单片机与计算机串行通信虚拟仿真的问题。

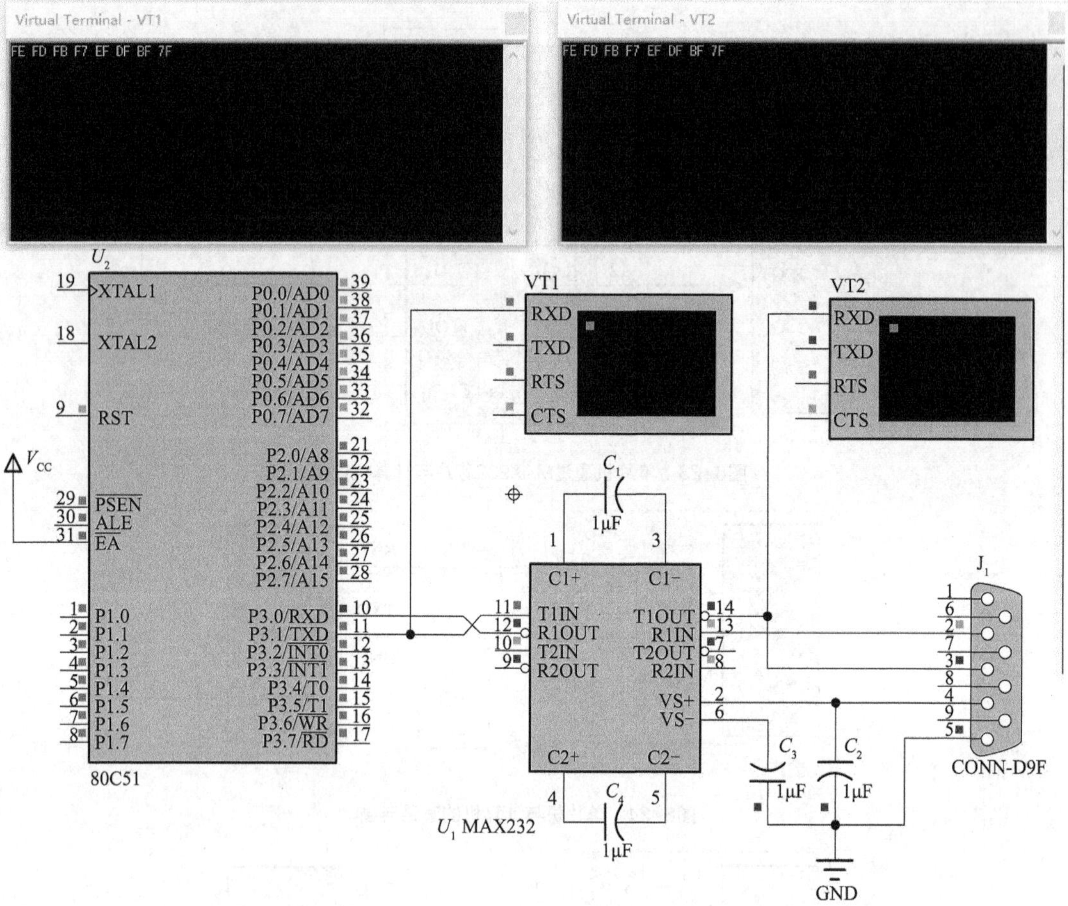

图8-26　单片机与计算机串行通信的仿真原理图

部分程序如下：

```c
#include<reg51.h>
code Tab[]={0xFE,0xFD,0xFB,0xF7,0xEF,0xDF,0xBF,0x7F};  //流水灯控制码数组
void send(unsigned char dat)
{
    SBUF=dat;                        //待发送数据写入发送缓冲器
    while(TI==0);                    //串行口未发送完，等待
    ;                                //空操作
    TI=0;                            //1 字节发送完毕，软件将 TI 标志清 0
}

void delay(void)                     //延时函数约 200ms
{
    unsigned char m,n;
    for(m=0;m<250;m++)
    for(n=0;n<250;n++)
    ;
}
```

```
void main(void)                          //主函数
{
    unsigned char i;
    TMOD=0x20;                           //设置 T1 为定时器方式 2
    SCON=0x40;                           //串行口方式 1, TB8=1
    PCON=0x00;
    TH1=0xFD;                            //波特率值 9600bit/s
    TL1=0xFD;
    TR1=1;                              //启动 T1
    while(1)                            //循环
    {
        for(i=0;i<8;i++)               //发送 8 次流水灯控制码
        {
            send(Tab[i]);              //发送数据
            delay();                   //每隔 200ms 发送一次数据
        }
        while(1);
    }
}
```

8.3.3　单片机与单片机间的串行通信

有两个单片机子系统，它们均独立完成主系统的某一功能，且这两个子系统具有一定的信息交互需求，这时就可以用串行通信的方式将两个子系统联系起来。

两个单片机子系统如果共用一个机械装置，或相距只有几米且没有干扰，这时将两个单片机的 TXD 和 RXD 引出线交叉相连即可，如图 8-27（a）所示；若两个子系统不在一个机箱内，且相距有一定的距离（几米或几十米），这时可采用 RS-232C 接口——MA232A 进行连接，如图 8-27（b）所示。

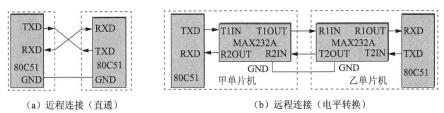

（a）近程连接（直通）　　　　　　　　　　（b）远程连接（电平转换）

图8-27　单片机与单片机间的硬件连接

例 8-4：利用工作方式 1，实现点对点的双机通信。

分析：单片机点对点的通信方式仿真原理图如图 8-28 所示，将甲单片机内 RAM 0x30～0x3f 的内容传到乙单片机内 RAM 0x40～0x4f。波特率选 1200bit/s，主机频率为 12MHz，查表 8-5 可知 T1 的初值为 0xE8。

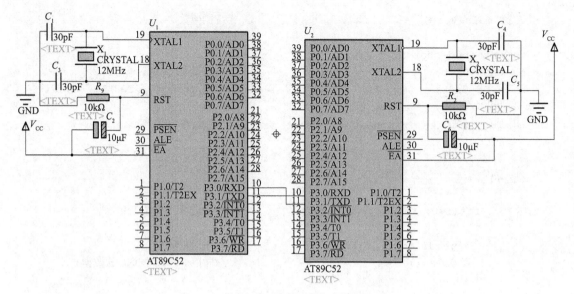

图8-28　单片机点对点的通信方式仿真原理图

甲单片机部分程序如下：

```
#include<reg51.h>
#include<absacc.h>
void main(void)
{
    unsigned char i;
    TMOD=0x20;                      //T1 工作方式 2，作为波特率发生器
    TH1=TL1=0xE8;
    PCON=0x00;
    SCON=0x40;
    TR1=1;
    for(i=0;i<16;i++)
    {
        SBUF=DBYTE[0x30+i];
        while(TI==0);
        TI=0;
    }
}
```

乙单片机部分程序如下：

```
#include<reg51.h>
#include<absacc.h>
void main(void)
{
    unsigned char i;
    TMOD=0x20;
    TH1=TL1=0xE8;                    //1200bit/s
    PCON=0x00;
```

```
SCON=0x50; //REN=1
TR1=1;
for(i=0;i<16;i++)
{
    while(RI==0);
    RI=0;
    DBYTE[0x40+i]=SBUF;
}
}
```

例 8-5： 实现有握手信号和校验的双机通信。

分析： 在实际嵌入式系统控制中，虽然在距离很近时可以采用 TTL 电平的点对点通信，但为了保证通信的可靠性，一般在通信前通过握手信号建立连接，在通信中采用各种校验来保证信息传输的正确性。本例选用波特率 1200bit/s，甲单片机为主机，乙单片机为从机，仿真原理图同图 8-28。

通信开始，甲单片机先发送一个查询信号 0xAA，乙单片机收到 0xAA 后发送 0xBB，甲单片机收到 0xBB 后，说明链路已建立，开始发送数据。假设发送 10 个数据，在发送过程中，甲单片机对发送数据求和，在 10 个数据发送完毕时，将数据的和作为第 11 个数据发送给乙单片机。然后接收乙单片机数据传输正确时的代码，如果代码是 0x00，则说明数据传输正确，结束通信。如果是 0xFF，则说明数据传输不正确，甲单片机要重新传输数据。

乙单片机上电初始化后，接收允许，收到查询信号 0xAA，在发送 0xBB 后开始接收数据并对数据求和，接收结束，把求和结果与甲单片机发送的累加结果进行对比，如果相同则说明数据传输正确，发送 0x00 给甲单片机，否则发送 0xFF，要求甲单片机重新发送数据。

甲单片机部分程序如下：

```
#include<reg51.h>
unsigned char buf[10];
unsigned char pf;
void main(void)
{
    unsigned char i;
    TMOD=0x20;
    TH1=TL1=0xE8;
    PCON=0x00;
    SCON=0x50;
    TR1=1;
        do
        {
            SBUF=0xAA;
            while(TI==0);
            TI=0;
            while(RI==0)
            RI=0;
        }
        while((SBUF^0xBB)!=0);
```

```
        do
        {
            pf=0;
            for(i=0;i<10;i++)
            {
                SBUF=buf[i];
                pf+=buf[i];
                while(TI==0);
                TI=0;
            }
            SBUF=pf;
            while(TI==0);
            TI=0;
            while(RI==0)
            RI=0;
        }
        while(SBUF!=0);
}
```

乙单片机部分程序如下：

```
#include<reg51.h>
unsigned char buf[10];
unsigned char pf;
void main(void)
{
    unsigned char i;
    TMOD=0x20;
    TH1=TL1=0xE8;
    PCON=0x00;
    SCON=0x50;
    TR1=1;
    do
    {
        while(RI==0)
        RI=0;
    }
    while((SBUF^0xAA)!=0);        //接收握手信号，不是 0xAA，等待
    SBUF=0xBB;
    while(TI==0);
    TI=0;                        //收到甲单片机握手信号 0xAA，给甲单片机应答 0xBB
    while(1)
    {
        pf=0;
        for(i=0;i<10;i++)
        {
            while(RI==0)
```

```
            RI=0;
            buf[i]=SBUF;
            pf+=buf[i];
        }
        while(RI==0);
        RI=0;
        if((SBUF^pf)==0)              //正确则给甲单片机发送 0x00
        {
            SBUF=0x00;
            break;
        }
        else
        {
            SBUF=0xFF;
            while(TI==0);
            TI=0;
        }
    }
}
```

本章小结

　　在智能仪器、多机系统以及现代测控系统中，经常需要采用串行通信技术来实现信息交换。通信有并行通信和串行通信两种方式。串行通信依据数据传输方向及时间关系可分为：单工、半双工和全双工。串行通信又分同步通信和异步通信，其中异步通信是指通信的发送与接收设备使用各自的时钟控制数据的发送和接收，而同步通信是按数据块传送的，将传送的数据或字符顺序地（从低位到高位）连接起来，组成数据块。

　　RS-232C 定义了 DTE 与 DCE 之间的物理接口标准。RS-232C 采用负逻辑电平，规定-3～-25V 为逻辑 "1"，+3～+25V 为逻辑 "0"，-3～+3V 为未定义区。由于 RS-232C 的逻辑电平与 TTL 电平不兼容，因此必须在 RS-232C 与 TTL 电路之间进行电平和逻辑关系的变换，十分常用的芯片是 MAX232。RS-232C 接口受电容允许值的约束，使用时传输距离一般不要超过 15m（线路条件好时也不超过几十米），最高传输速率为 20kbit/s。

　　80C51 单片机具有一个采用通用异步接收/发送器工作方式的全双工串行口。80C51 单片机串行口有 4 种工作方式：同步移位寄存器、8 位数据的异步通信方式及波特率不同的两种 9位数据的异步通信方式。SCON 是一个特殊功能寄存器，可用于设定串行口的工作方式、接收/发送控制状态以及设置状态标志；电源控制寄存器 PCON 中，只有一位（即 SMOD）与串行口的工作有关。

　　工作方式 0 和工作方式 2 的波特率是固定的，但工作方式 1 和工作方式 3 的波特率是可变的，由定时器 T1 的溢出率决定。

练习与思考题 8

1. 帧格式为 1 个起始位、8 个数据位和 1 个停止位的异步串行通信方式是工作方式几？传输速率为多少？

2. 某 80C51 单片机串行口传送的数据帧由 1 个起始位（0）、7 个数据位、1 个偶校验位和 1 个停止位（1）组成。当该串行口每分钟传送 1800 个字符时，试计算其波特率。

3. 假定串行口串行发送的数据帧格式为 1 个起始位、8 个数据位、1 个奇校验位和 1 个停止位，请画出传送字符"A"的帧格式。

4. 简述串行口接收和发送数据的过程。

5. 80C51 单片机串行口有几种工作方式？如何选择工作方式？简述每种工作方式的特点。

6. RS-232C 逻辑电平与 TTL 逻辑电平是否兼容？分别是怎么规定的？两者之间如何转换？

7. 什么是同步通信？什么是异步通信？

8. 串行口工作方式 1 将什么作为波特率发生器？

9. 为什么定时器/计数器 T1 作为串行口波特率发生器时采用工作方式 2？若已知时钟频率和通信波特率，则应如何计算其初值？

10. 使用 80C51 的串行口按工作方式 1 进行串行数据通信，假定波特率为 2400bit/s，以中断方式传送数据，试编写全双工通信程序。

11. 参照例 8-4，设计原理图以完成用甲单片机控制乙单片机来实现乙单片机 P1 口 8 个 LED 的轮流点亮。

9 Chapter

第 9 章
80C51 单片机的并行扩展与串行扩展

在 80C51 单片机应用系统中，单片机可以提供 4 个 8 位的并行 I/O 接口，由此可以看出，单片机本身可提供的 I/O 接口其实并不多，很多情况下需要进行外部并行 I/O 接口扩展，扩展有并行扩展和串行扩展两种。

学习目标	（1）掌握单片机应用系统并行扩展的基本概念； （2）掌握单片机应用系统串行扩展的基本概念； （3）理解单片机应用系统可编程 I/O 扩展接口的内部结构和应用特性； （4）熟悉单片机应用系统扩展技术的应用举例。
重点内容	（1）单片机应用系统扩展 I/O 的概念； （2）单片机应用系统扩展 I/O 接口与各接口电路的应用。
目标技能	（1）单片机应用系统并行扩展接口电路程序设计； （2）单片机应用系统串行扩展接口电路程序设计； （3）单片机应用系统扩展模块在生产生活中的应用。
模块应用	80C51 单片机 I/O 接口的扩展应用与各类接口芯片的联合使用。

9.1 80C51 单片机并行 I/O 接口扩展

9.1.1 I/O 接口扩展概述

单片机应用系统扩展的方法有并行扩展法和串行扩展法两种。并行扩展法是指利用单片机的 3 组总线（AB、DB、CB）进行的系统扩展；串行扩展法是指利用 SPI 三总线和 I²C 双总线进行的串行系统扩展。

9.1.2 简单 I/O 接口扩展

1. I/O 接口的基本功能要求

I/O 接口作为单片机与外围设备交换信息的"桥梁"，须满足以下功能。

（1）实现与不同外围设备的速度匹配。大多数外围设备的运行速度很低，无法与微秒量级的单片机速度相比。单片机只有在确认外围设备已为数据传送做好准备的前提下才能进行数据传送。外围设备准备好后，需要 I/O 接口电路与外围设备之间传送状态信息，以实现单片机与外围设备之间的速度匹配。

（2）输出数据锁存。与外围设备相比，单片机的工作速度快，发送数据在总线上保留的时间十分短暂，无法满足速度低的外围设备数据接收。因此在扩展的 I/O 接口电路中应有输出数据锁存器，用来保证单片机输出的数据能为速度低的接收设备所接收。

（3）输入数据三态缓冲。外围设备向单片机输入数据时，要经过数据总线，但数据总线上可能会有多个数据源。为了使数据传送时不发生冲突，只允许当前时刻正在接收数据的 I/O 接口使用数据总线，其余的 I/O 接口应处于隔离状态，为此要求 I/O 接口电路能为输入数据提供三态缓冲功能。

2. I/O 数据的传送方式

因为要实现与不同的外围设备的速度匹配，所以 I/O 接口需要根据不同的外围设备选择恰当的 I/O 数据传送方式，分别有同步传送、异步传送和中断传送这 3 种方式。

（1）同步传送。同步传送又称为无条件传送。当外围设备速度和单片机的速度相近时，常采用同步传送，例如单片机和外部数据存储器之间的数据传送是十分典型的同步传送。

（2）异步传送。异步传送又称为查询传送。单片机通过对外围设备的查询进行数据传送。这样做的优点是通用性好、硬件连线和查询程序简单，但由于程序在运行中经常要查询外围设备的准备情况，因此工作效率不高。

（3）中断传送。中断传送可提高单片机对外围设备的工作效率，即利用单片机本身的中断功能和 I/O 接口芯片的中断功能来实现数据的传送。单片机只有在外围设备准备好后，才能中断主程序的执行，从而执行与外围设备进行数据传送的中断服务子程序。中断服务完成后又返回主程序断点处继续执行。中断传送可以大大提高单片机的工作效率。

常用的可编程 I/O 扩展接口芯片为 8255A，它可以与 80C51 单片机直接连接，接口逻辑非常简单。

9.1.3　可编程 I/O 扩展接口芯片 8255A

下面简单介绍常用的可编程 I/O 扩展接口芯片 8255A。

1. 8255A 引脚与内部结构

8255A 是英特尔公司生产的可编程（并行）I/O 扩展接口芯片，由+5V 电源供电，采用 40 脚双列直插式封装。它具有 3 个 8 位的并行 I/O 接口、3 种工作方式，可通过系统总线与单片机连接，实现 I/O 扩展。它使用灵活、方便，可作为单片机与多种外围设备连接时的中间接口电路。8255A 的引脚与内部结构分别如图 9-1 和图 9-2 所示。

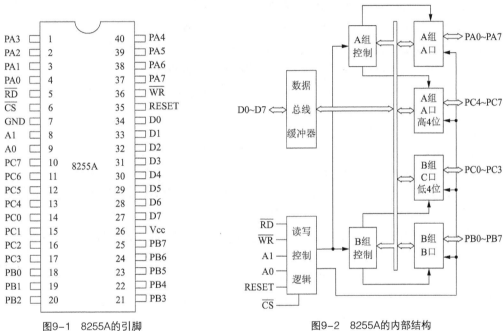

图9-1　8255A的引脚　　　　　　　　图9-2　8255A的内部结构

（1）引脚说明。由图 9-1 可知，8255A 各引脚功能如下。

① 数据总线（8 条）：D0 ~ D7，用于传送 CPU 和 8255A 间的数据、命令和状态字。

② 控制总线（6 条）：包括 RESET、$\overline{CS}$、$\overline{RD}$、$\overline{WR}$、A1 和 A0。

RESET：复位线，高电平有效。当其有效时，8255A 被复位，所有端口被置为输入方式，控制寄存器清 0。

$\overline{CS}$：片选信号线，低电平有效。当其有效时，8255A 被选中，通过单片机可对 8255A 进行各种操作。

$\overline{RD}$：读信号线，低电平有效。当其有效时，单片机将从 8255A 的端口读取数据或者状态字。

$\overline{WR}$：写信号线，低电平有效。当其有效时，单片机将数据写入 8255A 的端口，将控制指令写入控制寄存器。

A1、A0：地址线，用来选择 PA、PB、PC 口和控制寄存器。

③ 并行 I/O 总线（24 条），包括 PA、PB、PC。

PA7 ~ PA0：端口 A 的 I/O 线。

PB7 ~ PB0：端口 B 的 I/O 线。

PC7 ~ PC0：端口 C 的 I/O 线。

④ VCC：+5V 电源。

⑤ GND：信号地。

（2）内部结构。8255A 的内部结构如图 9-2 所示，左侧的引脚与 80C51 单片机连接，右侧的引脚与外围设备连接。各内部结构的功能如下。

① 端口 PA、PB、PC。8255A 有 3 个 8 位并行口 PA、PB、PC，它们的每个端口都可以作为 I/O 工作方式，只是在功能和结构上有所差异。

PA 口：1 个 8 位数据输出锁存器和缓冲器；1 个 8 位数据输入锁存器。

PB 口：1 个 8 位数据输出锁存器和缓冲器；1 个 8 位数据输入缓冲器。

PC 口：1 个 8 位数据输出锁存器；1 个 8 位数据输入缓冲器。

通常 PA 口、PB 口作为 I/O 接口，PC 口既可作为 I/O 接口，也可在软件的控制下分为两个 4 位的端口，作为 PA、PB 选通方式操作时的状态控制信号。

② A 组和 B 组控制电路。

A 组：控制 PA 口和 PC 口的高 4 位（PC7 ~ PC4）的工作方式和读/写操作。

B 组：控制 PB 口和 PC 口的低 4 位（PC3 ~ PC0）的工作方式和读/写操作。

③ 数据总线缓冲器。数据总线缓冲器是一个三态双向 8 位缓冲器，作为 8255A 与系统总线之间的接口，可用来传送数据、指令、控制命令以及外部状态信息。

④ 读/写控制逻辑电路。读/写控制逻辑电路接收 80C51 单片机发来的控制信号，来控制 $\overline{RD}$、$\overline{WR}$、RESET，地址信号 A1、A0 以及 $\overline{CS}$。A1、A0 共有 4 种组合（00、01、10、11），它们分别是 PA 口、PB 口、PC 口以及控制寄存器的端口地址。

根据控制信号的不同组合，端口数据被 80C51 读取，或者将 80C51 送来的数据写入端口。

8255A 的端口工作状态选择操作如表 9-1 所示。

表 9-1　8255A 的端口工作状态选择操作

$\overline{CS}$	$\overline{RD}$	$\overline{WR}$	A0	A1	操作	工作状态
0	0	1	0	0	读 PA 口	PA 口-数据总线
0	0	1	0	1	读 PB 口	PB 口-数据总线
0	0	1	1	0	读 PC 口	PC 口-数据总线
0	0	1	1	1	无操作	D0 ~ D7 为三态
0	1	0	0	0	写 PA 口	数据总线-PA 口
0	1	0	0	1	写 PB 口	数据总线-PB 口
0	1	0	1	0	写 PC 口	数据总线-PC 口
0	1	0	1	1	写控制口	数据总线-控制口
0	1	1	×	×	无操作	D0 ~ D7 为三态
1	×	×	×	×	禁止	D0 ~ D7 为三态

2. 工作方式选择控制字及 PC 口按位置位/复位控制字

80C51 单片机可以向 8255A 控制寄存器写入两种不同的控制字：工作方式选择控制字和 PC 口按位置位/复位控制字。

（1）工作方式选择控制字。8255A 有以下 3 种工作方式。

工作方式 0：基本 I/O。

工作方式 1：应答 I/O。

工作方式 2：双向传送，只适用于 PA 口。

3 种工作方式的选择由写入控制寄存器的工作方式选择控制字来决定。工作方式选择控制字的格式如图 9-3 所示。

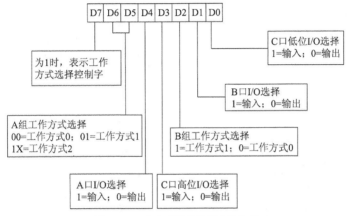

图9-3　工作方式选择控制字的格式

3 个端口中 PC 口可分为两个部分，高 4 位随 PA 口称为 A 组，低 4 位随 PB 口称为 B 组。其中 PA 口可作为工作方式 0、1 和 2，而 PB 口可作为工作方式 0 和 1。

（2）PC 口按位置位/复位控制字。写入 8255A 的另一个控制字为 PC 口按位置位/复位控制字，即 PC 口 8 位中的任何一位，可用一个写入 8255A 控制口的置位/复位控制字来对 PC 口按位置 1 或清 0，这一功能主要用于位控。PC 口按位置位/复位控制字的格式如图 9-4 所示。

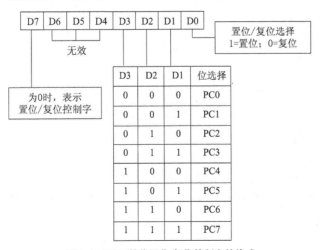

图9-4　PC口按位置位/复位控制字的格式

9.1.4　可编程 I/O 扩展接口芯片 8155

下面简单介绍常用的可编程 I/O 扩展接口芯片 8155。

1．8155 引脚与内部结构

8155 是一种通用的多功能可编程 RAM 或 I/O 扩展器，可编程是指其功能可由计算机的指令来加以改变。8155 芯片内部不仅有 3 个可编程并行 I/O 接口(A 口、B 口为 8 位，C 口为 6 位)，而且还有 256B 的静态 RAM 和一个 14 位的定时器/计数器，常作为单片机的外部扩展接口，与键盘、显示器等外围设备连接。8155 的引脚与内部结构分别如图 9-5 和图 9-6 所示。

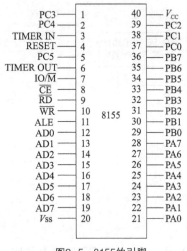

图9-5　8155的引脚

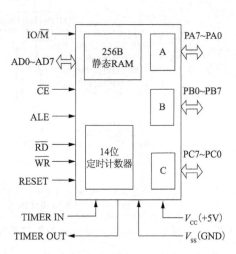

图9-6　8155的内部结构

（1）引脚说明。由图 9-5 可知，8155 共有 40 个引脚，采用双列直插式封装，各引脚功能如下。

AD0 ~ AD7：三态的地址/数据总线。与单片机的低 8 位地址/数据总线（P0 口）相连。单片机与 8155 之间的地址、数据、命令与状态信息都是通过这个总线接口传送的。

IO/$\overline{\text{M}}$：I/O 接口和 RAM 的选择信号。IO/$\overline{\text{M}}$=0，选中 RAM；IO/$\overline{\text{M}}$=1，选中 I/O 接口。

ALE：地址锁存信号。除了进行 AD0 ~ AD7 的地址锁存控制外，还用于把 $\overline{\text{CS}}$ 和 IO/$\overline{\text{M}}$ 等信号进行锁存。

$\overline{\text{RD}}$：读选通信号。控制对 8155 的读操作，低电平有效。

$\overline{\text{WR}}$：写选通信号。控制对 8155 的写操作，低电平有效。

$\overline{\text{CE}}$：片选信号。低电平有效。

PA0 ~ PA7：8 位通用 I/O 接口，其输入、输出的流向可由程序控制。

PB0 ~ PB7：8 位通用 I/O 接口，功能同 PA 口。

PC0 ~ PC5：有两个作用，既可作为通用的 I/O 接口，也可作为 PA 口和 PB 口的控制信号线，可通过程序控制实现。

RESET：复位信号。复位后 PA 口、PB 口和 PC 口均为数据输入方式。

TIMER IN：定时器/计数器的计数脉冲输入端。

TIMER OUT：定时器/计数器的输出端。

（2）内部结构。8155 的内部结构如图 9-6 所示，其包含 PA 口、PB 口、PC 口、定时器/计数器低 8 位以及定时器/计数器高 8 位这 5 个端口，另外，8155 内部还有一个命令/状态寄存器，所以 8155 内部共有 6 个端口。这里只需要使用 AD0 ~ AD7 即可实现编址。8155 的端口地址编码如表 9-2 所示。

表 9-2　8155 的端口地址编码

AD7	AD6	AD5	AD4	AD3	AD2	AD1	AD0	对应端口
×	×	×	×	×	0	0	0	命令/状态寄存器
×	×	×	×	×	0	0	1	PA 口
×	×	×	×	×	0	1	0	PB 口
×	×	×	×	×	0	1	1	PC 口
×	×	×	×	×	1	0	0	定时器/计数器低 8 位
×	×	×	×	×	1	0	1	定时器/计数器高 8 位

根据表 9-2 可知，在单片机应用系统中，8155 是按外部数据存储器统一编址的，为 16 位地址，其高 8 位由片选信号 $\overline{CE}$ 提供；$\overline{CE}$ =0，选中该片。

当 $\overline{CE}$ =0，IO / $\overline{M}$ =0 时，选中 8155 芯片内部 RAM，这时 8155 只能作为芯片外部，其 RAM 的低 8 位编址为 00H ~ FFH；当 $\overline{CE}$ =0，IO / $\overline{M}$ =1 时，选中 8155 的 I/O 接口，其端口地址的低 8 位由 AD7 ~ AD0 确定，这时 PA 口、PB 口、PC 口的地址低 8 位分别为 01H、02H、03H（设地址无关位为 0）。

8155 的 PA 口、PB 口可工作于基本 I/O 方式或选通 I/O 方式。PC 口可工作于基本 I/O 方式，也可作为 PA 口、PB 口在选通 I/O 方式时的状态控制信号线。当 PC 口作为状态控制信号时，其每个口的作用如下。

PC0：AINTR（PA 口中断请求线）。

PC1：ABF（PA 口缓冲器满信号）。

PC2：$\overline{ASTB}$（PA 口选通信号）。

PC3：BINTR（PB 口中断请求线）。

PC4：BBF（PB 口缓冲器满信号）。

PC5：$\overline{BSTB}$（PB 口选通信号）。

2. 8155 的内部寄存器

8155 的 I/O 方式选择是通过对 8155 内部命令寄存器设定控制字实现的。命令寄存器只能写入，不能读取，8155 命令寄存器格式如图 9-7 所示。

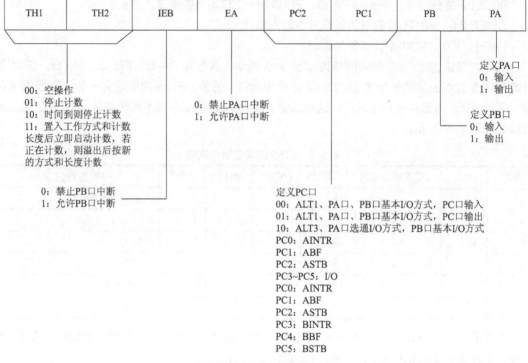

图9-7　8155命令寄存器格式

8155 还有一个状态寄存器，用于锁存 I/O 接口和定时器/计数器的当前状态，供 CPU 查询用。状态寄存器的端口地址与命令寄存器相同，低 8 位也是 00H。状态寄存器的内容只能读取，不能写入。因此可认为 8155 的 I/O 接口地址 00H 是命令/状态寄存器：对其写入时作为命令寄存器；而对其读取时则作为状态寄存器。8155 状态寄存器格式如表 9-3 所示。

表 9-3　8155 状态寄存器格式

×	TIMER	INTEB	BBF	INTRB	INTEA	ABF	INTRA
—	定时器中断标志，定时器计数到指定长度置 1，读状态后清 0	B 口中断允许标志	B 口缓冲器满空标志	B 口中断标志请求	A 口中断允许标志	A 口缓冲器满空标志	A 口中断标志请求

3. 8155 的内部定时器/计数器

8155 内部的定时器/计数器实际上是一个 14 位的减法计数器，它对 TIMER IN 端输入脉冲进行减 1 计数，当计数结束（减 1 计数"回 0"）时，由 TIMER OUT 端输出方波或脉冲。当 TIMER IN 接外部脉冲时，为计数方式；接系统时钟时，为定时方式。

定时器/计数器由两个 8 位寄存器构成，其中的低 14 位组成计数器，剩下的两个高位（M2、M1）用于定义输出方式。8155 内部定时器/计数器格式如图 9-8 所示。

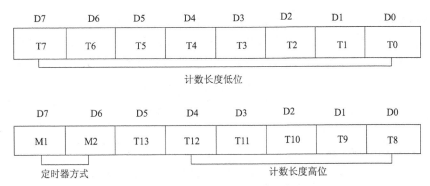

图9-8　8155内部定时器/计数器格式

9.2　一线总线接口及其扩展

一线总线也称为单总线，它是由美国达拉斯（Dallas）公司推出的外围串行扩展总线。总线上的所有器件都挂在仅有的一条数据 I/O 总线 DQ 上，电源也通过这条信号线提供，这种只使用一条信号线的串行扩展技术称为单总线技术。

9.2.1　80C51 单片机与 DS18B20 接口及其扩展

DS18B20 是美国达拉斯公司生产的数字温度传感器，其输出的是数字信号，它的温度测量范围为−55～+128℃，在−10～+85℃范围内，它的测量精度可达 ±0.5℃。DS18B20 具有体积小、功耗低、抗干扰能力强、精度高的特点，它非常适用于恶劣环境的现场温度测量，也可用于各种狭小空间内设备的测温，如环境控制、过程监测、测温类消费电子产品以及多点温度测控系统等非极限温度场合。由于 DS18B20 可直接将温度转换为数字信号并传送给单片机，因此可省去信号放大、A/D 转换等外围电路。

9.2.2　DS18B20 的操作命令

DS18B20 芯片内部都有唯一的 64 位光刻 ROM 编码，它是 DS18B20 的地址序列码，目的是使每个 DS18B20 的地址都不相同，从而实现在一条总线上挂接多个 DS18B20。

单片机写入 DS18B20 的所有命令均为 8 位，DS18B20 的 ROM 操作命令如表 9-4 所示。

表 9-4　DS18B20 的 ROM 操作命令

命令代码	命令功能
33H	读 DS18B20 中的 ROM 的编码（64 位地址）
55H	匹配 ROM，发出此命令之后，接着发出 64 位编码，访问与该编码对应的 DS18B20 并使其做出响应，为下一步对其进行读/写做准备（总线上有多个 DS18B20 时使用）
F0H	搜索 ROM（单片机识别所有的 DS18B20 的 64 位编码）
CCH	跳过读序列号的操作（总线上仅有一个 DS18B20 时使用）

当主机需要对多条单总线上的某一 DS18B20 进行操作时，首先将主机逐个与 DS18B20 挂接，读取其序列号（33H）；然后将所有的 DS18B20 挂接到总线上，单片机发出匹配 ROM 命令

（55H）。主机提供 64 位序列号之后的操作就是针对该 DS18B20 的。

如果主机只对一个 DS18B20 进行操作，就不需要读取 ROM 编码以及匹配 ROM 编码，只要使用跳过 ROM（CCH）命令，就可以按表 9-5 所示的命令执行温度转换和读取操作。

表 9-5　DS18B20 的部分命令

命令代码	命令功能
44H	启动温度转换
BEH	读取暂存器中的温度数据
4EH	将温度上下限数据写入芯片内部 RAM 的第 3、4 字节（TH、TL）
48H	把芯片内部 RAM 的第 3、4 字节的数据复制到暂存器 TH 与 TL 中
B8H	将 EEPROM 第 3、4 字节的数据恢复到芯片内部 RAM 中的第 3、4 字节
B4H	读供电方式。寄生供电时，DS18B20 发送 0；外部电源供电时，DS18B20 发送 1
ECH	报警搜索，只有温度超过设定的上下限的芯片才进行响应

9.2.3　DS18B20 的操作时序

DS18B20 对工作时序要求严格，延时时间需要准确，否则容易出错。DS18B20 的工作时序包括初始化时序、写时序和读时序。

1. 初始化时序

单片机将数据线 DQ 电平拉低 480μs~960μs 后释放，等待 15μs~60μs，单总线器件即可输出持续 60μs~240μs 的低电平，单片机收到此应答后即可进行操作。

2. 写时序

当单片机将数据线 DQ 电平从高拉到低时，产生写时序，有写"0"和写"1"两种时序。写时序开始后，DS18B20 在 15μs~60μs 从数据线上采样。如果采样到低电平，则向 DS18B20 写"0"；如果采样到高电平，则向 DS18B20 写"1"。这两个独立的时序之间至少需要拉高总线电平 1μs。

3. 读时序

当单片机从 DS18B20 读取数据时，产生读时序。此时单片机将数据线 DQ 电平从高拉到低，使读时序被初始化。如果在此后的 15μs 内单片机在数据线上采样到低电平，则从 DS18B20 读"0"；如果在此后的 15μs 内单片机在数据线上采样到高电平，则从 DS18B20 读"1"。

9.2.4　DS18B20 的应用举例

例 9-1：通过利用 DS18B20 和 LED 数码管实现单总线温度测量与显示系统，将检测结果用 LED 数码管显示，采用的接口电路仿真原理图如图 9-9 所示。

当在 Proteus 环境下进行仿真时，手动调整 DS18B20 的温度值，同时，LED 数码管上会显示与 DS18B20 窗口相同的两位温度数值，表示测量结果正确。电路中 74LS47 是 BCD-7 段译码器/驱动器，用于将单片机 P0 想输出显示的 BCD 码转换为相应的数字显示的段码，并直接驱动 LED 数码管显示。

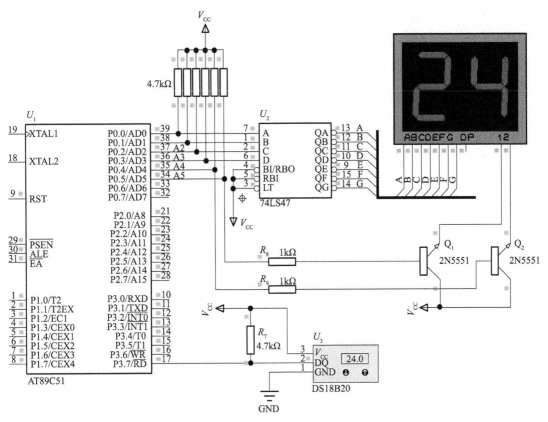

图9-9　单总线温度测量与显示系统仿真原理图

参考程序如下：

```
#include <reg51.h>                //包含头文件
#include <intrins.h>              //包含函数_nop_()的头文件
#define uchar unsigned char       //宏定义
#define uint unsigned int
#define out p0
    sbit smg1=out^4;              //定义数码管1
    sbit smg2=out^5;              //定义数码管2
    sbit DQ=p3^7;                 //定义DQ
    void delay5(uchar);
    void init_dsl18b20(void);
    uchar readbyte(void);         //读1字节数据函数
    void writebyte(uchar);        //写1字节数据函数
    uchar retemp(void);           //温度函数
    void main (void)              //主函数
{
    uchar i,temp;
    delay5(1000);                 //延时5ms
    while(1)
{
```

```
    temp=retemp();
    for(i=0;i<10;i++)                          //连续扫描数码管 10 次
{
    out=(temp/10)&0x0f;                        //低 4 位进行"逻辑与"操作
    smg1=0;
    smg2=1;
    delay5(1000);                              //延时 5ms
    out=(temp%10)&0x0f;
    smg1=1;
    smg2=0;
    delay5(1000);                              //延时 5ms
}}}
void delay5(uchar n)                           //延时 5μs 函数
{
    do
{
    _nop_();
    _nop_();
    _nop_();
        n--;
        }
    void init_ds18b20(void)                    //DS18B20 初始化函数
    {
    uchar x=0;
    DQ=0;
    delay5(120);
    DQ=1;
    delay5(16);
    delay5(80);
    }
    uchar readbyte(void)                       //函数功能：读 1 字节数据
    {
    uchar i=0;
    uchar date=0;
    for (i=8;i>0;i--)
    {
    DQ=0;
    delay5(1);
    DQ=1;                                      //15μs 内释放总线
    date>>=1;
    if(DQ)
    date|=0x80;
    delay5(11);
    }
    return(date);
    }
```

```
void writebyte(uchar dat)              //写 1 字节函数
{
uchar i=0;
for (i=8;i>0;i--)
{
DQ=0;
DQ=dat&0x01;                           //写 "1"，在 15μs 内拉低
delay5(12);                            //写 "0"，拉低 60μs
DQ=1;
date>>=1;
delay5(5);
}
}
uchar retemp(void)                     //读取温度函数
{
uchar a,b,tt;
uint t;
init_ds18b20();
writebyte(0xCC);
writebyte(0xBE);
a=readbyte();
b=readbyte();
t=b;
t<<=8;
t=t|a;
tt=t*0.625;
return(tt);
}
```

9.3　I²C 总线接口及其扩展

　　内部接口电路（Inter Interface Circuit，I²C）总线，是一种简单、双向二进制、同步串行扩展总线。目前业界采用的 I²C 总线有两个技术规范，分别由荷兰飞利浦公司和日本索尼公司提出。现在多采用飞利浦公司的 I²C 总线技术规范，它已成为电子行业认可的总线标准。采用 I²C 总线技术的单片机以及外围器件种类很多。目前，其已广泛应用于各类家用电器及通信设备中。

9.3.1　I²C 总线基础

　　I²C 总线只有两条信号线，一条是数据线 SDA，另一条是时钟线 SCL。SDA 和 SCL 是双向的，I²C 总线上各器件的数据线均连接到 SDA 线上，各器件的时钟线均连接到 SCL 线上。具有 I²C 总线接口的单片机可直接与具有 I²C 总线接口的各种扩展器件（如存储器、I/O 接口、ADC、DCA、键盘、日历/时钟、显示器等）连接。由于 I²C 总线采用纯软件寻址方法，无须片选信号线连接，因此大大减少了总线数量。I²C 总线的运行由主器件控制。主器件是指发送启动数据（发出起始信号）、发出时钟信号、传送结束时发出终止信号的器件，通常由单片机来担当。从器件可以是存储器、LED 或 LCD 驱动器、ADC（Analog to Digital Converter，模拟数字转换器）或

DAC（Digital to Analog Converter，数字模拟转换器）、时钟/日历器件等，从器件必须带有 I²C 总线接口。

当 I²C 总线空闲时，SDA 和 SCL 两条线均为高电平。由于连接到总线上的器件的输出级必须是漏极或集电极开路的，因此只要有一个器件在任意时刻输出低电平，总线上的信号电平都将变低，即各器件的 SDA 及 SCL 都是"线与"关系。因此，必须通过上拉电阻接正电源，以保证 SDA 和 SCL 在空闲时被上拉为高电平。SCL 线上的时钟信号对 SDA 线上的各器件间的数据传输起同步控制作用。SDA 线上的数据起始、终止及数据的有效性均应根据 SCL 线上的时钟信号来判断。

在标准的 I²C 模式下，数据的传输速率为 100kbit/s，高速模式下可达 400kbit/s。总线上扩展的器件数量不是由电流负载决定的，而是由电容负载决定的。这是因为 I²C 总线上的每个器件的接口都有一定的等效电容，器件越多，电容值就越大，造成信号传输的延迟就越严重。总线上允许的器件数以器件的电容量不超过 400pF（通过驱动扩展可达 4000pF）为宜，据此可计算出总线长度及连接器件的数量。每个连接到 I²C 总线上的器件都有一个唯一的地址，因此扩展器件的数量也受器件地址数目的限制。

I²C 总线应用系统允许多主器件，但是在实际应用中，经常遇到的情况是以单一单片机为主器件，其他外围接口器件为从器件。

9.3.2　80C51 的 I²C 总线时序模拟

由于 80C51 单片机没有 I²C 接口，通常用 I/O 接口线结合软件来实现 I²C 总线上的信号模拟。

1. 典型信号模拟

为了保证数据传送的可靠性，标准 I²C 总线的数据传送有严格的时序要求。I²C 总线的起始信号、终止信号、发送应答位/数据 0 及发送非应答位/数据 1 的模拟时序分别如图 9-10～图 9-13 所示。

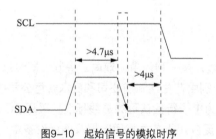

图9-10　起始信号的模拟时序

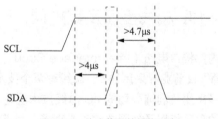

图9-11　终止信号的模拟时序

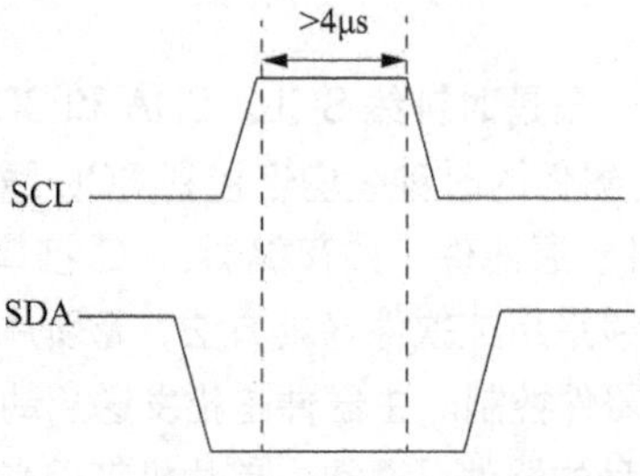

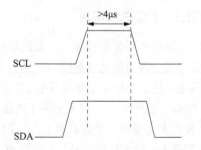

图9-12　发送应答位/数据0的模拟时序

图9-13　发送非应答位/数据1的模拟时序

对于终止信号，应保证有大于 4.7μs 的信号建立时间。当终止信号结束时，应释放总线，使 SDA、SCL 维持在高电平上，在 4.7μs 后才可以进行第 1 次起始操作。在单主器件系统中，为防止非正常传送，终止信号后 SCL 可以设置为低电平。

对于发送应答位、非应答位来说，与发送数据 0 和 1 的信号定时要求完全相同，即要满足时钟高电平大于 4.0μs，SDA 上有确定的电平状态。

2．典型信号及字节收发的模拟子程序

80C51 单片机在模拟 I²C 总线通信时，须编写以下 5 个函数：总线初始化、起始信号、终止信号、应答位/数据 0 以及非应答位/数据 1 函数。

（1）总线初始化函数。其功能是将 SCL 和 SDA 的电平拉高以释放总线。

（2）起始信号函数。图 9-10 所示的起始信号，要求一个新的起始信号前总线的空闲时间大于 4.7μs，而对于一个重复的起始信号，要求建立时间也须大于 4.7μs。起始信号的时序波形在 SCL 高电平期间 SDA 发生负跳变。起始信号到第 1 个时钟脉冲负跳沿的时间间隔应大于 4μs。

（3）终止信号函数。如图 9-11 所示，在 SCL 高电平期间 SDA 的一个上升沿产生终止信号。

（4）应答位/数据 0 函数。发送应答位与发送数据 0 相同，即在 SDA 低电平期间 SCL 产生一个正脉冲，如图 9-12 所示。当 SCL 处在高电平时，SDA 被从器件拉为低电平以表示应答，命令行中的(SDA=1)和(i<255)进行逻辑与运算，表示若在这段时间内没有收到从器件的应答，则主器件默认从器件已经收到数据而不再等待应答信号。如果不加这个延时退出条件，则一旦从器件没有发送应答信号，程序将永远停在这里，而实际上这种情况是不允许发生的。

（5）非应答位/数据 1 函数。发送非应答位与发送数据 1 相同，即在 SDA 高电平期间 SCL 产生一个正脉冲，如图 9-13 所示。

3．字节收发的子程序

除了上述典型信号的模拟外，在 I²C 总线的数据传送中，经常进行单字节数据的发送与接收。

（1）发送 1 字节数据子程序。

模拟 I²C 的数据线，由 SDA 发送 1 字节数据（可以是地址或数据），发送完后等待应答，并对状态位 ack 进行操作，即应答或非应答都使 ack=0。若发送数据正常，则 ack=1；若器件无应答或损坏，则 ack=0。

串行发送 1 字节数据时，需要把该字节中的 8 位逐位发送出去。"temp=temp<<1;"将 temp 中的内容左移 1 位，最高位将移入 CY 位中，然后将 CY 赋给 SDA，进而在 SCL 的控制下将数据发送出去。

（2）接收 1 字节数据子程序。

下面是模拟 I²C 的数据线 SDA 接收从器件传来的 1 字节数据的子程序：

```
void rcvbyte( )
{
    uchar i,temp;
    scl=0;                      //SCL 为低电平
    delay4us();                 //延时
    sda=1;                      //SDA 为高电平
    for(i=0;i<8;i++)
    {
```

```
        scl=1;                    //SCL 为高电平
        delay4us();
        temp=(temp<<1)|sda;       //变量 temp 左移 1 位后与 SDA 进行 "逻辑或" 运算
        scl=0;                    //SCL 为低电平
        delay4us0;
    }
delay4us0;
return temp;
}
```

同理，串行接收 1 字节时，须将 8 位逐位接收，然后组合成 1 字节。"temp= (temp<<1)|SDA;" 将变量 temp 左移 1 位后与 SDA 进行 "逻辑或" 运算，依次把 8 位数据组合成 1 字节来完成数据的接收。

9.3.3　80C51 与 AT24C02 的接口

1. AT24C02 芯片简介

（1）封装与引脚。

AT24C02 的封装形式有双列直插 8 脚式和贴片 8 脚式两种，它们的引脚功能一样。AT24C02 的双列直插 8 脚式引脚如图 9-14 所示，引脚功能如表 9-6 所示。

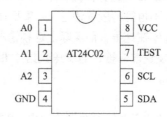

图9-14　AT24C02的双列直插8脚式引脚

表 9-6　AT24C02 的引脚功能

引脚	名称	功能
1～3	A0、A1、A2	可编程地址输入端
4	GND	电源地
5	SDA	串行数据 I/O 端
6	SCL	串行时钟输入端
7	TEST	硬件写保护控制引脚。TEST=0，正常进行读/写操作；TEST=1，对部分存储区域只能读，不能写（写保护）
8	VCC	+5V 电源

（2）存储单元的寻址。

AT24C02 存储容量为 256B，分为 32 页，每页 8B。有两种寻址：芯片寻址和芯片内部子地址寻址。访问芯片内部单元时，先进行芯片寻址，再进行芯片内部子地址寻址。

① 芯片寻址。AT24C02 芯片地址固定为 1010，它是 I^2C 总线器件的特征编码，其地址控制字的格式为 1010 A2A1A0R/$\overline{W}$。A2A1A0 引脚接高、低电平后，得到确定的 3 位编码，与 1010 共同组成 7 位编码，即该器件的地址码。由于 A2A1A0 共有 8 种组合，故系统最多可外接 8 片

AT24C02，$R/\overline{W}$ 是芯片的读/写控制位。

② 芯片内部子地址寻址。在确定了 AT24C02 芯片的 7 位地址码后，芯片内部的存储空间可用 1 字节的地址码进行寻址（寻址范围为 00H ~ FFH），即可对芯片内部的 256 个单元进行读/写操作。

（3）写操作。

AT24C02 写操作有字节写入方式与页写入方式两种。

① 字节写入方式。单片机先发送启动信号和 1 字节的控制字，从器件发出应答信号后，单片机再发送 1 字节的存储单元子地址（AT24C02 内部单元的地址码）。单片机收到 AT24C02 应答后，发送 8 位数据和 1 位终止信号。

② 页写入方式。单片机先发送启动信号和 1 字节控制字，再发送 1 字节存储器起始单元地址，上述几个字节都得到 AT24C02 应答后，就可以发送最多 1 页的数据，并按顺序存放在已指定的起始地址开始的相继单元，最后以终止信号结束。

（4）读操作。

AT24C02 读操作有指定地址读方式和指定地址连续读方式两种。

① 指定地址读方式。单片机发送启动信号后，先发送含芯片地址的写操作控制字。AT24C02 应答后，单片机再发送 1 字节的指定单元地址。AT24C02 应答后，单片机再发送 1 个含芯片地址的读操作控制字。此时如果 AT24C02 应答，则被访问单元的数据就会按 SCL 信号同步出现在 SDA 线上，供单片机读取。

② 指定地址连续读方式。指定地址连续读方式是指单片机收到每个字节数据后要进行应答。AT24C02 检测到应答信号后，其内部的地址寄存器就会自动加 1 并指向下一个单元，按顺序将指向单元的数据送到 SDA 线上。当需要结束读操作时，单片机接收到数据后，在需要应答的时刻发送一个非应答信号，然后发送一个终止信号即可。

2. AT24C02 的应用举例

例 9-2：利用单片机通过 I²C 串行总线扩展 1 片 AT24C02，实现单片机对存储器 AT24C02 的读、写操作。

由于 Proteus 元器件库中没有 AT24C02，可用 FM24C02F 芯片代替。80C51 与 FM24C02F 的接口电路如图 9-15 所示。

图中 KEY1 作为外部中断 0 的中断源，当按下 KEY1 时，单片机通过 I²C 总线发送数据 0xAA 给 FM24C02F，发送数据完毕后，将 0xAA 送入 P2 口通过 LED 显示出来。

KEY2 作为外部中断 1 的中断源，当按下 KEY2 时，单片机通过 I²C 总线读取 FM24C02F 中的数据，并将读取的最后数据 0x55 送入 P2 口通过 LED 显示出来。

最终显示的仿真效果是：按下 KEY1，标号为 D1 ~ D8 的 8 个 LED 中的 D3、D4、D5、D6 灯亮；按下 KEY2，D1、D3、D5、D7 灯亮。

Proteus 提供的 I²C 调试器是调试 I²C 系统的工具，使用 I²C 调试器的观测窗口可观察 I²C 总线上的数据流，查看 I²C 总线发送的数据，I²C 调试器也可作为从器件向 I²C 总线发送数据。

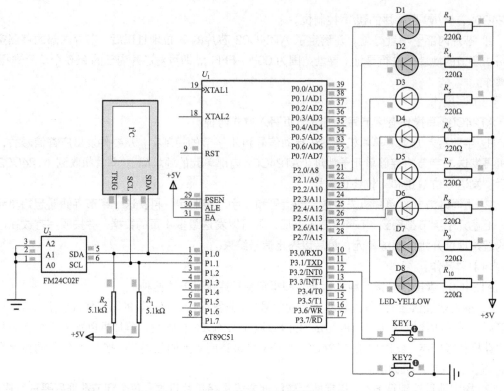

图9-15　80C51与FM24C02F的接口电路

参考程序如下：

```
#include <reg51.h>                       //包含头文件
#include <intrins.h>                     //包含函数_nop_()的头文件
#define uchar unsigned char              //宏定义
#define uint unsigned int
#define out P2                           //发送缓冲区的首地址
sbit scl=P1^1;                           //定义 SCL
sbit sda=P1^0;                           //定义 SDA
sbit key1=P3^2;                          //定义按键
sbit key2=P3^3;                          //定义按键
uchar data mem[4]_at_ 0x55;              //发送缓冲区的首地址
uchar mem[4]={0x41,0x42,0x43,0xAA};      //欲发送的数据数组
uchar data rec_mem[4] _at_ 0x60 ;        //接收缓冲区的首地址
void start(void);                        //起始信号函数
void stop(void);                         //终止信号函数
void sack(void);                         //发送应答信号函数
bit rack(void);                          //接收应答信号函数
void ackn(void);                         //发送非应答信号函数
void send_byte(uchar);                   //发送1个字节数据函数
uchar rec_byte(void);                    //接收1个字节数据函数
void write(void);                        //写1组数据函数
```

```
void read(void);                          //读 1 组数据函数
void delay4us(void);                      //延时 4μs
void main(void)                           //主函数
{
    EA=1;
    EX0=1;
    EX1=1;                                //总中断开，外中断 0 与外中断 1 允许中断
    while(1);
}
void ext0()interrupt 0                    //外中断 0 中断函数
{
    write();                              //调用写数据函数
}
void ext1()interrupt 1                    //外中断 1 中断函数
{
    read();                               //调用读数据函数
}
void read(void)                           //读数据函数
{
    uchar i;
    bit f;
    start();                              //调用起始信号函数
    send_byte(0xA0);                      //发从器件的地址
    f=rack();                             //接收应答
    if(!f)
    {
        start();                          //调用起始信号函数
        send_byte(0xA0);
        f=rack();
        send_byte(0x00);                  //设置要读取从器件的芯片内部地址
        f=rack();
        if(!f)
        {
            start();                      //调用起始信号函数
            send_byte(0xA1);
            f=rack();
            if(!f)
            {
                for(i=0;i<3;i++)
                {
                    rec_mem[i]=rec_byte();
                    sack();
                }
                rec_mem[3]=rec_byte();ackn();
            }
```

```
        }
    }
    stop();
    out=rec_mem[3];
    while(!key2);
}
void write(void)                        //写数据函数
{
    uchar i;
    bit f;
    start();
    send_byte(0xA0);
    f=rack();-
    if(!f){
        send_byte(0x00);
        f=rack();
        if(!f){
        for(i=0;i<4;i++)
        {
            send_byte(mem[i]);
            f=rack();
            if(f)break;
        }
    }
}
stop();
out=0xC3;
while(!key1);
}

void start(void)                        //起始信号函数
{
    scl=1;
    sda=1;
    delay4us();
    sda=0;
    delay4us();
    scl=0;
}
void stop(void)                         //终止信号函数
{
    scl=0;
    sda=0;
    delay4us();
    scl=1;
```

```
    delay4us();
    sda=1;
    delay5us();
    sda=0;
}
bit rack(void)                          //接收应答信号函数
{
    bit flag;
    scl=1;
    delay4us();
    flag=sda;
    scl=0;
    return(flag);
}
void sack(void)                         //发送应答信号函数
{
    sda=0;
    delay4us();
    scl=1;
    delay4us();
    scl=0;
    delay4us();
    sda=1;
    delay4us();
}
void ackn(void)                         //发送非接收应答信号函数
{
    sda=1;
    delay4us();
    scl=1;
    delay4us();
    scl=0;
    delay4us();
    sda=0;
}
uchar rec_byte(void)                    //接收 1 个字节数据函数
{
    uchar i,temp;
    for(i=0;i<8;i++)
    {
        temp<<=1;                       //左移 1 位
        scl=1;
        delay4us();
        temp|=sda;
        scl=0;
```

```
        delay4us();
    }
    return(temp);
}
void send_byte(uchar temp)                      //发送 1 个字节数据函数
{
    uchar i;
    scl=0;
    for(i=0;i<8;i++)
    {
        sda=(bit)(temp&0x80);
        scl=1;
        delay4us();
        scl=0;
        temp<<=1;                               //左移 1 位
    }
    sda=1;
}
void delay4us(void)                             //延时 4μs 函数
{
    _nop_();_nop_();_nop_();_nop_();
}
```

9.4 SPI 总线及其扩展

　　串行外围设备接口（Serial Peripheral Interface，SPI）是摩托罗拉公司推出的一种同步串行外围设备接口，允许单片机与多个厂家的具有标准 SPI 的外围设备直通连接。单片机串行口在方式 0 下就是一个同步串行口。所谓同步，就是串行口每发送、接收一位数据都由一个同步时钟脉冲来控制。

9.4.1 SPI 总线基础

　　SPI 使用 4 条线：串行时钟 SCK、主器件输入/从器件输出数据线 MISO、主器件输出/从器件输入数据线 MOSI 和从器件选择线 $\overline{\text{CS}}$。

　　典型的 SPI 系统是单主器件系统，从器件通常是外围接口器件，如存储器、I/O 接口、ADC、DAC、键盘、日历/时钟和显示器等。当单片机扩展多个外围器件时，SPI 无法通过数据线译码选择，故外围器件都有片选端 $\overline{\text{CS}}$。当扩展单个 SPI 器件时，外围器件的片选端 $\overline{\text{CS}}$ 可以接地或通过 I/O 接口控制；当扩展多个 SPI 器件时，单片机应分别通过 I/O 接口线来分时选通外围器件。在 SPI 串行扩展系统中，如果某一从器件只作为输入（如键盘）或只作为输出（如显示器），则可省去一条数据输出（MISO）线或一条数据输入（MOSI）线，从而构成双线系统（$\overline{\text{CS}}$ 接地）。

9.4.2　SPI 总线的数据传输时序

SPI 系统中单片机对从器件的选通须控制其$\overline{CS}$端，由于省去了地址字节，数据传送软件十分简单。但在扩展器件较多时，需要控制较多的从器件$\overline{CS}$端，连线较多。

在 SPI 串行扩展系统中，作为主器件的单片机在启动一次传送时，会产生 8 个时钟，传送给接口芯片作为同步时钟，控制数据的输入和输出。数据的传送格式是高位（MSB）在前，低位（LSB）在后。数据线上输出数据的变化以及输入数据时的采样，都取决于 SCK，但对于不同的外围芯片，有的可能是 SCK 的上升沿起作用，有的可能是 SCK 的下降沿起作用。SPI 有较高的数据传输速率，最高可达 1.05MB/s。

9.4.3　80C51 与 DS1302 的接口

DS1302 是美国达拉斯公司推出的一种高性能、低功耗的实时时钟芯片，附加31B 静态RAM，采用 SPI 三线接口与 CPU 进行同步通信，并采用突发方式一次传送多个字节的时钟信号或 RAM 数据。实时时钟可提供秒、分、时、日、星期、月和年，一个月小于 31 天时可自动调整，且具有闰年补偿功能。工作电压宽达 2.5 ~ 5.5V。采用双电源供电（主电源和备用电源），可设置备用电源充电方式，提供了对后备电源进行涓细电流充电的能力。DS1302 的引脚如图 9-16 所示，其引脚功能如表 9-7 所示。

图9-16　DS1302的引脚

表 9-7　DS1302 的引脚功能

引脚	名称	功能
1	VCC2	主电源
2、3	X1、X2	晶振
4	GND	接地
5	RST	复位
6	I/O	数据库
7	SCLK	串行时钟
8	VCC1	备用电源

9.4.4　DS1302 的应用举例

例 9-3：利用 DS1302 模块和 LCD 模块设计一个基于 80C51 的日历时钟。程序运行时，在 LCD1602 上显示实时日期、星期和时间。日历时钟仿真图如图 9-17 所示。

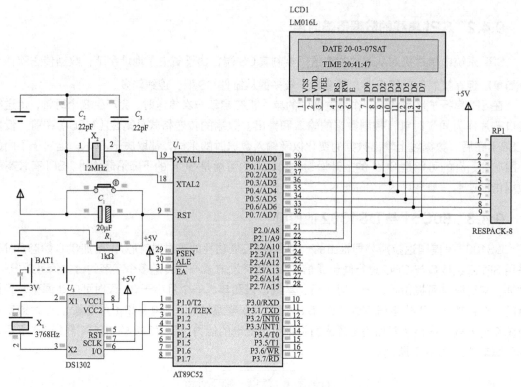

图9-17　日历时钟仿真图

参考程序如下：

```c
#include <reg52.h>                          //包含头文件
#include <intrins.h>
#include <string.h>
#define uint unsigned int
#define uchar unsigned char
//定义接口，主要是LCD1602和DS1302的引脚与单片机的接口
sbit IO = P1^0;
sbit SCLK = P1^1;
sbit RST = P1^2;
sbit RS = P2^0;
sbit RW = P2^1;
sbit EN = P2^2;
//函数，通过日期显示星期
uchar *WEEK[]=
{
    "SUN","***","MON","TUS","WEN","THU","FRI","SAT"
};
uchar LCD_DSY_BUFFER1[]={"DATE 00-00-00   "};
uchar LCD_DSY_BUFFER2[]={"TIME 00:00:00   "};
uchar DateTime[7];
void DelayMS(uint ms)                      //延时函数
```

```
{
    uchar i;
    while(ms--)
    {
        for(i=0;i<120;i++);
    }
}
void Write_A_Byte_TO_DS1302(uchar x)            //向 DS1032 写入 1 字节数据
{
    uchar i;
    for(i=0;i<8;i++)
    {
        IO=x&0x01;SCLK=1;SCLK=0;x>>=1;          //右移 1 位，高位补 0
    }
}
uchar Get_A_Byte_FROM_DS1302()                  //从 DS1302 读取 1 字节数据
{
    uchar i,b=0x00;
    for(i=0;i<8;i++)
    {
        b |= _crol_((uchar)IO,i);
        SCLK=1;SCLK=0;
    }
    return b/16*10+b%16;                        //BCD 码转换成十进制
}
uchar Read_Data(uchar addr) //读取 DS1302 某地址的数据，先写入地址命令字，后读取数据
{
    uchar dat;
    RST = 0;                                    //复位
    SCLK=0;                                     //时钟脉冲置 0
    RST=1;                                      //启动数据传送
    Write_A_Byte_TO_DS1302(addr);              //写入地址命令字
    dat = Get_A_Byte_FROM_DS1302();            //读取 1 字节的数据
    SCLK=1;RST=0;
    return dat;
}
//读取当前日期时间，将秒、分钟、小时、日期、月份、周日、年份这 7 个数值分别进行显示
void GetTime()
{
    uchar i,addr = 0x81;
    for(i=0;i<7;i++)
    {
        DateTime[i]=Read_Data(addr);addr+=2;
    }
}
uchar Read_LCD_State()                          //读取 LCD 状态
```

```
{
    uchar state;
    RS=0;RW=1;
    EN=1;
    DelayMS(1);
    state=P0;
    EN=0;
    DelayMS(1);
    return state;
}
void LCD_Busy_Wait()                    //LCD 忙检测
{
    while((Read_LCD_State()&0x80)==0x80);
    DelayMS(5);
}
void Write_LCD_Data(uchar dat)          //向 LCD 写数据
{
    LCD_Busy_Wait();
    RS=1;RW=0;EN=0;P0=dat;EN=1;
    DelayMS(1);EN=0;
}
/****************************************************
函数功能:     写命令
入口参数:     cmd
出口参数:     void
****************************************************/
void Write_LCD_Command(uchar cmd)       //写命令
{
    LCD_Busy_Wait();
    RS=0;RW=0;EN=0;P0=cmd;EN=1;DelayMS(1);EN=0;
}
void Init_LCD()                         //初始化 LCD 函数
{
    Write_LCD_Command(0x38);            //8 位数据接口，2 行显示，5×7 点阵字符
    DelayMS(1);                         //延时保证上一指令完成
    Write_LCD_Command(0x01);            //清 DDRAM 和 AC 值，即初始化
    DelayMS(1);
    Write_LCD_Command(0x06);            //数据读写操作画面不动，AC 自动加 1
    DelayMS(1);
    Write_LCD_Command(0x0C);            //开显示，关光标和闪烁
    DelayMS(1);
}


void Set_LCD_POS(uchar p)               //写命令，设定
{
    Write_LCD_Command(p|0x80);
```

```
    }

void Display_LCD_String(uchar p,uchar *s)    //显示
{
    uchar i;
    Set_LCD_POS(p);
    for(i=0;i<16;i++)
    {
        Write_LCD_Data(s[i]);
    DelayMS(1);
    }
}
void Format_DateTime(uchar d,uchar *a)       //格式化日期时间函数
{
    a[0]=d/10+'0';
    a[1]=d%10+'0';
}
void main()                                   //主函数
{
    Init_LCD();                               //初始化 LCD
    while(1)
    {
        GetTime();                            //获得当前时间
        Format_DateTime(DateTime[6],LCD_DSY_BUFFER1+5);   //通道号显示
        Format_DateTime(DateTime[4],LCD_DSY_BUFFER1+8);
        Format_DateTime(DateTime[3],LCD_DSY_BUFFER1+11);
        strcpy(LCD_DSY_BUFFER1+13,WEEK[DateTime[5]]);
        Format_DateTime(DateTime[2],LCD_DSY_BUFFER1+5);
        Format_DateTime(DateTime[1],LCD_DSY_BUFFER1+8);
        Format_DateTime(DateTime[0],LCD_DSY_BUFFER1+11);
        Display_LCD_String(0x00,LCD_DSY_BUFFER1);         //液晶显示
        Display_LCD_String(0x40,LCD_DSY_BUFFER2);
    }
}
```

本章小结

I/O 数据有同步传送、异步传送和中断传送这 3 种传送方式。扩展 I/O 接口常用数据总线实现。当串行口不作它用时，还可以用串行口外接并入串出移位寄存器和串入并出移位寄存器，以扩展并行输入口和并行输出口（注意 8155 的使用范围）。

具有 I²C 总线接口的单片机可直接与具有 I²C 总线接口的各种扩展器件（如存储、I/O 芯片、ADC、DAC、键盘、日历/时钟、显示器）连接。

时钟芯片 DS1302 含实时的日历/时钟附加 31B 静态 RAM，可采用 SPI 三线接口与 CPU 进行同步通信，并可采用突发方式一次传送多个字节的时钟信号和 RAM 数据。

练习与思考题 9

1. I/O 接口和 I/O 端口的区别是什么？I/O 接口的功能是什么？
2. I/O 数据传送有哪几种实现方式？分别在哪些场合下使用？
3. I^2C 总线的优点有哪些？
4. I^2C 总线在数据传送时，是如何进行应答的？
5. 实时时钟芯片的优点是什么？
6. DS18B20 的内部结构由哪几部分组成？
7. I^2C 总线传送起始信号和终止信号是如何定义的？
8. I^2C 总线数据位的有效性是如何规定的？
9. SPI 总线有何特点？
10. 简述 SPI 通信原理。

10 Chapter

第 10 章
80C51 单片机的 D/A、A/D 转换接口

单片机是一个典型的数字系统，数字系统只能对输入的数字信号进行处理，其输出信号也是数字信号。但工业或者生活中的很多信号都是模拟信号，这些模拟信号可以通过传感器转换成与之对应的电压、电流等模拟信号。为了实现数字系统对这些模拟信号的测量、运算和控制，就需要一个模拟信号和数字信号之间的相互转换的过程。

学习目标	（1）理解 D/A、A/D 转换的基本概念； （2）理解 80C51 D/A、A/D 转换的结构和工作原理； （3）理解 80C51 SPI 总线时序及其与单片机的接口方法； （4）掌握 80C51 DAC、ADC 的应用。
重点内容	（1）D/A、A/D 转换的基本概念； （2）D/A、A/D 转换的结构和工作原理； （3）DAC、ADC 的使用方法及应用。
目标技能	（1）80C51 单片机与 ADC 的接口； （2）80C51 单片机与 DAC 的接口； （3）DAC、ADC 在生产生活中的应用。
模块应用	D/A、A/D 转换模块主要应用于数字信号和模拟信号之间的转换，例如数字音响、视频设备和 B 超、CT、X 光、心电图等检测设备等。

10.1 概述

在实际工业生产环境中，我们使用的都是连续变化的模拟信号，例如电压、电流、压力、温度、位移、流量等，但计算机内部处理的都是离散的数字信号，例如二进制数、十进制数等。因此人们往往希望将模拟信号经过采样和量化编码形成数字信号，再采用数字信号处理技术进行处理；处理完毕后，如果需要，再将其转换成模拟信号，转换原理如图 10-1 所示，工业生产过程中的闭环控制原理如图 10-2 所示。

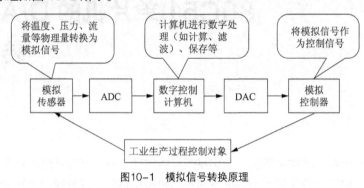

图10-1　模拟信号转换原理

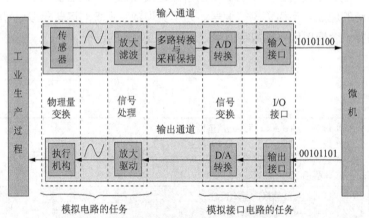

图10-2　工业生产过程中的闭环控制原理

图中主要应用到的模拟信号和数字信号转换方式有两种，分别为 A/D 转换和 D/A 转换。其中 A 是 ANALOG，模拟；D 是 DIGITAL，数字。

随着数字技术（特别是计算机技术）的飞速发展与普及，在现代控制、通信与检测等领域，为了提高系统的性能指标，对信号的处理广泛采用了数字技术。由于系统的实际对象往往都是一些模拟信号（如温度、压力、流量等），要使计算机能够识别、处理这些信号，必须首先将这些模拟信号转换为数字信号。经计算机分析、处理后输出的数字信号也往往需要转换为相应的模拟信号后才能被执行机构接受。这就需要一种能在模拟信号与数字信号之间起"桥梁"作用的电路——ADC 和 DAC。

10.2　80C51 单片机与 DAC 的接口

10.2.1　DAC 概述

DAC 是能将数字信号转换成模拟信号的电路。DAC 基本上由 4 个部分组成，即电阻网络、运算放大器、基准电源和模拟开关。

DAC 将输入的数字信号转换为模拟信号输出，数字信号是由若干数位构成的，D/A 转换就是把每一位上的代码按照权值转换为对应的模拟信号，再把各位对应的模拟信号相加，所得各位模拟信号的和便是数字信号对应的模拟信号。

在集成化的 DAC 中，通常采用电阻网络实现将数字信号转换为模拟电流，然后采用运算放大器完成模拟电流到模拟电压的转换。目前，D/A 转换集成电路芯片大都包含了这两个部分。如果只包含电阻网络，则 D/A 芯片需要外接运算放大器才能转换为模拟电压。

1. DAC 的分类

（1）电压输出型。

电压输出型 DAC 虽可直接从电阻阵列输出电压，但一般采用内置输出放大器以低阻抗输出。直接输出电压的器件仅用于高阻抗负载，由于无输出放大器部分的延迟，故其常作为高速 DAC 使用。

（2）电流输出型。

电流输出型 DAC 直接输出电流，但应用中通常外接电流–电压转换电路以得到电压输出。电流–电压可以直接在输出引脚上连接一个负载电阻，实现电流–电压转换。实际中，多采用外接运算放大器的形式。另外，当输出电压不为零时，大部分 CMOS DAC 不能正确运作，所以必须外接运算放大器。由于在 DAC 的电流建立时间上加入了外接运算放大器的延迟，因此 D/A 响应变慢。此外，电路中运算放大器因输出引脚的内部电容而容易起振，所以有时必须进行相位补偿。

（3）乘算型。

DAC 中有使用恒定基准电压的，也有在基准电压输入上加交流信号的，后者由于能得到数字输入和基准电压输入相乘的结果而输出，因而称为乘算型 DAC。乘算型 DAC 一般不仅可以进行乘法运算，还可以作为使输入信号数字化衰减的衰减器及对输入信号进行调制的调制器使用。

另外，根据建立时间的长短，DAC 还可分为以下几种类型：低速 DAC，建立时间不小于 100μs；中速 DAC，建立时间范围为 10μs ~ 100μs；高速 DAC，建立时间范围为 1μs ~ 10μs；较高速 DAC，建立时间范围为 100ns ~ 1μs；超高速 DAC，建立时间小于 100ns。

根据电阻网络的结构，DAC 可以分为权电阻网络 DAC、T 型电阻网络 DAC、倒 T 型电阻网络 DAC、权电流 DAC 等形式。

2. DAC 的技术指标

（1）分辨率。

DAC 的分辨率（Resolution）是指 DAC 所能分辨的最小输出电压与满量程输出电压之比。

最小输出电压是指输入数字信号只有最低有效位为 1 时的输出电压，最大输出电压是指输入数字信号各位全为 1 时的输出电压。DAC 的分辨率表示如下：

$$分辨率 = 1/\left(2^{n}-1\right) \qquad\qquad （10-1）$$

式中，n 表示数字信号的二进制位数。

（2）线性度（非线性误差）。

线性度（Linearity）是实际转换特性曲线与理想直线之间的最大偏差，常以相对于满量程的百分数表示。如±1%是指实际输出值与理论值之差在满量程的±1%以内。

（3）绝对精度和相对精度。

绝对精度（Absolute Accuracy）简称精度，是指在整个刻度范围内，任一输入数码所对应的模拟信号实际输出值与理论值之间的最大误差。

相对精度（Relative Accuracy）与绝对精度表示同一含义，用最大误差相对于满量程的百分比表示。

（4）建立时间。

建立时间（Setting Time）是指输入数字信号变化后，输出模拟信号稳定到相应数值范围所经历的时间，是描述 DAC 转换速度高低的一个重要参数。

电流输出型 DAC 的建立时间短。电压输出型 DAC 的建立时间主要取决于运算放大器的响应时间。

（5）温度系数。

温度系数是指在输入不变的情况下，输出模拟电压随温度变化产生的变化量。一般将满量程输出条件下温度每升高 1℃，输出电压变化的百分数作为温度系数。

10.2.2　80C51 单片机与 8 位 DAC0832 的接口

1. DAC0832 的逻辑结构与引脚

图 10-3 和图 10-4 所示为 DAC0832 的逻辑结构与引脚。DAC0832 由 8 位输入寄存器、8 位 DAC 寄存器、8 位 DAC 所构成。DAC0832 中有两级锁存器：第一级为输入寄存器，第二级为 DAC 寄存器。因为有两级锁存器，所以 DAC0832 可以工作在双缓冲方式下，这样在输出模拟信号的同时可以采集下一个数字信号，以有效地提高转换速度。另外，有了两级锁存器，可以在多个 DAC 同时工作时，利用第二级锁存信号实现多路 D/A 的同时输出。

2. DAC0832 的主要特性

DAC0832 的主要特性如下。

（1）2 路电流输出型 DAC。

（2）分辨率为 8 位，并行输入。

（3）输入数据的逻辑电平与 TTL 电平兼容。

（4）可以与微处理器直通连接。

（5）数字信号输入有直通、单缓冲和双缓冲 3 种方式。

（6）满量程误差为±1LSB。

（7）电流稳定时间为 1μs。

（8）增益温度系数为 0.0002% FS /℃。

（9）参考电压为±10V。

（10）单电源电压为 5～15V DC。

（11）低功耗，约 20mW。

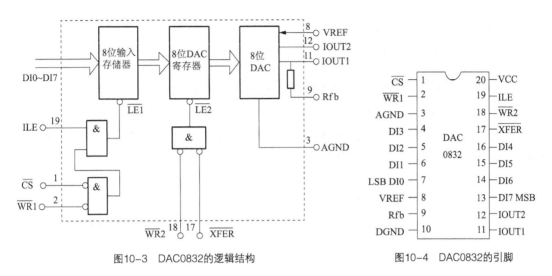

图10-3　DAC0832的逻辑结构　　　　　　图10-4　DAC0832的引脚

3. 引脚定义

DAC0832 既可以工作在双缓冲方式下，也可工作在单缓冲方式下，无论哪种方式，只要数据进入 DAC 寄存器，便可启动 D/A 转换。DAC0832 各引脚定义如下。

（1）DI7～DI0：8 位数字信号输入线，为 TTL 电平。

（2）ILE：数据锁存允许控制，输入，高电平有效。

（3）$\overline{CS}$：片选信号，输入，低电平有效。

（4）$\overline{WR1}$：数据写入信号 1，输入，低电平有效。

（5）$\overline{XFER}$：数据传送控制信号，输入，低电平有效。可用来控制 $\overline{WR2}$ 是否起作用，特别是在控制多个 DAC0832 同时输出时效果明显。

（6）$\overline{WR2}$：数据写入信号 2，输入，低电平有效。当 $\overline{XFER}$ 和 $\overline{WR}$ 同时有效时，输入寄存器中的数据被装入 DAC 寄存器，同时启动一次 D/A 转换。

（7）IOUT1、IOUT2：电流输出端，IOUT1+IOUT2=常数。

（8）RFB：反馈信号输入端。

（9）VREF：基准电压输入端。

（10）VCC：器件中数字电路部分的电源电压。

（11）DGND：数字地。

（12）AGND：模拟地。

4. DAC0832 的工作方式

根据对 DAC0832 的数据锁存器和 DAC 寄存器的不同的控制方式可知，DAC0832 有 3 种工作方式：直通方式、单缓冲方式和双缓冲方式。

（1）直通方式。直通方式是数据不经两级锁存器锁存，即 $\overline{CS}$、$\overline{XFER}$、$\overline{WR1}$、$\overline{WR2}$ 均接地，ILE 接高电平。此方式适用于连续反馈控制线路和不带微机的控制系统，不过在使用时，必须通过另加 I/O 接口与 CPU 连接，以匹配 CPU 与 D/A 转换。

（2）单缓冲方式。单缓冲方式是指控制输入寄存器和 DAC 寄存器同时接收数据，或者只用输入寄存器而把 DAC 寄存器接成直通方式。此方式适用于只有一路模拟信号输出或几路模拟信号异步输出的情形。

（3）双缓冲方式。双缓冲方式是先使输入寄存器接收数据，再控制输入寄存器的输出数据到 DAC 寄存器，即分两次锁存输入数据。此方式适用于多个 D/A 转换同步输出的情形。

10.2.3　80C51 单片机与 12 位 DAC1208 的接口

DAC1208 系列有 DAC1208、DAC1209、DAC1210 这 3 种芯片类型，是与微处理器完全兼容的 12 位 DAC，目前有较广泛的应用。DAC1208 是电流输出型的 12 位 D/A 转换芯片。图 10-5 和图 10-6 分别为 DAC1208 的内部结构和引脚。

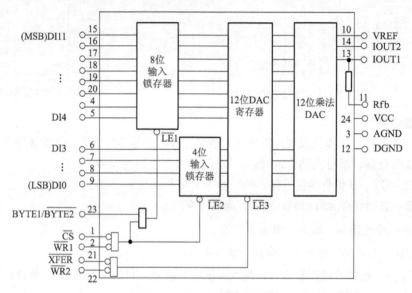

图10-5　DAC1208的内部结构

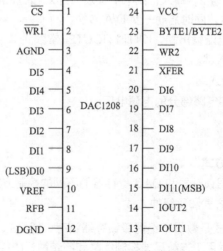

图10-6　DAC1208的引脚

DAC1208 系列的内部结构与 DAC0830 系列很相似，是双缓冲结构，只是把 8 位部件换成 12 位部件。但对于输入寄存器来说，DAC1208 系列不是用一个 12 位寄存器，而是用一个 8 位寄存器和一个 4 位寄存器，以便和 8 位 CPU 连接。

1. DAC1208 的主要应用特性

（1）输出电流稳定时间：1μs。

（2）参考电压范围：–10V ~ +10V。

（3）单工作电源范围：+5V ~ +15V。

（4）低功耗：20mW。

2. DAC1208 引脚功能

（1）$\overline{CS}$：片选信号，低电平有效。

（2）$\overline{WR1}$：写信号，低电平有效。

（3）BYTE1/$\overline{BYTE2}$：字节顺序控制信号，该信号为高电平时，开启 8 位和 4 位两个锁存器，并将 12 位全部变为锁存器。当该信号为低电平时，开启 4 位输入锁存器。

（4）$\overline{WR2}$：辅助写信号，低电平有效。该信号与 $\overline{XFER}$ 相结合，当 $\overline{XFER}$ 与 $\overline{WR2}$ 同时为低电平时，把锁存器中的数据"打入"DAC 寄存器。当 $\overline{WR2}$ 为高电平时，DAC 寄存器中的数据被锁存起来。

（5）$\overline{XFER}$：传送控制信号，低电平有效。该信号与 $\overline{WR2}$ 相结合，用于将输入锁存器中的 12 位数据送至 DAC 寄存器。

（6）DI0 ~ DI11：12 位数据输入。

（7）IOUT1：D/A 转换电流输出 1。当 DAC 寄存器全 1 时，输出电流最大，全 0 时输出为 0。

（8）IOUT2：D/A 转换电流输出 2。IOUT1+IOUT2 =常数。

（9）RFB：反馈电阻输入。

（10）VREF：参考电压输入。

（11）VCC：电源电压。

（12）DGND、AGND：数字地和模拟地。

10.2.4　DAC 应用举例

例 10-1：设计 DAC0832 与 AT89C80C51 单片机连接的仿真电路，编写程序用 DAC0832 芯片生成三角波。

分析：DAC0832 与 AT89C80C51 单片机连接的仿真电路如图 10-7 所示。为了使输出电压信号为所需要的三角波，采用 uA741 运算放大器将电流信号转换为电压信号。转换后输出的电压值为–D × VREF/255，其中 D 为输出的数据字节值，将输出的字节值先从 0 ~ 255 递增，再从 255 ~ 0 递减，如此循环，输出电压值先从 0 ~ –5V 递减，再从 –5 ~ 0V 递增，依次循环，就可以形成三角波。

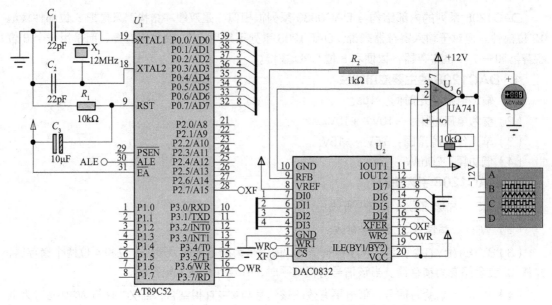

图10-7　DAC0832与AT89C80C51单片机连接的仿真电路

程序设计如下：

```c
/*用 DAC0832 生成三角波*/
#include <reg52.h>
#include <absacc.h>
#define uint unsigned int
#define uchar unsigned char
#define DAC0832 XBYTE[0x7fff]
void DelayMS(uint ms)                //延时程序
{
    uchar i;
    while(ms--)
    {
        for(i=0;i<120;i++);
    }
}
void main()                          //主程序
{
    uchar i;
    uchar k;
    k=0;                             //k 为三角波上升和下降的标志位
    i=0;
    while(1)                         //循环输出三角波
    {
        if(k==0)                     //输出三角波的下降沿
        {
```

```
            i++;
            DAC0832 =i;
            if(i==255) k=~k;
            DelayMS(1);
        }
    else                          //输出三角波的上升沿
    {
        i--;
        DAC0832 =i;
        if(i==0) k=~k;
        DelayMS(1);
    }
  }
}
```

10.3　80C51 单片机与 ADC 的接口

10.3.1　ADC 概述

A/D 转换就是模数转换，顾名思义，就是把模拟信号转换成数字信号。其主要包括积分型、逐次比较型、并行比较型/串并行比较型、Σ–Δ 调制型、电容阵列逐次比较型及压频变换型。

ADC 通过一定的电路将模拟信号转换为数字信号。模拟信号可以是电压、电流等电信号，也可以是压力、温度、湿度、位移、声音等非电信号。但在进行 A/D 转换前，输入 ADC 的信号必须经各种传感器以将各种物理量转换成电信号。

1. ADC 的分类

（1）积分型（如 TLC7135）。

积分型 ADC 工作原理是将输入电压转换成时间（脉冲宽度信号）或频率（脉冲频率），然后由定时器/计数器获得数字值。其优点是用简单电路就能获得高分辨率，缺点是由于转换精度依赖于积分时间，因此转换速率极低。初期的单片 ADC 大多采用积分型，现在逐次比较型已逐步成为主流。

（2）逐次比较型（如 TLC0831）。

逐次比较型 ADC 由一个比较器和 DAC 通过逐次比较逻辑构成，从 MSB 开始，顺序地针对每一位将输入电压与内置 DAC 的输出进行比较，经 n 次比较而输出数字值。其电路规模属于中等，优点是速度较高、功耗低，在低精度（<12 位）时价格便宜，但高精度（>12 位）时价格很高。

（3）并行比较型/串并行比较型（如 TLC5510）。

并行比较型 ADC 采用多个比较器，仅进行一次比较而实行转换，又称快速（FLash）型。由于转换速率极高，n 位的转换需要 $2n-1$ 个比较器，因此电路规模极大，价格也高，只适用于视频 ADC 等转换速度要求特别高的领域。

串并行比较型 ADC 的结构上介于并行比较型和逐次比较型之间，其十分典型的结构是由 2 个 $n/2$ 位的并行型 ADC 配合 DAC 组成的，用两次比较实行转换，所以称为半快速（Half Flash）型。还有分成 3 步或多步实现 A/D 转换的叫作分级（Multistep/Subrangling）型 ADC，而从转换时序角度又可称为流水线（Pipelined）型 ADC，现代的分级型 ADC 中还增加了对多次转换结果作数字运算以修正特性等功能。这类 ADC 的速度比逐次比较型 ADC 高，电路规模比并行比较型 ADC 小。

（4）Σ–Δ 调制型（如 AD7705）。

Σ–Δ 调制型 ADC 由积分器、比较器、1 位 DAC 和数字滤波器等组成。原理上近似于积分型，将输入电压转换成时间（脉冲宽度）信号，再用数字滤波器处理后得到数字值。电路的数字部分基本上容易单片化，因此容易实现高分辨率，主要用于音频调制和测量。

（5）电容阵列逐次比较型。

电容阵列逐次比较型在内置 DAC 中采用电容矩阵方式，也可称为电荷再分配型。一般的电阻阵列 DAC 中多数电阻的值必须一致，在单芯片上生成高精度的电阻并不容易。如果用电容阵列取代电阻阵列，则可以用低廉成本制成高精度单片 ADC。逐次比较型 ADC 大多为电容阵列式的。

（6）压频变换型（如 AD650）。

压频变换型（Voltage–Frequency Converter）是通过间接转换方式实现 A/D 转换的。其原理是先将输入的模拟信号转换成频率，然后用计数器将频率转换成数字信号。从理论上讲，这种 ADC 的分辨率几乎可以无限增加，只要采样的时间能够满足输出频率分辨率要求的累积脉冲个数的宽度。其优点是分辨率高、功耗低、价格低，但是需要外部计数电路共同完成 A/D 转换。

2. ADC 的技术指标

（1）ADC 的分辨率是指 ADC 所能分辨的最小输出电压与满量程输出电压之比。最小输出电压是指输入数字信号只有最低有效位为 1 时的输出电压，最大输出电压是指输入数字信号各位全为 1 时的输出电压。ADC 的分辨率表示如下：

$$分辨率 = 1/(2^n - 1) \qquad\qquad (10-2)$$

式中，n 表示数字信号的二进制位数。

（2）转换速率（Conversion Rate）是指完成一次 A/D 转换所需时间的倒数。积分型 ADC 的转换时间是毫秒级，属低速 ADC，逐次比较型 ADC 是微秒级，属中速 ADC，全并行/串并行型 ADC 可达到纳秒级。采样时间则是另外一个概念，是指两次转换的时间间隔。为了保证转换的正确完成，采样速率（Sample Rate）必须小于或等于转换速率。因此有人习惯上将转换速率在数值上等同于采样速率。常用单位是每秒采样千次（kS/s）和每秒采样百万次（MS/s）。

（3）量化误差（Quantizing Error）是指由 ADC 的有限分辨率所引起的误差，即有限分辨率 ADC 的阶梯状转移特性曲线与无限分辨率 ADC（理想 ADC）的转移特性曲线（直线）之间的最大偏差。通常是一个或半个最小数字信号的模拟变化量，表示为 1LSB、1/2LSB。

（4）偏移误差（Offset Error）是指输入信号为零时输出信号不为零的值，可通过外接电位器而调至最小。

（5）满量程误差（Full Scale Error）是指满量程输出时对应的输入信号与理想输入信号

值之差。

（6）线性度是指实际转换特性曲线与理想直线之间的最大偏移，不包括以上 3 种误差。

其他指标还有：绝对精度、相对精度、微分非线性、单调性和无错码、总谐波失真（Total Harmonic Distortion，THD）和积分非线性。

10.3.2　80C51 单片机与 ADC0809 的接口

1. 主要特性

（1）8 通道 8 位 A/D 转换器，即分辨率 8 位。

（2）具有转换启/停控制端。

（3）转换时间为 100μs。

（4）单个 +5V 电源供电。

（5）模拟输入电压范围为 0 ～ +5V，不需要零点和满量程校准。

（6）工作温度范围为 -40 ～ +85℃。

（7）低功耗，约 15mW。

2. 内部结构

ADC0809 是 CMOS 单片型逐次比较 A/D 转换器，其内部结构如图 10-8 所示，它包括 8 通道模拟开关、地址锁存与译码器、比较器、树状开关 D/A 转换器、逐次比较寄存器、三态输出锁存器等。

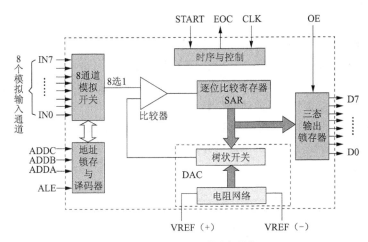

图10-8　ADC0809的内部结构

3. 引脚功能

ADC0809 芯片有 28 个引脚，采用 DIP 形式，如图 10-9 所示。

部分引脚功能介绍如下。

（1）D7 ～ D0：输出数据线（三态）。

（2）IN0 ～ IN7：8 通道模拟输入。

（3）ADDA、ADDB、ADDC：通道地址（通道选择）。

（4）ALE：通道地址锁存。

（5）START：启动转换。

（6）EOC：转换结束，可用于查询或作为中断请求。

（7）OE：输出允许（打开输出三态门）。

（8）CLK：时钟输入（10kHz ~ 1.2MHz）。

（9）VREF(+)、VREF(−)：基准参考电压。

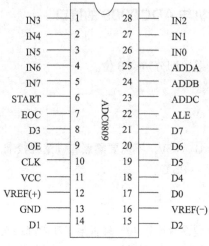

图10-9　ADC0809的引脚

4.　工作过程

ADC0809 的工作时序如图 10-10 所示。

根据时序图可知，ADC0809 的工作过程如下：

（1）把通道地址送到 ADDA ~ ADDC 上，选择模拟输入；

（2）在通道地址信号有效期间（ALE 的上升沿），该地址锁存到内部地址锁存器；

（3）在 START 引脚的下降沿启动 A/D 转换；

（4）转换开始后，EOC 引脚呈现低电平，EOC 重新变为高电平时表示转换结束；

（5）OE 信号打开输出锁存器的三态门并输出结果。

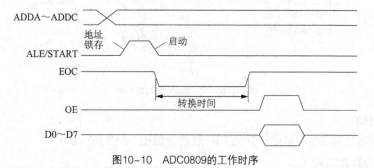

图10-10　ADC0809的工作时序

5.　ADC0809 与 80C51 单片机的接口电路

ADC0809 与 80C51 单片机的接口电路如图 10-11 所示。

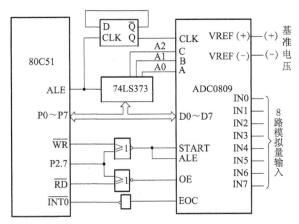

图10-11　ADC0809与80C51单片机的接口电路

由于 ADC0809 的输出具有三态锁存的特点，其数据输出端可以直接与单片机的各并行口相连。START 与 ALE 信号相连，这样在 START 端加上高电平启动信号的同时，将通道地址锁存。

START 与 ALE 信号一起作为 $\overline{\text{WR}}$ 与 P2.7 经或非门后的输出，这样当对 P2.7 进行写操作时，会在或非门的输出端形成脉冲，脉冲的上升沿使 ALE 信号有效,将通道地址锁存,由此选通 IN0 ~ IN7 中的一路模拟信号进行转换，紧接着在脉冲的下降沿启动 A/D 转换。

$\overline{\text{RD}}$ 与 P2.7 经或非门后与 OE 相连，因此对 P2.7 进行读操作时，OE 信号有效，将输出三态锁存器打开，并输出转换后的结果。注意，只有在 EOC 信号有效后，读 P2.7 才有意义。

10.3.3　80C51 单片机与 AD574 的接口

1. AD574 的引脚功能

AD574 是一种逐次比较型 12 位 A/D 转换芯片，也可以作为 8 位 A/D 转换芯片，转换时间范围为 15μs ~ 35μs。若转换成 12 位二进制数，则可以一次读取，也可以分成两次读取，即先读取高 8 位，后读取低 4 位。AD574 的内部能自动提供基准电压，并具有三态输出缓冲器，使用十分方便。AD574 的引脚如图 10-12 所示。

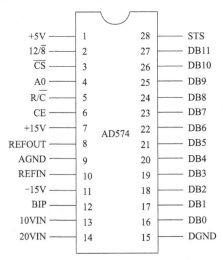

图10-12　AD574的引脚

各引脚定义如下。

（1）REFOUT：内部基准电压输出端（+10V）。

（2）REFIN：基准电压输入端，该信号输入端与 REFOUT 配合，用于满量程校准。

（3）BIP：偏置电压输入，用于调零。

（4）DB11~DB0：12 位二进制数的输出端。

（5）STS："忙"信号输出端，高电平有效。当其有效时，表示正在进行 A/D 转换。

（6）12/$\overline{8}$：用于控制输出字长的选择输入端。当其为高电平时，允许 A/D 转换并行输出 12 位二进制数；当其为低电平时，A/D 转换输出 8 位二进制数。

（7）R/$\overline{C}$：数据读取/启动 A/D 转换。当该输入脚为高电平时，允许读 ADC 输出的转换结果；当该输入脚为低电平时，启动 A/D 转换。

（8）A0：字节地址控制输入端。当启动 A/D 转换时，若 A0=1，则进行 8 位 A/D 转换；若 A0=0，则进行 12 位 A/D 转换。当进行 12 位 A/D 转换并按 8 位输出时，在读入 A/D 转换值后，若 A0=0，则读入高 8 位 A/D 转换值；若 A0=1，则读入低 4 位 A/D 转换值。

（9）CE：工作允许输入端，高电平有效。

（10）$\overline{CS}$：片选输入信号，低电平有效。

（11）10VIN：模拟信号输入端，允许输入电压范围为 ±5V 或 0~10V。

（12）20VIN：模拟信号输入端，允许输入电压范围为 ±10V 或 0~20V。

（13）+15V、−15V：+15V、−15V 电源输入端。

（14）AGND：模拟地。

（15）DGND：数字地。

2. AD574 的单极性和双极性输入

（1）单极性输入电路。

如图 10-13（a）所示，当输入信号范围为 0~+10V 时，应从引脚 10VIN 输入；当输入信号范围为 0~+20V 时，应从 20VIN 引脚输入。输出数字信号 D 为无符号二进制码，计算公式为：

$$D=4096\, V_{IN}/V_{FS} \tag{10-3}$$

或：

$$V_{IN}=D \cdot V_{FS}/4096 \tag{10-4}$$

式中 V_{IN} 为输入模拟信号（单位：V），V_{FS} 是满量程。若信号从 10VIN 引脚输入，则 V_{FS}=10V，1LSB=10/4096≈24（mV）；若信号从 20VIN 引脚输入，则 V_{FS}=20V，1LSB=20/4096≈49（mV）。

（2）双极性输入电路。

如图 10-13（b）所示，R_1 用于调整双极性输入电路的零点。若输入信号范围为 −5~+5V，则应从 10VIN 引脚输入；若输入信号范围为 −10~+10V，则应从 20VIN 引脚输入。

双极性输入时输出数字信号 D 与输入模拟电压 V_{IN} 之间的关系为：

$$D=2048\,(1+2V_{IN}/V_{FS}) \tag{10-5}$$

或：

$$V_{IN}=(D/2048-1)\,V_{FS}/2 \tag{10-6}$$

式中 V_{FS} 的定义与单极性输入情况下的 V_{FS} 的定义相同。

由式（10-5）求出的数字信号 D 是 12 位偏移二进制码。把 D 的最高位求反便得到补码。补码对应输入模拟信号的符号和大小。同样，从 AD574 读取到的或应代入式中的数字信号 D 也是偏移二进制码。例如，当模拟信号从 10VIN 引脚输入，则 V_{FS} = 10V；若读得 D = FFFH，即

111111111111B = 4095，则代入式（10-6）中可求得 V_{IN} = 4.9976V。

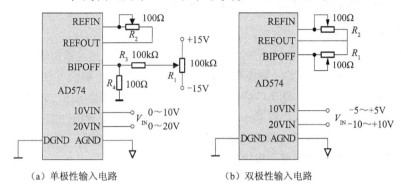

|（a）单极性输入电路|（b）双极性输入电路|

图10-13　AD574的单极性和双极性输入电路

3. AD574 与 80C51 单片机的接口电路

AD574 与 80C51 单片机的接口电路如图 10-14 所示。

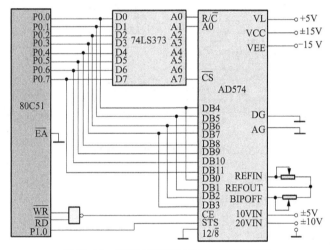

图10-14　AD574与80C51单片机的接口电路

采用双极性输入方式，可对 ±5V 或 ±10V 的模拟信号进行转换。当 AD574 与 80C51 单片机配置时，由于 AD574 输出 12 位数据，因此当单片机读取转换结果时，应分两次进行：当 A0=0 时，读取高 8 位；当 A0=1 时，读取低 4 位。

转换结果的读取有 3 种方式。

（1）延时方式。STS 悬空，单片机就只能在启动 AD574 转换后延时 25μs 以上再读取转换结果。

（2）查询方式。STS 接到 80C51 的一条端口线上，单片机就可以采用查询方式。当查得 STS 为低电平时，表示转换结束。

（3）中断方式。若 STS 接到 80C51 的 $\overline{INTX}$ 端，则可以采用中断方式读取转换结果。

图 10-14 中 AD574 的 STS 与 80C51 的 P1.0 相连，故采用查询方式读取转换结果。

10.3.4　80C51 单片机与 MC14433 的接口

1. MC14433 简介

MC14433 是美国摩托罗拉公司生产的 3 位半、双积分 ADC，是目前市场上广为流行的典型 ADC。MC14433 具有抗干扰性好、转换精度高（相当于 11 位二进制数）、自动校零、自动极性输出、自动量程控制信号输出、动态字位扫描 BCD 码输出、单基准电压、外接元器件少、价格低廉等特点，但其转换速度约 1~10 次/s。在不要求高速转换的场合下，如在温度控制系统中，它被广泛应用。5G14433 与 MC14433 完全兼容，可以互换。

2. MC14433 的内部结构与引脚功能

MC14433 的内部结构及引脚如图 10-15 所示。

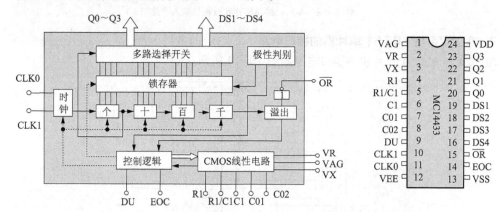

图10-15　MC14433的内部结构及引脚

MC14433 芯片的引脚功能如下。

（1）VAG：被测电压 VX 和基准电压 VR 的接地端（模拟地）。

（2）VR：外接输入基准电压（+2V 或+200mV）。

（3）VX：被测电压输入端。

（4）R1、R1/C1、C1：外接积分电阻 R1 和积分电容 C1 的元器件端。外接元器件典型值：当量程为 2V 时，C1=0.1μF，R1=470kΩ；当量程为 200mV 时，C1=0.1μF，R1=27kΩ。

（5）C01、C02：外接失调补偿电容 C0 端，C0 的典型值为 0.1μF。

（6）DU：更新输出的 A/D 转换数据结果的输入端。当 DU 与 EOC 连接时，每次的 A/D 转换结果都会被更新。

（7）CLK1 和 CLK0：时钟振荡器外接电阻 RC 端。时钟频率随 RC 的增加而下降。RC 的值为 300kΩ 时，时钟频率为 147kHz（每秒转换约 9 次）。

（8）VEE：模拟部分的负电源端，接-5V。

（9）VSS：除 CLK0 端外所有输出端的低电平基准（数字地）。当 VSS 接 VAG（模拟地）时，输出电压幅度为 VAG~VDD（0~+5V）；当 VSS 接 VEE（-5V）时，输出电压幅度为 VEE~VDD（-5V~+5V）。实际应用时一般是 VSS 接 VAG，即模拟地和数字地相连。

（10）EOC：转换周期结束标志输出。每当一个 A/D 转换周期结束，EOC 端就会输出一个宽度为 1/2 时钟周期宽度的正脉冲。

（11）$\overline{OR}$：过量程标志输出，平时为高电平。当|VX|大于 VR 时（被测电平输入绝对值大于基准电压），$\overline{OR}$ 端输出低电平。

（12）DS1~DS4：多路选通脉冲输出端。其中 DS1 对应千位，DS4 对应个位。每个选通脉冲的宽度为 18 个时钟周期，两个相邻脉冲之间间隔 2 个时钟周期。

（13）Q0~Q3：BCD 码数据输出线。其中 Q0 为最低位，Q3 为最高位。当 DS2、DS3 和 DS4 选通，输出 3 位完整的 BCD 码，即 0~9 这 10 个数字中任何一个都可以。在 DS1 选通期间，数据输出线 Q0~Q3 除了千位的 0 或 1 外，还表示了转换值的正负极性和欠量程还是过量程。

3. MC14433 与 80C51 单片机的接口电路

尽管 MC14433 需要外接的元器件很少，但为使其工作于最佳状态，必须注意外部电路的连接和外接元器件的选择。由于芯片内部提供时钟发生器，使用时只须外接一个电阻；也可采用外部输入时钟或外接晶体振荡电路。MC14433 芯片的工作电源为±5V，正电源端接 VDD，模拟部分负电源端接 VEE，模拟地 VAG 与数字地 VSS 相连构成公共接地端。为了提高电源的抗干扰能力，正、负电源分别经去耦电容 0.047μF、0.02μF 与 VSS（VAG）端相连。

MC14433 芯片的基准电压须外接，可由 MC1403 通过分压提供+2V 或+200mV 的基准电压。在一些精度不高的小型智能化仪器中，由于+5V 电源是经过三端稳压器稳压的，工作环境又比较好，这样就可以通过电位器对+5V 直接分压以获得基准电压。

EOC 是 A/D 转换结束的输出标志信号。每一次 A/D 转换结束时，EOC 端都会输出一个 1/2 时钟周期宽度的脉冲。当给 DU 端输入一个正脉冲时，当前 A/D 转换周期的转换结果将被送至输出锁存器，经多路开关输出，否则将会输出锁存器中原来的转换结果。因此 DU 端与 EOC 端相连以选择连续转换方式，每次的转换结果都会送至输出寄存器。

由于 MC14433 的 A/D 转换结果是动态分时输出的 BCD 码，Q0~Q3 和 DS1~DS4 都不是总线式的，因此，80C51 单片机只能通过并行 I/O 接口或扩展 I/O 接口与其相连。对于 80C31 单片机的应用系统来说，MC14433 可以直接与其 P1 口或扩展 I/O 接口 8155/8255 相连。MC14433 与 80C51 单片机的接口电路如图 10-16 所示。

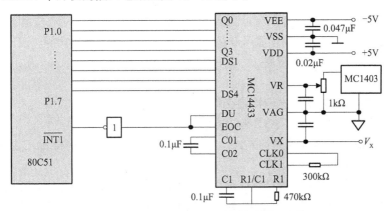

图10-16　MC14433与80C51单片机的接口电路

10.3.5 ADC 应用举例

例 10-2：8 通道模拟信号的采集。

分析：从 ADC0809 的 8 通道轮流采集一次数据，采集的结果放在数组 ad 中。

实现程序如下：

```c
#include<absacc.h>
#include<<reg51.h>
#define uchar unsigned char
#define IN0 XBYTE[0x7FF8]          //设置 ADC0809 的通道 0 地址
sbit ad_busy=P3^3                  //EOC 状态
void ad0809(uchar idata*x)         //采样结果放入指针中的 A/D 采集函数
{
    uchar i:
    uchar xdata * ad_adr;
    ad_adr=&. IN0;
    for(i=0;i<8;i++)               //处理 8 通道
        { *ad_adr=0;               //启动转换
          i=i;                     //延时等待 EOC 变低
          i=i;
          while(ad_busy==0);       //查询等待转换结束
          x[i]=x*ad_adr;           //存转换结果
          ad_adr++;                //下一个通道
        }
}
void main (void)
{
    static uchar idata ad[10];
    ad0809(ad);                    //采样 ADC0809 通道的值
}
```

例 10-3：以 AT89C51 单片机为控制核心，ADC0809 为 ADC，对电位器上在 0~5V 范围内变化的电压进行测量，用数码管显示测量结果，实现数字电压表的功能。设计数字电压表的 Proteus 仿真电路与相应的软件程序。

分析如下。

（1）ADC0809 的数据输出端直接接在单片机的 P1 口。

（2）用单片机的定时器 0 在 P3.3 输出方波，以此方波为时钟信号。

（3）转换结束信号可以使用查询方式，也可以使用中断方式，本例将 EOC 接 P3.1，采用查询方式检测转换结束信号。

（4）ADC0809 转换器的转换结果显示在 4 位七段共阳数码显示电路上，七段码的段选信号接单片机的 P0 口，位选信号的后 3 位接 P2 口的 P2.5、P2.6、P2.7。电位器输入电压信号接 ADC0809 的 IN1 端。

将 ADC0809 作为 ADC 进行电压测量的电路如图 10-17 所示。

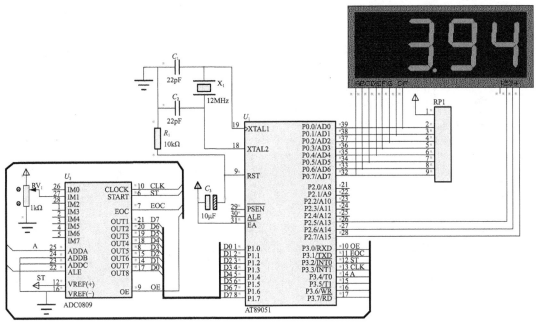

图10-17　将ADC0809作为ADC进行电压测量的电路

程序设计如下:

```
/*用 ADC0809 进行电压测量*/
#include <reg51.h>
#define uint unsigned int
#define uchar unsigned char
sbit dp= P0^0;
uchar code LEDData[]={0x03,0x9f,0x25,0x0d,0x99,0x49,0x41,0x1f,0x01,0x09};
                              //0~9 的字符编码

sbit OE=P3^0;
sbit EOC=P3^1;
sbit START=P3^2;
sbit CLK=P3^3;                //P3.3 输出时钟信号
void DelayMS(uint ms)
{
    uchar i;
    while(ms--)
    {
        for(i=0;i<120;i++);
    }
}
void Display_Result(uint d)
{
    P2 = 0x80;                //显示个位数
    P0 = LEDData[d%10];
```

```
        DelayMS(5);
        P2 = 0x40;
        P0 = LEDData[d%100/10];              //显示十位数
        DelayMS(5);
        P2 = 0x20;                           //显示百位数
        P0 = LEDData[d/100];
        dp=0;                                //点亮百位的小数点
        DelayMS(5);
    }


void main()
{
    uint v;
    TMOD = 0x02;                        //定时器 0 工作于方式 2
    TH0= 0x14;                          //初值为 20
    TL0= 0x14;
    IE= 0x82;
    TR0= 1;
    P3= 0x1f;                           //选中通道 1, CLK=1, START=1, EOC=1, OE=1
    while(1)
    {
        START = 0;
        START = 1;
        START = 0;                      //启动 A/D 转换，锁存通道地址
        while(EOC == 0);                //等待转换结束
        OE = 1;                         //允许转换结束并输出
        v=P1*1.9607843; //5V 时输出的数字信号为 2.55, 为了使 5V 时输出 5.00, 要乘比例系数
        Display_Result(v);
        OE = 0;
    }
}
void Timer0_INT() interrupt 1
{
    CLK =!CLK;
}
```

10.4 80C51 单片机与 V/F 转换器的接口

10.4.1 V/F 转换器实现 A/D 转换的原理

在数据采集的模拟信号变换方式中，除了 A/D 变换外，常用的还有 V/F 变换。V/F（电压/频率）转换器能把输入信号电压转换成相应的频率信号，即它的输出信号频率与输入信号电压值成比例，故称其为电压控制（压控）振荡器（Voltage Controlled Ocillator，VCO）。

V/F 转换器的作用与 ADC 相似。V/F 转换器输出的频率脉冲可以直接作为单片机芯片内部计数器的输入脉冲，计数值由单片机软件处理。许多单片机计数器具有外部输入脉冲引脚（如 51 系列的 T0、T1 引脚），可将频率信号从这些引脚输入，对应的计数器对脉冲数进行计数，得到 N，再采用另外一个计数器/定时器计时，得到 T，那么频率 $F=N/T$（F 单位为 Hz，T 单位为 s）；再根据 V/F 转换器的压频对应关系，可算出输入电压。

采用 V/F 变换的数据采集具有以下特点：接口简单，V/F 变换输出一路信号，更容易实现信号隔离；比同等测量精度的 ADC 的性价比高；频率信号的抗干扰能力强；容易实现远距离传输。

10.4.2 常用 V/F 转换器 LMx31 简介

模拟集成 V/F 转换器具有精度高、线性度好、温度系数低、功耗小及动态范围宽等优点，已广泛应用于数据采集、自动控制、数字化及智能化测量仪器中，LMx31 系列包括 LM131A/LM131、LM231A/LM231、LM331A/LM331 等。

LMx31 系列的转换器内部电路主要有：输入比较器、定时比较器、RS 触发器构成的单稳态定时器、基准电源、精密电流源、电流开关、基准比较器及集电极开路的输出管等组成部分。

LM131、LM231、LM331 内部具有温度补偿能隙基准电路，因此它们在整个工作温度范围内和电源电压低至 4.0V 时也具有极高的精度，能满足 100kHz 的 V/F 转换所需的高速响应。精密定时电路具有低的偏置电流，高压输出可达 40V，可防止电源的短路，输出可驱动 3 个 TTL 负载。

这类器件常应用于 A/D 转换、精密 V/F 转换、长时间积分、线性频率调制和解调、数字系统、计算机应用系统等方面。

1. 性能特点

LMx31 系列具有以下性能特点。

（1）双电源或单电源供电（单电源在 4～40V 内均能工作）。

（2）线性度高（0.01%）。

（3）脉冲输出与所有逻辑形式兼容。

（4）稳定性好，温度系数 $\leqslant 50 \times 10^{-6}/℃$。

（5）功耗低，当电源为 5V 时，功耗为 15mW。

（6）动态范围宽（10kHz 满量程频率下的最小值为 100dB）。

（7）满量程频率范围宽（1Hz～100kHz）。

（8）成本低。

2. 内部结构与基本接法

LM131、LM231、LM331 的内部结构和基本接法如图 10-18 所示。LMx31 作为 V/F 转换器的转换电路，有两个 RC 定时电路：一个由 R_t、C_t 组成，与单稳态定时器相连；另一个由 R_s、C_L 组成，由精密电流源供电。该电流源的输出电流由内部基准电压源供给的 1.9V 参考电压和外接电阻决定。

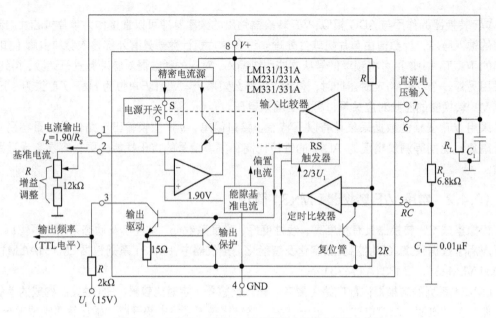

图10-18　LM131、LM231、LM331的内部结构和基本接法

10.4.3　80C51 单片机与 LM331 的接口

1. LM331 简介

LM331 是美国 NS 公司生产的性价比较高的集成芯片。它十分简单，通常应用于高精度 V/F 转换器、ADC、线性频率调制与解调器、长时间积分器以及其他相关的器件中。LM331 为 DIP8 引脚芯片，其逻辑结构如图 10-19 所示。

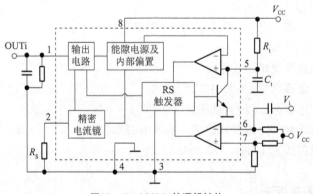

图10-19　LM331的逻辑结构

LM331 各引脚功能说明如下。

（1）1 脚：脉冲电流输出端，内部相当于脉冲恒流源，脉冲宽度与内部单稳态电路相同。

（2）2 脚：输出端脉冲电流幅度调节，R_S 越小，输出电流越大。

（3）3 脚：脉冲电压输出端，OC 门结构，输出脉冲宽度及相位同单稳态，不用时可悬空或接地。

（4）4 脚：地（GND）。

（5）5 脚：单稳态外接定时的时间常数 RC。

（6）6 脚：单稳态触发脉冲输入端，低于 7 脚电压触发有效，要求输入负脉冲宽度小于单稳态输出脉冲宽度 Tw。

（7）7 脚：比较器基准电压，用于设置输入脉冲的有效触发电平高低。

（8）8 脚：电源 V_{CC}，正常工作电压范围为 4～40V。线性度好，最大非线性失真低于 0.01%，工作频率低至 0.1Hz 时也有较好的线性度；变换精度高，数字分辨率可达 12 位；外接电路简单，接入几个外部元器件就可以方便地构成 V/F 或 F/V 等变换电路，并且容易保证转换精度。

2. LM331 压频转换电路

图 10-20 所示为常用的一种压频转换电路，LM331 采用单电源供电，电源电压 V_{CC}，模拟信号 V_{in} 的输入范围为 $-V_{CC}$～0V，频率范围为 1Hz～500kHz，非线性失真低于 0.01%。模拟信号 V_{in} 经积分器 LF356 处理后，在 INPUT 端变成与输入电压 V_{in} 成正比的稳定电流输入。通过 LM331 芯片进行 V/F 转换后，变成与电压成正比的频率信号；FOUT 端输出的频率信号送到计算机的计数/定时端口，计算机对频率信号进行采集、处理、存储，从而实现模拟信号到数字信号的转换。由于 LM331 的转换线性度直接影响转换结果的准确性，而通常引起 V/F 转换产生非线性误差的原因是 1 脚的输出阻抗。它使输出电流随输入电压的变化而变化，因而影响转换精度。为克服此缺点，高精度 V/F 转换器在 1 脚和 7 脚间加入了一个积分器，这个积分器是由常规运放 LF356 和积分电容 C4 构成的反积分器。加上积分电路后，由于电流源（1 脚）总是保持低电位，电压不随 V_{in} 或 FOUT 变化，因此有很高的线性度。

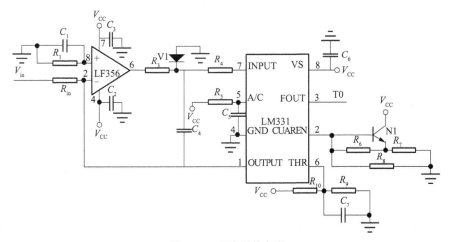

图10-20　压频转换电路

3. 频率-数字信号变换

图 10-21 所示为 LM331 实现 A/D 转换框架，图中模拟信号经 V/F 转换器 LM331 把电压信号转换为频率信号，频率信号经计算机的频率计数器转换为数字信号，由计算机对数字信号进行接收、处理与存储。由于 LM331 的 V/F 转换关系为线性，因此可以根据采集的频率数据知道模拟信号值的大小，从而实现模拟信号到数字信号的转换。频率计数器、定时器可以使用计算机的计数/定时端口，通过软件编程实现。基准频率、数据处理等也是通过软件编程实现的，数据可以存储到内部数据存储器或外部数据存储器中。

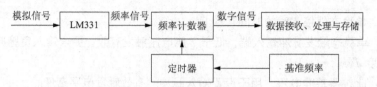

图10-21　LM331实现A/D转换框架

4. LM331 与 80C51 单片机的接口电路

V/F 转换电路可作为计算机模拟电压输入通道，将电压信号转换成脉冲频率信号，输出频率严格正比于输入电压。LM331 符合 TTL 标准，采用光电耦合，具有良好的抗干扰能力，适用于远距离传输。LM331 与 80C51 单片机的接口电路如图 10-22 所示。

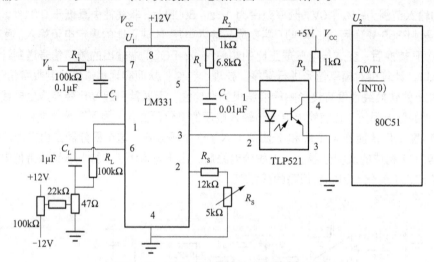

图10-22　LM331与80C51单片机的接口电路

本章小结

DAC、ADC 是计算机测控系统中常用的芯片，它们可以把数字信号转换成模拟信号输出到外围设备，或把模拟信号转换成数字信号输入计算机。常用的芯片有 8 位、12 位分辨率芯片，它们有并行和串行这两种工作方式。

DAC 主要由基准电压、模拟电子开关、电阻解码网络和运算放大器组成，主要技术指标有分辨率、线性度、转换精度和建立时间等。

DAC0832 是 8 位并行 DAC，输出为电流型，通常须外接运放电路以将电流信号转换为电压输出。DAC0832 有单缓冲、双缓冲和直通这 3 种工作方式。

DAC1208 是与微处理器完全兼容的 12 位 DAC，目前有较广泛的应用。DAC1208 是电流输出型的 12 位 D/A 转换芯片。对于输入寄存器来说，DAC1208 不是用一个 12 位寄存器，而是用一个 8 位寄存器和一个 4 位寄存器，以便和 8 位 CPU 相连。

ADC 的种类有积分型、逐次比较型等，主要技术指标有分辨率、量化误差、转换精度及转换时间等。

ADC0809 为 8 位 8 通道 ADC，芯片内部带有三态输出缓冲器，其数据输出线可以与单片机直接连接。单片机读取 A/D 转换结果，可以采用中断方式或查询方式。

AD574 是一种逐次比较型 12 位 A/D 转换芯片，也可以用作 8 位 A/D 转换芯片，转换时间为 15μs ~ 35μs，若转换成 12 位二进制数，则可以一次读取，也可以分成两次读取，即先读取高 8 位，后读取低 4 位。AD574 内部能自动提供基准电压，并具有三态输出缓冲器。

MC14433 是 3 位半、双积分 ADC，具有抗干扰性好、转换精度高（相当于 11 位二进制数）、自动校零、自动极性输出、自动量程控制信号输出、动态字位扫描 BCD 码输出、单基准电压、外接元器件少、价格低廉等特点，但是转换速度慢，其在不要求高速转换的场合应用广泛。

LMx31 系列包括 LM131A/LM131、LM231A/LM231、LM331A/LM331 等。这类器件通常应用于 ADC、V/F 转换器、长时间积分器、线性频率调制与解调器、数字系统、计算机应用系统中。

练习与思考题 10

1. 什么叫 D/A 和 A/D 转换？为什么要进行 D/A 和 A/D 转换？
2. DAC 有哪些主要的性能指标？简述它们的含义。
3. D/A 转换的基本原理是什么？
4. ADC 有哪些主要的性能指标？简述它们的含义。
5. A/D 转换有哪几种方法？它们的实现原理是什么？
6. 双积分型 A/D 转换的优缺点是什么？
7. 在 ADC 和 DAC 的主要技术指标中，分辨率与转换精度有何不同？
8. 在什么情况下在 ADC 前应引入采样保持器？
9. 判断 A/D 转换结束与否一般可采用哪几种方式？每种方式有何特点？
10. DAC 的参考电压的作用是什么？
11. DAC0832 的主要特性参数有哪些？
12. 简述 DAC0832 芯片的输入寄存器和 DAC 寄存器二级缓冲的优点。
13. 简述 DAC0832 的工作过程。
14. 简述应该如何处理 ADC0809 的 ALE 信号和 START 信号。
15. 简述 ADC0809 的工作过程。
16. MC14433 有什么特点？
17. 当单片机控制 ADC 进行转换时，程序查询方式与中断控制方式有何不同？它们各自的优缺点是什么？
18. 在一个由 80C51 单片机与一片 DAC0832 组成的应用系统中，DAC0832 的地址为 7FFFH，输出电压为 0 ~ 5V。试画出有关逻辑电路图，并编写转换程序以产生矩形波，波形占空比为 1 : 4，高电平为 2.5V，低电平为 1.25V。
19. 在一个由 80C51 单片机与一片 ADC0809 组成的数据采集系统中，ADC0809 的地址为 7FF8H ~ 7FFFH。试画出逻辑电路图并编写程序，实现每隔 1min 轮流采集一次 8 通道数据，总共采集 100 次，采样值存入芯片外部 RAM，且从 3000H 开始存储。

模块 5

单片机应用系统设计

11 Chapter

第 11 章
单片机应用系统设计方法与实例

　　单片机作为微处理器的一个分支，其应用系统的设计方法和设计思想与微处理器应用系统在很多方面都是一致的。但由于单片机应用系统更加民用化，在用于更加大众化的产品中，设计时应更加注意应用现场、应用环境的工程实际问题，使系统的可靠性更能满足用户的要求。本章以 80C51 单片机应用系统的设计过程为例，讲解微处理器应用系统的设计。

学习目标	（1）熟悉 80C51 单片机应用系统设计的基本步骤； （2）熟悉微处理器应用系统可靠性设计的方法。
重点内容	（1）80C51 单片机应用系统设计的基本步骤； （2）微处理器应用系统可靠性设计的方法。
目标技能	（1）综合系统开发； （2）系统硬件设计和软件设计。
模块应用	微处理器应用系统的应用开发、硬件设备的检测等。

80C51 单片机应用系统设计过程

11.1.1 80C51 单片机应用系统设计的基本要求

1. 较高的可靠性

单片机应用系统的主要任务是完成系统前端信号的采集和后续的控制输出。系统若出现故障，则控制输出的错误信号将导致整个控制过程混乱，从而严重影响人们的生产和生活。因此，单片机应用系统设计的可靠性在整个设计过程中是至关重要的。

在进行单片机应用系统设计的过程中，应注意以下 3 点。

（1）在对系统进行规划时，要对系统的应用环境进行全面、细致的了解，认真分析可能出现的各种影响系统可靠性的环境因素，并采取切实可行的措施排除故障隐患。

（2）在进行单片机应用系统设计时，应考虑系统的故障自动检测和处理功能，在系统正常运行时定时地进行各个功能模块的自诊断，并对外界的异常情况进行快速处理。

（3）对于无法解决的问题，应及时切换后备装置的投入或报警，以提示操作人员参与。

2. 操作简便

（1）在设计观念上，系统设计应考虑系统操作和维修的方便，尽量降低对操作人员的专业知识的要求，便于系统的广泛使用。

（2）在功能配置上，系统的控制开关不能太多，也不能太复杂，操作顺序应简单明了，参数的 I/O 应使用十进制，功能符号应简明、直观。

（3）在实施方案上，结构应规范化，系统硬件和软件都应模块化，便于产品功能升级。

3. 性价比高

目前微处理器品种繁多，性能、价格差别较大。为了使系统具有良好的市场竞争力，在提高系统功能指标的同时，应优化系统设计，采用硬件软化技术提高系统的性价比。

11.1.2 80C51 单片机应用系统设计的基本步骤

单片机应用系统设计的基本步骤如图 11-1 所示。首先是任务确定，其次是总体方案设计，再次是硬件设计与制作、软件设计，然后是软硬件联合仿真与调试，最后是系统脱机运行。

1. 任务确定

单片机应用系统可以分为智能仪器仪表和工业测控系统两大类。无论是哪一类，在进行系统设计之前，首先都要进行广泛的市场调查，了解系统的市场应用情况，分析系统当前存在的问题，研究系统的市场发展前景，确定系统设计与开发的目标。简单地说，就是破旧立新。

在确定系统设计与开发的目标之后，应该对系统的具体实现进行分析规划，包括应采集信号的种类、数量、范围，输出信号的匹配与转换，控制算法的选择，技术指标的确定等。

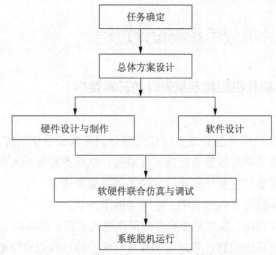

图11-1　单片机应用系统设计的基本步骤

2. 总体方案设计

在确定任务后，就要对构成产品的总体方案进行选择和论证，包括以下几个方面。

（1）单片机型号的选择。

- 在功能上要适应所完成的任务，避免过多的功能闲置，大材小用。
- 性价比高，以提高整个系统的性价比。
- 结构熟悉，以缩短开发周期。
- 货源稳定，有利于批量增加和系统维护。

（2）硬件和软件的功能划分。

系统的硬件和软件所实现的功能要进行统一规划，因为一种功能往往既可以由硬件实现，也可以由软件实现，这应根据系统的实时性和系统的性能要求综合考虑。软、硬件实现各有优劣，用硬件实现速度比较快，可以节省 CPU 的时间，但系统的硬件接线复杂，系统成本较高；用软件实现成本低，但是要更多地占用 CPU 的时间。因此在 CPU 时间充裕的情况下，应尽量采用软件。若系统回路多、实时性要求强，则应考虑采用硬件。

（3）可靠性措施实现。

实际上按照性能指标设计的系统与现场应用时在具体电路上有很多不同，可靠性措施是保证现场应用时系统正常运行的基本前提。

3. 硬件设计与制作

单片机应用系统的硬件设计是指根据系统总体设计要求，在选好单片机型号的基础上，具体确定系统中所要使用的元器件，设计出系统的电路原理图，通过必要的验证后完成工艺结构设计、PCB 的设计与制作以及样机的组装。硬件设计主要包括以下几个方面。

（1）基本电路设计。

基本电路（单片机主电路）设计，主要完成时钟电路、复位电路、电源电路的设计。

（2）扩展电路设计。

扩展电路设计，主要完成程序存储器、数据存储器、I/O 接口电路的设计。

（3）I/O 通道设计。

I/O 通道设计主要完成传感器电路、放大电路、多路开关、A/D 转换电路、D/A 转换电路、开关量接口电路、驱动及执行机构的设计。

（4）人机界面设计。

人机界面设计主要完成按键、开关、显示器、报警等电路的设计。

4. 软件设计

在单片机应用系统的设计过程中，软件设计非常重要。单片机应用系统的软件通常应包括数据采集和处理程序、控制算法实现程序、人机交互程序、数据管理程序等。

软件设计的任务主要包括编程语言的选择、软件任务的划分等。

（1）编程语言的选择。单片机的编程语言不仅有汇编语言，还有一些高级语言，常用的高级语言是 C 语言。编程语言应根据具体情况加以选择，汇编语言与 C 语言各有优劣。采用汇编语言，占用内存空间小，实时性强，但编程麻烦，可读性差，不便于修改，因此汇编语言往往用在系统实时性要求较高且运算不太复杂的场合；C 语言具有丰富的库函数，编程简单，能使开发周期大大缩短，程序可读性强，便于修改。对于运算复杂的系统软件，一般采用汇编语言与高级语言混合编程，这样既能完成复杂运算，又能解决局部实时性问题。

（2）软件任务的划分。软件设计采用模块化、自顶向下的程序设计方法，即把一个完整的程序划分成若干个功能相对独立的程序模块，再根据各模块的时间顺序和相互关系，将它们连接在一起以设计出软件的总体框图。模块化设计的优点是每个模块可以单独设计，也可利用原有的成熟程序，这样既便于软件调试与连接，又便于程序移植与修改。

5. 软硬件联合仿真与调试

程序编写完成并编译生成二进制码后，还要进行程序调试。对于单片机应用系统而言，大多数程序模块的运行都依赖于硬件，没有相应的硬件支持，软件的功能将荡然无存。因此，在硬件系统测试合格后，将试验样机、开发系统和计算机连接在一起，使系统处于联机调试状态，进而完成大多数软件模块的调试。

6. 系统脱机运行

联机调试成功后，可利用程序下载器将程序固化到单片机的 EPROM 中，然后将此单片机芯片插入应用系统，脱离仿真器进行上电运行检查。单片机实际运行环境与仿真调试环境存在差异，即使仿真调试成功，脱机运行时也可能出错。这时应进行全面检查，针对出现的问题，修改硬件、软件或总体设计方案，直至系统运行正常为止。

11.2 80C51 单片机可靠性设计

在微处理器实际应用系统中，外界存在各种干扰因素，操作人员有可能误操作，系统硬件有可能发生故障或性能变化，这些情况的存在使得系统不能可靠运行。为了使系统能够在实际环境中可靠运行，还需要进行可靠性设计。干扰对单片机应用系统的影响可以分为 3 个部位的影响，第 1 个部位是输入系统，它使模拟信号失真，数字信号出错；第 2 个部位是输出系统，它使各输出信号混乱，不能真实反映微处理器系统的真实输出量，从而导致一系列严重后果；第 3 个部位是微处理器系统的内核，干扰会使三总线上的数字信号错乱，进而导致程序失控，引发一系列的后果。一个成功的抗干扰系统应由硬件和软件结合构成。

11.2.1 硬件抗干扰设计

1. 抗串模干扰的措施

串模干扰通常叠加在各种不平衡输入信号和输出信号上，还有很多情况下是通过供电线路窜入系统的。因此，抗串模干扰措施通常设置在这些干扰的必经之路上，主要方法如下。

（1）光电耦合：在 I/O 通道上采用光电耦合器进行信息传输是很有好处的，它将单片机应用系统与各种传感器、开关、执行机构从电气上隔离开来，大部分干扰（如外围设备和传感器的漏电现象）将被阻挡。

（2）硬件滤波电路：常用的电路是将 RC 低通滤波器连接在低频信号传送电路中，如热电偶输入电路，它可以大大削弱各类高频干扰信号。

（3）过压保护电路：交流过压保护电路有专用的压敏元器件和间隙放电器件，可以防止供电系统中出现的过高浪涌电压和雷击对系统造成伤害。直流过压保护电路由限流电阻和稳压管组成，限流电阻的选择要适宜（太大会引起信号衰减，太小则起不到保护稳压管的作用）。

（4）调制/解调技术：很多情况下，有效信号的频谱与干扰信号的频谱相互重叠，采用常规的硬件滤波很难将它们分离，这时可采用调制/解调技术。先用某一已知频率的信号对有效信号进行调制，调制后的信号频谱就可以移到远离干扰信号频谱的区域。然后进行传输，传输途中混入的各种干扰信号很容易被接收端的滤波环境滤除，被调制的有效信号经过解调后，频谱搬回原处，恢复原样。

（5）净化稳压电源：单片机应用系统的供电线路是干扰的主要入侵途径，必须设计一个"干净"的稳压电源给单片机应用系统供电。

2. 抗共模干扰的措施

共模干扰通常是针对平衡输入信号而言的，抗共模干扰的方法主要有以下几种。

（1）平衡对称输入：在设计信号源时尽可能做到平衡对称，并以差动方式输出有效信号，如用 4 个压敏电阻组成电桥，构成一个压力传感器。

（2）优选运算放大器：选用高增益、低噪声、低漂移、宽频带，从而获得足够高的共模抑制比。

（3）优化接地系统：接地不良时，将形成较明显的共模干扰。如果没有条件实现良好接地，则可将系统浮置起来，再配合合适的屏蔽措施，效果也不错。

（4）系统接地点的正确连接方式：系统中的数字地和模拟地要分开，最后只有一点相连，否则数字信号电流在模拟系统的地线中将形成干扰，使模拟信号失真。

（5）屏蔽：用金属外壳或金属匣将整机或部分元器件包围起来，再将金属外壳或金属匣接地，就能起到屏蔽的作用。这种方法对于各种通过电磁感应引起的干扰特别有效。

3. 人工复位与"硬件看门狗"

当系统受到强烈干扰而"死机"时，可通过设置"复位"按钮进行人工复位，但操作人员往往不能及时发现问题，有可能造成严重的后果。采用"硬件看门狗"技术可以及时地将系统从"死机"状态解救出来，回到正常运行状态。很多单片机都集成了"硬件看门狗"定时器（Watch Dog Timer，WDT），这类单片机适用于干扰比较严重的场合。

11.2.2　软件抗干扰设计

在采用必要的硬件抗干扰措施后，仍须配合一定的软件抗干扰措施，以确保微处理器系统可靠运行。根据干扰作用部位的不同，软件抗干扰措施也不同，分别有以下几种。

1．数字信号的输入通道

干扰信号多为毛刺状，作用时间短，在采集数字信号时，可以多次重复采集，直到连续两次或两次以上采集结果完全一致才有效。由于数字信号的输入主要来自各类开关型传感器，如限位开关和操作按钮等，因此对这类信号不能采用多次平均的方法，必须完全一致。

2．数字信号的输出通道

十分有效的方法就是重复输出同一个数据，重复周期尽可能短，外围设备接收到一个被干扰的错误信息后，还来不及给出有效的反应，一个正确的输出信号又来了，这样可以及时防止错误动作的产生。

3．模拟信号的输入通道

模拟信号都必须经过 A/D 转换后才能被单片机接收，干扰作用于模拟信号之后，使 A/D 转换结果偏离真实值。仅采样一次无法确定该结果是否可信，必须多次采样，得到一个 A/D 转换的数据系列，再通过某种软件算法进行处理，才能得到一个可信度较高的结果。这种得到逼近真值数据的软件算法，通常称为数字滤波算法，是消除随机干扰的有效手段，主要有程序判断滤波、中值滤波、算术平均滤波、去极值平均滤波、移动平均滤波、加权平均滤波、低通滤波等。

4．CPU 抗干扰技术

当干扰作用到微处理器本身时，CPU 将不能按照正常状态执行程序，从而引起混乱。CPU 抗干扰技术须解决如何发现 CPU 受到干扰，如何拦截失去控制的程序，如何减小系统的损失，如何使系统恢复到正常状态。

（1）睡眠抗干扰：CPU 进入睡眠状态后，只有定时/计数系统和中断系统处于值班工作状态时，系统对三总线上出现的干扰才没有反应，这样才能大大降低系统对干扰的敏感程度。

（2）软件陷阱：当受干扰的程序跳到非程序区时，采取的措施就是设立软件陷阱。所谓软件陷阱就是一条引导指令，强行将捕获的程序引入一个指定的地址，在那里有一段专门对出错程序进行处理的程序。

（3）软件复位：就是用一系列指令来模拟硬件复位功能，最后通过转移指令使程序从0000H 地址开始执行。软件复位是使用软件陷阱后必须进行的工作，这时程序出错完全有可能发生在中断子程序中，中断激活标志已置位，它将阻止同级中断响应，由此可见清除中断激活标志的重要性。

（4）系统恢复：根据系统复位时的历史状况，系统恢复可分为"冷启动"和"热启动"。"冷启动"时，系统的状态全部无效，可以进行彻底的初始化操作；"热启动"时，对系统的当前状态进行修复和有选择的初始化。系统初次上电并投入运行时一般为"冷启动"，以后由抗干扰措施引起的复位操作一般为"热启动"。

11.3 80C51 单片机应用系统设计实例

设计农田灌溉节水自动控制系统（以下简称节水自动控制系统）。

根据我国农作物在生长过程中对生长环境的要求，此节水自动控制系统的使用需要操作简单，人机界面友好，能够实现农业种植中对水资源的高效利用。该系统须从四大模块入手进行设计：

（1）信号采集模块，即农作物种植环境湿度的采集电路；

（2）控制信号输出模块，即灌溉的启停和报警电路；

（3）单片机基础设计模块，即复位、时钟和电源电路；

（4）人机交互模块，即按键和显示电路等。

11.3.1 节水自动控制系统方案确定

1. 单片机的选择

系统采用 STC89C51RC 单片机作为核心控制器。

2. 种植环境湿度的采集方案

使用 YL-69 湿度传感器采集土壤的湿度。YL-69 湿度传感器检测出的土壤湿度信号经 ADC0832 转换器转换为数字信号后，再由 STC89C51RC 单片机进行处理。

3. 控制功能的实现

本系统的控制信号输出主要实现抽水泵的启/停，另外还要进行实时报警。抽水泵可以在实际的设计中选用 JT-DC3W "迷你" 卧式潜水泵，而想要驱动该潜水泵，单片机须通过继电器来实现弱电控制强电的功能，在 Proteus 仿真设计中仅须控制继电器的启动和关闭。报警电路则可以通过蜂鸣器来实现。

4. 人机交互的实现

人机交互的实现包含两部分功能的实现，首先是显示电路，这里可以通过 LCD1602 来显示实时的土壤湿度以及土壤湿度的上、下限值。其次是系统湿度上、下限值的设置，须通过按键来实现。该设计方案中采用了 4 个按键，除了一个系统复位按键外，还有三个按键的功能介绍如下。

（1）S1 键。选择设定湿度的上、下限值，按下此键，光标停在已经设定的湿度下限值的个位，表示可对下限值进行修改；再次按下此键，光标跳到上限值的个位，表示可对上限值进行修改。

（2）S2 键。按下此键，湿度的上、下限值会 "+1"。

（3）S3 键。按下此键，湿度的上、下限值会 "-1"。

11.3.2 节水自动控制系统硬件电路设计

节水自动控制系统硬件仿真电路如图 11-2 所示，仿真中使用可变电阻模拟湿度传感器，使用直流电机模拟水泵抽水。

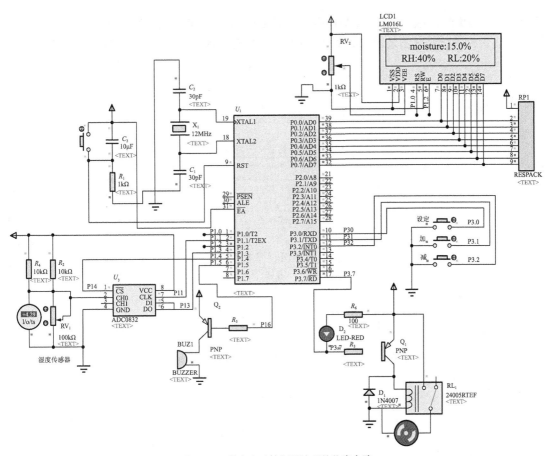

图11-2　节水自动控制系统硬件仿真电路

11.3.3　节水自动控制系统软件设计

为了使软件可被复用,节水自动控制系统的软件采用模块化设计。系统的软件模块划分关系如图 11-3 所示。

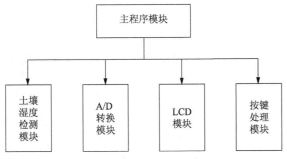

图11-3　系统软件模块划分关系

系统操作方法:系统上电自动初始化所有器件并显示启动界面。根据所设置的湿度的上、下限值,当土壤湿度检测模块检测到的数据经过 A/D 转换模块转换后传送给单片机时,基于检测到的情况可判断是否需要浇水。当湿度值低于设定的下限值时,开始报警,启动浇水;当湿度值高于设定的上限值时，停止浇水。如果想要修改湿度的上、下限值，可通过按下 S1 键进入调节状态，再按下 S2 键或 S3 键来增加或减小上下限值。软件设计总流程图如图 11-4 所示。

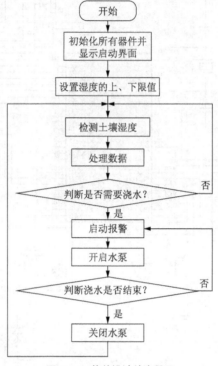

图11-4　软件设计总流程图

全部程序如下。

（1）主程序模块：

```c
#include <reg51.H>
#include <intrins.h>
#define uint unsigned int
#define uchar unsigned char
#define ulong unsigned long
#define    LCDIO    P0              //LCD 数据口
//ADC0832 的引脚
sbit ADCLK =P1^1;                   //ADC0832 时钟信号输入端
sbit ADDIO =P1^3;                   //ADC0832 数字信号输出端
sbit ADCS =P1^4;                    //ADC0832 片选端
sbit rs=P1^0;                       //定义 LCD1602 的 RS
sbit lcden=P1^2;                    //定义 LCD1602 的 EN
sbit key1=P3^0;                     //设定
sbit key2=P3^1;                     //加
sbit key3=P3^2;                     //减
sbit motor=P3^7;                    //继电器接口
sbit speak=P1^5;                    //蜂鸣器接口
uchar key;                          //设定指针
```

```
uint RH=400,RL=200;                   //水位上下限
float temp_f;
ulong temp;
uchar v;
uchar count,s1num;
uchar code table[]= " moisture:          ";
uchar code table1[]="RH: %              ";
uchar getdata;                        //获取 ADC 转换回来的值
void main(void)
{
    lcdinit();
    init();
    displayRH();                      //显示上限
    displayRL();                      //显示下限
    delay(50);                        //启动等待，等 LCD 进入工作状态
    delay(50);                        //延时片刻（可不要）
    delay(50);                        //延时
    delay(50);
    Conut();                          //显示函数
    delay(150);
    while(1)
    {
        Conut();                      //显示当前湿度
        keyscan();
        if(temp>RH)                   //如果湿度值高于上限值，停止浇水
        {motor=1;                     //关闭继电器
        }
        else if(temp<RL)              //如果湿度值低于下限值，启动浇水
        {motor=0;                     //启动继电器
        }
        if(temp<RL)                   //低于下限值，启动报警并浇水
        {speak=0;                     //启动报警
        delay(150);                   //延时
        speak=1;
        }
        keyscan();                    //按键检测
        delay(150);                   //延时 150ms
    }
}
```

（2）LCD 模块：

```
void delay(uint z)                    //延时
{
    uint x,y;
    for(x=z;x>0;x--)
        for(y=110;y>0;y--);
```

```
}
void write_com(uchar com)
{
    rs=0;
    lcden=0;
    P0=com;
    delay(5);
    lcden=1;
    delay(5);
    lcden=0;
}
void write_date(uchar date)
{
    rs=1;
    lcden=0;
    P0=date;
    delay(5);
    lcden=1;
    delay(5);
    lcden=0;
}

void lcdinit()
{
    lcden=0;
    write_com(0x38);
    write_com(0x0C);
    write_com(0x06);
    write_com(0x01);
}
void init()
{
    uchar num;
    for(num=0;num<15;num++)
        {
            write_date(table[num]);
            delay(5);
        }
    write_com(0x80+0x40);
    for(num=0;num<15;num++)
        {
            write_date(table1[num]);
            delay(5);
        }
    }
void displayRH()                              //下限显示
```

```
{write_com(0xC0+3);
 write_date(RH/100%10+0x30);          //上限百位
 write_date(RH/10%10+0x30);           //上限十位
 //write_date('.');
 //write_date(RH%10+0x30);
}
void displayRL()                       //下限显示
 {write_com(0xCA);
  write_date('R');
  write_date('L');
  write_date(':');
 write_date(RL/100%10+0x30);          //下限百位
 write_date(RL/10%10+0x30);           //下限十位
 write_date('%');
}
```

（3）A/D 转换模块：

```
uchar Adc0832()                        //A/D 转换，返回结果
{
    uchar i;
    uchar dat=0;
    ADCLK=0;
    ADDIO=1;
    ADCS=0;                            //拉低CS端
    ADCLK=1;
    ADCLK=0;                           //拉低 CLK 端，形成下降沿 1
    ADDIO=1; //指定转换通道是 CH1 还是 CH2，指定值位与 0x1，取最后一位的值
    ADCLK=1;
    ADCLK=0;                           //拉低 CLK 端，形成下降沿 2
    ADDIO=0;                           //指定值右移一位，再取最后一位的值
    ADCLK=1;
    ADCLK=0;                           //拉低 CLK 端，形成下降沿 3


    ADDIO=1;
    for(i=0;i<8;i++)
    {
        ADCLK=1;
        ADCLK=0;                       //形成一次时钟脉冲
        if(ADDIO)
            dat|=0x80>>i;              //接收数据
    }
    ADCS=1;                            //拉低CS端
    ADCLK=1;
    ADDIO=1;                           //拉高数据端，回到初始状态
    return(dat);                       //return dat
}
```

（4）按键处理模块：

```
void keyscan()                              //按键处理
{
bit kk1=0,kk2=0;
  if(key1==0)
  {
    delay(30);
    while(key1==0);
    if(key>=2)
    {
      key=0;
    }
    else
    {
      key++;
    }
    switch(key)
    {
      speak=1;kk2=motor;motor=1;
      case 1:{write_com(0x0F);write_com(0xCE);  //光标闪烁
      while(key1!=0)                          //等待按键松开
      {
        if(key2==0)                          //key2 按下
        {
          delay(30);                         //按键延时，消抖
          if(key2==0)                        //确定 key2 按下
          {
            while(key2==0);                  //等待松开
            if(RL>=998)
            {
              RL=999;                        //RL 最大设置为 999
            }
            else
            {
              RL+=10;                        //RL 加 10
            }
          }
        }
        displayRL();                         //调用 RL 下限显示函数
        write_com(0xCE);
      }
      if(key3==0)                            //key3 按下
      {
        delay(30);                           //按键延时，消抖
        if(key3==0)                          //确定 key3 按下
        {
```

```
    while(key3==0);                                //等待 key3 按键松开
    if(RL<=1)                                      //RL 最小设置为 1
    {
      RL=0;
    }
    else
    {
      RL-=10;                                      //RL 减 10
    }
  }
  displayRL();                                     //调用 RL 下限显示函数
  write_com(0xCE);
  }
 }
while(key1==0);
}
case 2:{write_com(0x0F);write_com(0xC4);          //RH 设置数据，光标闪烁
  while(key1==1)
  {
   if(key2==0)                                     //key2 按下
   {
    delay(30);                                     //按键延时，消抖
    if(key2==0)                                    //确定 key2 按下
    {
      while(key2==0);                              //等待松开
      if(RH>=998)                                  //RH 最大设置为 998
      {
        RH=999;
      }
      else
      {
        RH+=10;                                    //RH 加 10
      }
    }
    displayRH();                                   //RH 上限显示函数
    write_com(0xC4);
   }
   if(key3==0)                                     //key3 按下
   {
    delay(30);                                     //按键延时，消抖
    if(key3==0)                                    //确定 key3 按下
    {
      while(key3==0);                              //等待松开
      if(RH<=1)                                    //RH 最小设置为 1
      {
        RH=0;
```

```
        }
       else
       {
        RH-=10;                              //RH 减 10
       }
      }
    displayRH();                             //调用 RH 上限显示函数
    write_com(0xC4);
   }
  }
 while(key1==0);
 }
  case 0:{write_com(0x0C);
     motor=kk2;
     break;}
   }
  }
 }
```

（5）土壤湿度检测数据转换模块：

```
void Conut(void)                            //土壤湿度检测数据转换
{
   v=Adc0832();
   temp=v;
   temp_f=temp*9.90/2.55;
   temp=temp_f;
   temp=1000-temp;
   write_com(0x80+10);
   write_date(temp/100%10+0x30);            //千位
   write_date(temp/10%10+0x30);             //百位
   write_date('.');
   write_date(temp%10+0x30);
   write_date('%');                         //显示符号位
}
```

11.3.4　节水自动控制系统仿真

在 Keil μVision 环境下编译并生成可执行文件。进入 Proteus 软件，将前面生成的可执行文件载入单片机，单击仿真运行按钮，程序运行后，在 LCD1602 上会看到当前的湿度值和湿度的上、下限值。若湿度值在上、下限值外，则可以听到报警的声音；若湿度值低于下限值，则可以看到直流电机转动。

对于生成的可执行文件，可以将其写入实物单片机，上电运行，观察运行效果。

本章小结

单片机应用系统设计的基本要求是具有较高的可靠性，且操作简便、性价比高。单片机应用系统设计的步骤为任务确定、总体方案设计、硬件设计与制作、软件设计、软硬件联合仿真与调试、脱机运行。

为了提高微处理器应用系统设计的可靠性，可采硬件抗干扰设计和软件抗干扰设计。硬件抗干扰设计包括抗串模干扰、抗共模干扰、人工复位与"硬件看门狗"等措施；软件抗干扰设计可在数字信号的输入通道与输出通道以及模拟信号的输入通道方面，根据信号特点进行相关处理。

练习与思考题 11

1. 单片机应用系统设计有哪些要求？
2. 单片机应用系统设计有哪些步骤？
3. 为了提高单片机应用系统的可靠性，在硬件上可采取哪些措施？
4. 抗串模干扰的方法有哪些？
5. 抗共模干扰的方法有哪些？
6. 在单片机应用系统中，应在什么位置进行光电耦合？
7. 在模拟信号输入通道中，消除随机干扰的有效手段有哪些？
8. 为了提高单片机应用系统的可靠性，在软件上可采取哪些措施？
9. CPU 抗干扰技术有哪些？
10. 农田灌溉节水自动控制系统在硬件设计上可以分为哪几个模块？

参 考 文 献

[1] 李飞. 单片机原理及应用[M]. 西安：西安电子科技大学出版社，2007.

[2] 张桂红，姚建永. 单片机原理与应用[M]. 福州：福建科学技术出版社，2007.

[3] 张靖武. 单片机原理应用与 Proteus 仿真[M]. 北京：电子工业出版社，2008.

[4] 赵德安. 单片机原理与应用[M]. 2 版. 北京：机械工业出版社，2009.

[5] 张东亮. 单片机原理与应用[M]. 北京：人民邮电出版社，2009.

[6] 张宏彬，朱菊爱. 计算机应用基础[M]. 天津：南开大学出版社，2010.

[7] 侯有殿. 单片机 C 语言程序设计[M]. 北京：人民邮电出版社，2010.

[8] 谢辉，黄滔，李焱. 单片机原理及应用[M]. 北京：化学工业出版社，2010.

[9] 黄勤，李楠，杨天怡. 单片机原理及应用[M]. 北京：清华大学出版社，2011.

[10] 程国钢. 案例解说单片机 C 语言开发：基于 8051+Proteus 仿真[M]. 北京：电子工业出版社，2012.

[11] 张兰红，邹华. 单片机原理及应用[M]. 北京：机械工业出版社，2012.

[12] 张齐，朱宁西. 单片机应用系统设计技术：基于 C51 的 Proteus 仿真[M]. 北京：电子工业出版社，2013.

[13] 朱鸣华. C 语言程序设计教程[M]. 3 版. 北京：机械工业出版社，2013.

[14] 徐爱钧. 单片机原理与应用——基于 Proteus 虚拟仿真技术[M]. 2 版. 北京：机械工业出版社，2013.

[15] 刘波. 80C51 单片机应用开发典型范例：基于 Proteus 仿真[M]. 北京：电子工业出版社，2014.

[16] 余锡存. 单片机原理及接口技术[M]. 3 版. 西安：西安电子科技大学出版社，2014.

[17] 李全利. 单片机原理及应用[M]. 北京：清华大学出版社，2014.

[18] 张鑫. 单片机原理及应用[M]. 3 版. 北京：电子工业出版社，2014.

[19] 彭伟. 单片机 C 语言程序设计实训 100 例：基于 PIC+Proteus 仿真[M]. 北京：电子工业出版社，2015.

[20] 阎石，王红. 数字电子技术基础[M]. 6 版. 北京：高等教育出版社，2016.

[21] 张毅刚. 单片机原理及接口技术[M]. 北京：人民邮电出版社，2016.

[22] 杨百军，张玲玲，张志洲. 轻松玩 80C51 单片机[M]. 北京：电子工业出版社，2016.

[23] 王会良. 单片机 C 语言应用 100 例[M]. 3 版. 北京：电子工业出版社，2017.

[24] 叶俊明. 单片机 C 语言程序设计[M]. 西安：西安电子科技大学出版社，2017.

[25] 王云. 80C51 单片机 C 语言程序设计教程[M]. 北京：人民邮电出版社，2018.